GARY FILDES
UNTER STERNEN

GARY FILDES

UNTER STERNEN

Die Entdeckung
einer geheimnisvollen Welt

Ein Himmelsforscher erzählt

Aus dem Englischen übersetzt
von J. Martin Bauer

LUDWiG

Die Originalausgabe erschien 2016 unter dem Titel
An Astronomer's Tale bei Century, London.

Die Verlagsgruppe Random House weist ausdrücklich darauf hin,
dass im Text enthaltene externe Links vom Verlag nur bis zum
Zeitpunkt der Buchveröffentlichung eingesehen werden konnten. Auf
spätere Veränderungen hat der Verlag keinerlei Einfluss. Eine Haftung
des Verlags für externe Links ist daher ausgeschlossen.

Verlagsgruppe Random House FSC® N001967

Den hart arbeitenden Menschen
des Nordostens gewidmet:
den Maurern und Installateuren,
den Krankenschwestern und Soldaten,
den Müttern und Vätern.

Wer je vom Weltall und
von Raumflügen geträumt hat,
soll nicht damit aufhören.

Inhalt

Vorbemerkung

Dieses Buch besteht abwechselnd aus Kapiteln, in denen ich von meinem Leben mit der Astronomie erzähle, und Kapiteln darüber, welche Objekte man am Nachthimmel in bestimmten Monaten besonders gut beobachten kann. Zur besseren Orientierung gebe ich Ihnen Sternkarten an die Hand. Autobiografische und Sterngucker-Abschnitte wechseln einander ab, und man kann sie in dieser Reihenfolge lesen oder separat. Jedes Sterngucker-Kapitel behandelt vier Sternbilder in der nördlichen Hemisphäre sowie ein weiteres Himmelsobjekt.

Unten stehend finden Sie die Zeichenerklärung zu den Nachthimmel-Abschnitten. Im erzählenden Teil des Buches stelle ich weitere Himmelsobjekte vor und gebe Ihnen ein paar praktische Astronomie-Tipps.

Ein erklärendes Glossar finden Sie am Ende des Buches, ebenso wie kurze Hinweise zur Ausrüstung. Neulingen auf dem Gebiet rate ich, zuerst das Glossar zurate zu ziehen, bevor sie sich an die Nachthimmel-Kapitel machen, denn dort werden im Buch häufig verwendete Begriffe wie »Magnitude« erklärt. Am Ende finden Sie darüber hinaus noch eine kurze Liste der Sternbilder und einen Abschnitt »Hilfen für Einsteiger und Fortgeschrittene«.

Zeichenerklärung

 freiäugig erkennbar

 weit entferntes Objekt, nur mit Feldstecher oder Teleskop erkennbar

Vorwort

Es ist Viertel vor sechs Uhr abends, als ich ins Auto steige und mich auf die vertraute einstündige Fahrt mache. Wie immer genieße ich es, Newcastle hinter mir zu lassen, die Häuser und die Betriebsamkeit der Stadt; eine beruhigende Stille erfüllt mich, während die Scheinwerfer mir den Weg über verlassene Landstraßen weisen. Ich nehme die A 68, die manche heute noch »Militärstraße« nennen, weil das römische Heer sie einst vor langer Zeit angelegt hat, als Verbindung zwischen York und Schottland. Ich folge der kurvigen Straße über den Hadrianswall hinweg, durch endlose Getreidefelder und über wogende Hügel. Die von Hecken gesäumte Straße führt unbeirrbar Richtung Norden. Ich öffne die Seitenscheibe ein wenig und spüre die Nachtluft. Frisch und kalt strömt sie über meine Hand. Am Scheitelpunkt des nächsten Hügels heben die Vorderräder meines Wagens kurz ab. Bei der Abfahrt eröffnet sich mir der erste Blick auf eine weite Ebene.

Darin wimmelt es von Leben. Zwei Rehe halten kurz inne, Fasane schlendern gefährlich nahe am Fahrbahnrand entlang. Über die Felder zu meiner Linken ziehen kleine, tief hängende Wolken aus weißer Wolle: herumtollende Lämmer. Einige von ihnen hüpfen die Hecken entlang, bis sie mein Auto entdecken und zu ihrer Mama zurücklaufen, hinter der sie sich verstecken. Bald bin ich von Nadelbäumen umgeben. Die schlanken, hoch aufragenden Sitka-Fichten säumen die Straße wie Wachtposten. Mir erscheinen sie wie Hüter des dunklen Himmels, und ich fühle mich in die Ebenen Skandinaviens versetzt. Nach einer sanften Kurve taucht zu meiner Rechten ein spiegelglattes Gewässer auf, ein gewaltiger Stausee, von Menschen im Herzen des Kielder Forest in Northumberland angelegt. Meines Wissens ist es der größte künstliche See Europas. Ein Fischadler kreist hoch über mir, in der Ferne zieht eine Schar Vögel in die hereinbrechende Nacht. Wenn ich genau hinsehe, kann ich im Halbdunkel schon die ersten Sterne ausmachen. Aber ich kann jetzt nicht anhalten: Gäste warten auf mich.

Wenig später bin ich angekommen. Ich stelle mein Auto ab und wandere den Kiesweg hinauf zur Sternwarte. Die letzte Wettervorhersage hat mich fröhlich gestimmt: Wir werden wohl eine wolkenlose Nacht bekommen. Tief atme ich die frische Luft ein und richte meinen Blick ganz unwillkürlich nach oben. Ursa Major, der Große Bär, leuchtet hell am Himmel und grüßt mich brummelnd. Innerhalb des Sternbilds gibt es einen bekannten Asterismus (ein prägnantes Muster innerhalb eines Sternbildes oder über Sternbilder hinweg) in der vertrauten Form eines Küchenutensils. Verbindet man sieben Sterne des Sternbildes im Geiste, bilden sie eine Pfanne mit Stiel, wie man sie vom heimischen Küchenherd kennt (Deutsche sehen in dem gleichen Bild einen Großen Wagen). Ich sehe Alkor und Mizar bläulich schimmern, zwei weit entfernte, energiereiche Kugeln, die einen Teil des »Pfannenstiels« bilden und deren dünnes Gas von der Schwerkraft zusammengehalten wird. Mein Auge gleitet weiter zu den zwei Sternen am vorderen Ende der Pfanne, Merak und Dubhe. Sie haben für Astronomen eine besondere Bedeutung: Sie weisen uns den Weg zu Polaris, dem Polarstern – jenem Punkt am Himmel, auf den die Rotationsachse unseres Planeten zeigt. Da der Polarstern immer (fast) genau im Norden steht, kann er einem das Leben retten, wenn man sich nachts verirrt hat. Ich beobachte, wie das leicht gelbe bzw. bernsteinfarbene Licht von Merak und Dubhe zu Blau changiert, wenn unsere Atmosphäre das schwache Licht dieser fernen Sonnen verfälscht. Das Sternbild, das diesen Asterismus enthält, ist mir sehr vertraut, und ich fühle mich willkommen geheißen, als hätte mir ein Freund vom anderen Ende des Raumes respektvoll zugenickt. Was soll's, dass der Freund ein Bär ist!

Nun, da die Sonne hinter dem Horizont verschwindet und die Dunkelheit schnell hereinbricht, verwandelt sich der Himmel rasch. Hell strahlt die Venus; ihre dichte Kohlendioxid-Atmosphäre wirft das letzte Sonnenlicht des Tages zurück auf die Erde. Sie leuchtet so hell, dass eine ganze Palette von Farben im goldenen Licht des Sonnenuntergangs tanzt. Darüber liegt Jupiter mit seinem weicheren, schwächeren Licht. Der mehr als 560 Millionen Kilometer entfernte Riese ist der größte Planet unseres Sonnensystems und folgt Venus mühelos zum Horizont.

Doch es ist jetzt fast 19 Uhr, ich muss mich wirklich an die Arbeit machen.

Schon liegt das Observatorium in tintenschwarzer Nacht, man hört das beruhigende Surren der Windturbine, die es mit Strom versorgt. Die Umrisse der Holzgebäude zeichnen sich scharf gegen den östlich gelegenen Deadwater Fell ab, auf dem die Royal Air Force einen Horchposten betreibt. Die zwei quadratischen Türme, in denen die Teleskope des Observatoriums untergebracht sind, thronen stolz über den restlichen Gebäuden. Zwischen den Türmen liegt die Beobachtungsplattform, von der aus man in den Kosmos blicken kann. In gewisser Weise ähnelt das Observatorium mit seinen minimalistischen Formen und scharfen Kanten einem futuristischen Schiff, das ins Universum hinaussegelt. Die Verkleidung aus Lärchenholz, die die Teleskope in den Türmen schützen soll, wirkt mit ihren senkrecht montierten Brettern wie ein Bollwerk.

Die Gäste sind bereits eingetroffen, haben es sich in den Faltstühlen auf der Beobachtungsplattform bequem gemacht und plaudern angeregt. Die Freiwilligen sind schon voll in Fahrt. Im rötlichen Schein der speziellen Lampen, welche die Anpassung des Auges an die schwarze Nacht nicht stören, sehe ich Austin, der gebannt nach oben blickt und in den Himmel deutet. Bei seiner Suche nach weit entfernten Objekten verrenkt er sich schier den Hals. Ich lächle bei dem Gedanken, dass knirschende Nackenwirbel einfach zum Berufsrisiko gehören.

Auf unserer heutigen Veranstaltung gehen wir auf die Jagd nach sogenannten Deep-Sky-Objekten: Galaxien und Sternhaufen, die gewaltige kosmologische Distanzen von der Erde entfernt liegen. Unsere Gäste kommen aus den unterschiedlichsten Gründen. Manche interessieren sich für den Zauber der Nordlichter (Aurora borealis), deren rote und grüne Schleier oft über unseren nördlichen Himmel tanzen. Andere wollen einen Blick auf etwas Größeres erhaschen und ihre eigene Bedeutungslosigkeit spüren. Viele Besucher erklären, sie fühlten sich angesichts des gewaltigen Weltalls winzig klein – doch bedeutungslos ist meiner Ansicht nach kein Mensch. Der heutige Abend verspricht viel; gewaltige Metropolen aus Sternen und glühenden Gaswolken werden sich vor uns ausbreiten. Und von Objekten, die uns verborgen bleiben, können wir zumindest reden.

Gegen 19.45 Uhr bitte ich die etwa 40 Besucher ins Observatorium. Sie passen so gerade eben in den kleinen rechteckigen Raum, den wir das Klassenzimmer nennen. Wie eigentlich immer, sind wir auch heute Abend ausgebucht. In einer Ecke bullert ein Holzofen und spendet Wärme. Das schwache Rotlicht im Zimmer verbreitet eine geheimnisvolle Aura; wir fühlen uns wie Kinder, die heimlich unter der Bettdecke lesen. Auf dem Bildschirm zeige ich hochaufgelöste Aufnahmen astronomischer Objekte; die Bilder stammen teilweise vom Hubble-Weltraumteleskop, teilweise von unserem Observatorium hier in Kielder. Ich halte eine kurze Begrüßungsansprache, erkläre den Gästen unsere Regeln – und weise ihnen den Weg zum Plumpsklo. Ich umreiße, was wir in den kommenden Stunden hoffentlich sehen werden. Dabei richte ich ihr besonderes Augenmerk auf weit entfernte Galaxien – jene gewaltigen Feuerräder aus Milliarden Sternen, deren Licht

Millionen Jahre braucht, bis es uns erreicht. Besonders ausführlich gehe ich auf die etwa 22 Millionen Lichtjahre entfernte Whirlpool-Galaxie ein. Ich verdeutliche noch einmal, wie gewaltig diese Entfernung ist: Das Licht dieser Galaxie, das knapp 300 000 Kilometer *pro Sekunde* zurücklegt, braucht 22 Millionen Jahre, bis es zur Erde gelangt.

Anschließend führe ich die Gruppe auf die Beobachtungsplattform. Ich ermuntere alle, genau nördlich nach einem schwachen, unscharfen Fleck Ausschau zu halten. Einer nach dem anderen finden die Gäste ihn. Bei dem Flecken handelt es sich um die Andromedagalaxie in 2,2 Millionen Lichtjahren Entfernung. Sie ist das entfernteste Objekt, das sich freiäugig am nördlichen Nachthimmel erkennen lässt. Dann deute ich mit dem Laserpointer auf einige Sternbilder, die unsere Umgebung zieren. In der griechischen Mythologie war Perseus der erste Held, ein Sohn des Zeus, der nach seinem Tod unsterblich wurde. Mein besonderer Liebling in dem gleichnamigen Sternbild ist Mira, ein in seiner Helligkeit schwankender, sogenannter veränderlicher Stern. Am Himmel höher steigend, zeige ich den Besuchern die Milchstraße, unsere Heimatgalaxie. Sie stiehlt allem anderen die Show und ist leicht erkennbar an den knotigen, dunklen Staublinien, welche die Sternenfelder durchziehen. Ich höre Ahs und Ohs – von hier aus bietet sich ein ganz anderer Blick auf den Nachthimmel als in den meisten Städten. Aufgrund der Lichtverschmutzung kann man in dicht besiedelten Gebieten nachts gerade einmal 30 Sterne sehen. Aber hier, mitten im Kielder Forest, weit entfernt von der nächsten Ansiedlung, ist es nachts so dunkel wie nirgendwo sonst in England. Das Observatorium liegt im drittgrößten Sternenpark der Welt, und dank der Dunkelheit sieht man Abertausende Sterne, die sich bis in die Unendlichkeit hinzuziehen scheinen, als habe ein göttlicher Künstler sie hingetupft.

Ich erzähle der Gruppe ein wenig davon, wie die Milchstraße zu ihrem Namen kam. Die alten Ionier glaubten, es handele sich um Milch aus der Brust der Göttin Hera. Andere Kulturkreise glauben an Geschichten von Glühwürmchen und göttlicher Kunst. Wissenschaftlich gesehen spielt der Name unserer Galaxie natürlich keine Rolle, doch Namen wecken Assoziationen und Neugierde. Was ist die Milchstraße? Warum sehen wir, was wir sehen? Wie kann sie sich über uns am Nachthimmel befinden, obwohl wir doch auch dazugehören? Was ist mit den Sternen, die wir rechts und links von der Milchstraße sehen, die aber offenbar nicht zu ihr gehören? Oder tun sie's doch? Sehr verwirrend, das alles. Ich erkläre der Gruppe, zu der Frauen und Männer, Kinder und Greise gehören, man könne sich Galaxien als Sternenstädte vorstellen. So wie Menschen in Städten leben, ballen sich Sterne zu Galaxien. Allerdings wohnen in keiner irdischen Stadt auch nur annähernd so viele Menschen, wie sich Sterne in einer Galaxie befinden: Zu der flachen wirbelnden Scheibe, die wir Milchstraße nennen, gehören 100 bis 300 Milliarden Sterne. Und natürlich ist jeder »Stern« eine Sonne wie unsere eigene.

Ich bitte alle Anwesenden, sich eine große runde Frisbeescheibe vorzustellen, die vor ihnen auf dem Boden liegt. Darauf malen wir jetzt im Geiste unsere Sterne und Wirbelmuster. Genau das macht ein Teleskop: weit entfernte

Galaxien von außen betrachten. Als Nächstes fordere ich meine Besucher auf, die Perspektive zu wechseln und sich ins Innere der imaginären Galaxie zu begeben, etwa, indem sie ein großes Loch in die Mitte ihrer Scheibe schneiden und sich in das Loch stellen. Jetzt heben wir die Galaxie hoch, immer höher. Wir sehen sie weiterhin als Spirale, bis zu jenem magischen Augenblick, da die imaginäre Galaxie sich genau auf Augenhöhe befindet. Was sehen wir nun? Keinen Wirbel mehr, sondern nur einen dünnen Ring, wie eine Frisbeescheibe. Jetzt befinden wir uns inmitten der Galaxie. Mit dem Teleskop ergeht es uns nicht anders; es zeigt uns lediglich genauer, was wir alle mit bloßem Auge von unserer Milchstraße sehen können: ein schmales Band am Himmel. Warum? Weil wir uns *in* der Scheibe befinden.

Meine Gäste bestürmen mich mit Fragen – kein Wunder, ich habe selbst Jahrzehnte gebraucht, um die Vorstellung wirklich zu begreifen. Doch gerade als ich zu einer neuerlichen Erklärung ansetze, deuten ein paar Finger in eine ganz andere Richtung. Eine Dame neben mir kreischt plötzlich: »Oh, seht her, ein Flugzeug rast auf uns zu!« Ich drehe mich um und sehe einen grellen Lichtschein. Die Landescheinwerfer eines Flugzeugs? Die Gruppe auf der Beobachtungsplattform rückt unwillkürlich zusammen, in den Schutz der zwei Teleskoptürme. Einige Gäste wirken ängstlich, doch ich höre auch, wie andere Stühle aus dem Weg schieben, um einen besseren Blick auf das Schauspiel zu bekommen. Es ist 21.30 Uhr und so finster, wie es nur sein kann, solange der Mond noch am Himmel steht. Tausende Sterne leuchten auf uns herab, selbst einige Satelliten kann man mit bloßem Auge über den Himmel ziehen sehen. Doch was ist dieses Objekt, das beinahe am Himmel zu schweben scheint? Weitere Sekunden verstreichen, die Gruppe starrt fasziniert hinauf. Ein Flugzeug ist es nicht. Das näher kommende Objekt wird immer heller. Die Ausrufe des Erstaunens und der Freude werden lauter, inzwischen überstrahlt das Objekt mühelos alles andere am Himmel, selbst den Mond.

»O mein Gott, fällt das Ding auf uns drauf?« Das unbekannte Flugobjekt wechselt langsam die Farbe, von Bernstein zu Grün, dann zu Blau, dann wieder zu Bernstein. Was für ein Farbenzauber! Mittlerweile sind 15 Sekunden vergangen. Besucher kramen Kameras aus ihren Taschen. Ich schweige. Die Erscheinung kam aus Südost, inzwischen liegt sie von uns aus gesehen genau südlich. Nun, da wir sie von der Seite sehen, erkennt man, dass sie einen Schweif hinter sich herzieht. Auch der wechselt lodernd die Farbe. Blitzartig rauscht das Objekt Richtung Südwesten, glühende Trümmer hinter sich verstreuend. »Weiter genau hinsehen!«, rufe ich. Allmählich verblasst die Erscheinung, während Reste des Objekts wie bernsteinfarbene Feen zu Boden fallen. Wir sind alle hingerissen.

Insgesamt dauerte die Erscheinung 25 Sekunden. Nachforschungen ergaben hinterher, dass es sich um einen Boliden handelte, einen besonders hellen Meteor. Er hatte ungefähr die Größe eines Busses, war über Belgien in die Erdatmosphäre eingetreten und schließlich über dem Atlantik verglüht. Auch in Kontinentaleuropa und Irland hatten Menschen diesen extrem hellen Meteor vor seinem Verschwinden beobachtet.

Solche Asteroiden sind oft Überbleibsel aus der Zeit der Entstehung unseres Sonnensystems vor 4,5 Milliarden Jahren. Normalerweise ziehen sie in sicherem Abstand ihre Kreise um unsere Sonne: im sogenannten Asteroidengürtel zwischen den Umlaufbahnen von Mars und Jupiter. Doch Zusammenstöße im All oder kleine Rempeleien können Tausende Tonnen schwere Objekte aus ihrer stabilen Umlaufbahn werfen und in unsere Richtung ablenken – mit Geschwindigkeiten zwischen elf und 70 Kilometern pro Sekunde! Mit ihrer gewaltigen Bewegungsenergie (»kinetischen Energie«) stellen sie für uns auf der Erde eine große Gefahr dar.

Dieser Bolide war zwar ungefährlich, aber es hatte ihn auch niemand »auf dem Schirm gehabt«: Niemand hatte seine Bahn verfolgt oder seine Ankunft vorhergesagt – er traf uns ohne Vorankündigung. Kaum war er in unsere dichte Atmosphäre eingetreten, erfüllte sich sein Schicksal: Der Reibungswiderstand verwandelte seine kinetische Energie in Hitze und Licht. Diesen Prozess sahen wir vor unseren Augen ablaufen. Den dabei entstehenden gewaltigen Temperaturen von 3000 bis 4000 Grad hält kein Objekt stand. Manche Trümmer landen auf der Erde und können als Meteoriten gefunden werden, doch der Großteil verglüht in unserer schützenden Lufthülle. Was wir beobachteten, wiederholt sich seit Anbeginn der Zeit. Vielleicht verdanken wir dem Bombardement unseres Planeten durch Gesteinsbrocken aus dem All sogar die Grundbausteine unseres Lebens. Doch heute Abend genießen und bewundern wir einfach das Spektakel. Dafür braucht man keinen Doktor in Physik oder sonst eine kostspielige

Ausbildung: Wir schauen einfach und bewundern Mutter Natur, während sie uns zeigt, wer hier der Boss ist.

Hinterher, im Klassenzimmer mit dem bullernden Ofen, schnattert ein Haufen Kinder immer noch ganz aufgeregt über ihr Abenteuer. Was für ein tolles Gefühl, diese Begeisterung mit anzusehen! 25 Jahre lang habe ich als Maurer auf Baustellen gearbeitet, aber irgendetwas hatte mir immer gefehlt. Wie herrlich, dass ich endlich gefunden habe, was mich begeistert!

Einleitung

Wie man ein Observatorium baut

»Hallo, Terry!«

»Wie geht's, Gary?«

»Habe ich dir vom Obsi erzählt?«

»Hä?«

»Wir wollen ein Observatorium bauen, haben aber kein Budget.«

»Ja, ich erinnere mich.«

»Die Ziegel, die da auf dem Boden rumliegen ...«

»Jaa?«

»Kann ich die haben?«

April 2000, Alltag auf der Baustelle. Terry lacht laut, er findet mich wohl ziemlich dreist. Die fraglichen Ziegel gehören unserem Arbeitgeber, Bellway Homes, einem örtlichen Bauträger. Terry ist ein Schätzer und gehört zu dem Team, das die Kosten für den Bau eines Hauses kalkuliert. Ich bin Maurer. Wir verstehen uns gut, insbesondere, weil Terry ebenfalls Hobbyastronom ist. Ich weiß also, dass ich ein Heimspiel habe.

Ich erkläre ihm, dass das geplante Observatorium ein Traum der Sunderland Astronomical Society (oder SAS, wie wir uns nennen) sei. Unser Motto lautet: »Wer starrt, gewinnt.« Ich bin seit drei Jahren Mitglied der Gesellschaft, die sich jeden Sonntag in einem der oberen Räume eines großen viktorianischen Reihenhauses an der Küste trifft, die wir gemietet haben. Mein Nachbar Dickie, der bereits Mitglied war, hatte mich dorthin mitgenommen. Und das kam so:

Eines Sonntags kam mein Sohn Graham aufgeregt ins Haus zurückgelaufen. »Papa, Papa, der Typ, dessen Auto ich gerade gewaschen habe, hat ein LX200. Du träumst doch schon lange von einem!«

»Was?« Ich zog die Gardine zur Seite und blickte zu Dickies Grundstück hinüber. »Ein LX200? Bist du dir sicher?«

Ich stand noch wie vom Donner gerührt da, als Graham schon wieder hinüberlief, um Dickie zu verraten, dass auch ich ein Teleskop besitze. Danach ging es ganz schnell. Dickie und ich wurden schnell Freunde, und er nahm mich zu einem Treffen der SAS mit. Ich spürte sofort, dass die Leute dort ganz nach meinem Geschmack waren. Der Vorsitzende, Don Simpson, leitete die Abende. Don war groß und hager und trug fast immer die gleichen Klamotten: USS *Nimitz*-Baseballkappe, enge Jeans, schwarze Kampfstiefel. Er saß am Kopfende des Tisches, flankiert von den Mitgliedern, und rollte sich eine Zigarette. Den Filter im Mund, während er seine flink rollenden Finger betrachtete, meinte er: »Ich wechsle mein Öl selbst und trinke mein Bier aus der Dose; eine Privatschule hat keiner von uns besucht.« Der harte Kern bestand aus etwa 15 Mitgliedern: sehr unterschiedlichen Menschen, die allesamt ein wenig nerdig und von Astronomie besessen waren. Die Treffen stellten den Höhepunkt meiner Woche dar, egal ob wir gemeinsame Ausflüge oder öffentliche Vorträge planten, ob wir über Teleskope oder Astrofotografie fachsimpelten. Während der Arbeit freute ich mich auf die Treffen und hoffte auf eine klare Nacht in den Wäldern, sodass wir zusammen mit unseren Teleskopen losziehen könnten. Weil ich Dickie so gern mochte und er nebenan wohnte, rief ich ihn ständig an. Wenn in klaren Nächten bei Dickie das Telefon läutete, sagte er seiner Frau gleich: »Das wird Gary sein.« Aber ich wusste, dass ihm die Anrufe insgeheim gelegen kamen und er nur darauf wartete loszuziehen.

Das geplante Observatorium würde das erste unserer Gesellschaft sein. Wir planten eine kleine Anlage, um interessierten Laien die Möglichkeit zu geben, mit ein wenig Anleitung in den Himmel zu gucken. Das Gebäude selbst würde nur ganz klein sein; ein einziges Teleskop sollte durch das Dach ragen, unten sollten drei, vier Leute Platz finden. Aber schon das wäre eine enorme Verbesserung; die öffentlichen Sterngucker-Abende, die ich seit einem Jahr vor Kielder Castle abhielt, waren ziemlich klamme und kühle, manchmal sogar eisige Veranstaltungen. Das neue Observatorium sollte allen offenstehen; Jung und Alt sollten Gelegenheit bekommen, mal die Sterne zu betrachten.

Die Größe des Gebäudes wurde durch die Maße einer weißen Fiberglaskuppel vorgegeben, die uns gespendet worden war. Sie sah aus wie ein drei Meter großer Bauhelm, wir mussten nur noch eine Schicht grüner Algen abschrubben, dann war sie einsatzbereit. Jetzt allerdings brauchten wir ein Betonfundament und Ziegelmauern – doch zum Glück war ich ja vom Fach und konnte mich nützlich machen.

Jemand sagte mir mal: Wenn du deinen eigenen Traum nicht baust, kommt vielleicht ein anderer und heuert dich an, damit du seinen Traum baust. Ich realisierte seit zwei Jahrzehnten die Träume anderer Leute, nicht ohne Stolz. Anfangs hatte ich das Leben als Maurer aufregend gefunden. Es ist gar nicht so leicht, den Umgang mit der Kelle zu meistern, und es brauchte viel Übung, bis ich es den erfahreneren Arbeitern nachtun konnte. Man musste genau die richtige Menge Mörtel (wir nannten ihn »Pampe«) auf die Kelle nehmen und ihn gerade so dick auftragen, dass ein wenig Pampe herausquoll, wenn man den Ziegel auflegte. Diesen Überschuss kratzte man dann ab. Wenn man alles richtig gemacht hatte, dann saß der Ziegel luftdicht, fest mit dem Mörtel verbunden. In der endlosen Wiederholung lag eine große Befriedigung, vor allem später, als ich mein Handwerk wirklich beherrschte. Auf Baustellen fühlte ich mich wohl; hier arbeiteten genau solche Typen wie ich selbst, wie ich kamen auch sie aus ärmlichen Verhältnissen. Die meisten von uns waren jung, fit, stark und zäh. Besonders eng freundete ich mich mit Shaun Stokoe an, einem Kumpel meines älteren Bruders. Er war der härteste Arbeiter und der beste Maurergehilfe, den ich je gesehen habe. Sein Job bestand darin, die Ziegel auf der Baustelle herumzutragen. Ein Maurergehilfe musste zwei Maurer mit frischen Ziegeln versorgen. Die Tragvorrichtung, die Shaun verwendete, war eine dreiseitige Metallkiste an einer langen Stange. Mit 14 Ziegeln gefüllt, wog sie an die 40 Kilo. Beim Beladen hielt Shaun die Stange mit einer Hand, während er mit der anderen Ziegel auflegte. Dann schulterte er die Stange und schleppte die Ziegel dorthin, wo ein anderer Maurer und ich arbeiteten. Shaun macht diesen Job bis heute.

Wir zwei waren ein eingespieltes Team und fragten auf verschiedenen Baustellen herum, wer die besten Löhne zahlte. Am schönsten waren die Sommer. In den späten Achtzigern und frühen Neunzigern kam es durchaus vor, dass wir auf einer Baustelle alle nur Badehosen und Stahl-kappenschuhe trugen. Was für ein Anblick! Mit nacktem Oberkörper schufteten wir den ganzen Tag in der Sonne und kehrten versengt und kaputt zu unseren Familien zu-rück. Die Winter machten weniger Spaß. Einmal hatten wir einen Auftrag von Barratt Homes. Wir waren damals selbstständig, weil wir so besser verdienten – aber solange wir nicht arbeiteten, bekamen wir natürlich auch kein Geld. Zu jener Zeit musste ich schon vier Kinder versor-gen, Weihnachten stand vor der Tür, und ich brauchte un-bedingt mehr Kohle. Also trotzte ich der Kälte und ver-mummte mich dick gegen den schneidenden Wind. Doch es blieb das Problem der eiskalten Ziegel. Ziegel ziehen Feuchtigkeit magisch an, und sie können so viel Wasser auf-nehmen, dass sie ihr Gewicht fast verdoppeln. Noch dazu sind Ziegel rau, sodass nach ein paar Hundert Ziegeln pro Tag die Haut an den Fingerkuppen durchgescheuert ist. Eines Morgens wollte ich einen Ziegel nehmen. Er war hart und kalt, deshalb packte ich ihn fester als gewöhn-lich. Da er sich immer noch nicht von dem Haufen lösen wollte, klopfte ich mit dem Hammer darauf. Jetzt löste er sich vom Untergrund – aber nicht mehr von meiner Hand: Meine lauwarmen Finger waren am Ziegel festgefroren. Ich schüttelte meine Hand, aber das machte alles nur noch schlimmer, denn für solche Manöver war der Ziegel zu schwer. Schließlich löste ich meine Finger mit der anderen Hand – doch die Haut blieb am Ziegel kleben. Ein Schmerzensschrei zerriss den grauen Winterhimmel, mein Herz schlug wild, und mir schoss ein fatalistischer Gedanke durch den Kopf: Gewöhn' dich daran, das hier ist dein Schicksal.

Am nächsten Tag arbeitete ich wieder, auch am übernächsten. Ohne Maurer und all die anderen Bauarbeiter, die unter solchen Bedingungen jahrein, jahraus schuften, hätten wir alle kein Dach über dem Kopf. In diesem Bewusstsein erledigte ich meine Arbeit voller Stolz. Aber wirklich erfüllt fühlte ich mich nicht. Als Jugendlicher hatte ich Astronomie geliebt, doch davon war nur noch eine blasse Erinnerung geblieben. Was ich jetzt tat, würde ich tun, bis ich es körperlich nicht mehr schaffte. Mit den Jahren fiel mir alles ein wenig schwerer. Rückenschmerzen sind vielleicht der schlimmste Teil des Jobs. Nach der Arbeit legte ich mich daheim auf den Boden, und die Kinder stellten sich auf meine Wirbelsäule, um den Schmerz zu lindern. Danach glitt ich vorsichtig in die warme Badewanne.

Ich hatte alles versucht, um wegzukommen: Ich hatte Versicherungen verkauft und Fisch und mich sogar bei der Polizei beworben. Aber der Absprung gelang mir nie. Die Winter waren zwar hart, aber in Sunderland gab es nicht viele Jobs, in denen man ähnlich gut verdiente. Aber da war nicht nur die körperliche Belastung – ich kämpfte auch mit einer inneren Leere. Meine Leidenschaft für Astronomie hatte ich seit meiner Kindheit für mich behalten. Für die meisten Kollegen auf der Baustelle war ich Gaz, der Kerl, Gaz, der FC-Sunderland-Fan. Die meisten ahnten nicht, dass ich tagsüber die Kelle schwang und nachts Physikbücher las. Das geplante Observatorium bot mir nun endlich eine Gelegenheit. Seltsam, wie jetzt tägliche Plackerei und nächtliches Hobby zusammenfanden! Und ich endlich meine Leidenschaft ausleben konnte.

Und tatsächlich erklärte sich Bellway Homes bereit, uns das gesamte Baumaterial zu spenden, nicht zuletzt, weil ich Terry gute PR für das Unternehmen versprach. Der Boden für das Fundament wurde ausgehoben, der Beton angeliefert. Wir steckten den Bewehrungsstahl in die Schalung und füllten den Beton ein. Nie werde ich den Anblick der Baustelle an jenem ersten Morgen vergessen: Die Wannen mit dem angemischten Mörtel, die blaue Plane, die die anderen unverzichtbaren Materialien bedeckte. Ja, den Anblick kannte ich, schließlich handelte es sich um eine Baustelle, aber eben um eine ganz besondere. Gespannt stand ich mit einer Dose gelber Sprühfarbe und Maßband da und wartete darauf, dass ich endlich loslegen konnte, die Umrisse des Gebäudes zu markieren. Gerundete Mauern zu bauen ist nicht ganz einfach. Man muss schon sehr genau arbeiten, man braucht eine gute Kelle, mit der man den Mörtel gleichmäßig verteilen kann, und eine sehr genaue Wasserwaage. Die größte Bedeutung kommt aber dem richtigen Anzeichnen zu, denn wenn die Linien erst einmal »stehen«, gibt es kein Zurück mehr. Wir hatten beschlossen, den Ring, auf dem die Drei-Meter-Kuppel sitzen und rotieren würde, auf die innere Mauer zu setzen, um einen maximal großen Innenraum zu erhalten. Die Innenwand würde 100 mm stark werden, der Zwischenraum 75 mm, die Außenwand wieder 100 mm. Daraus ließ sich schnell errechnen, dass der Radius vom Mittelpunkt zur Außenkante der Mauer 1,775 m betrug. Diesen Kreis zeichnete ich jetzt mit gelber Sprühfarbe an.

Die Ziegel, die wir verwendeten, waren vorwiegend rostbraun, glatt und etwa 225 mm lang (die typische traditionelle Ziegellänge im Vereinigten Königreich). Doch damit standen wir schon vor unserem ersten Problem. Denn aus 225 mm langen, rechteckigen und eisenharten Bausteinen kann man keine kreisförmige Mauer bauen. Doch die Mauer musste wegen der Kuppel eine einheitliche Krümmung haben. Die Ziegel waren einfach zu lang für diesen engen Radius. Natürlich hätten wir besser kleinere Ziegel verwendet, doch wir hatten nur die geschnorrten. Also mussten wir jeden einzelnen Ziegel durchhauen – und zwar genau in der Mitte. Bei dieser Arbeit half mir in den folgenden Wochen ein äußerst verständnisvoller Freund und Berufskollege, Mick McLaughlin. Jeden Abend kamen wir von unseren aktuellen Baustellen, um noch ein paar Stunden lang Steine zu klopfen. Natürlich lassen sich Ziegel nicht wie Kekse brechen, man muss genau richtig mit dem Hammer draufhauen. Ein Maurerhammer ist ein spezielles Werkzeug und ein ganz anderes Gerät als das, was man zum Nägeleinschlagen verwendet. Er hat ungefähr die gleiche Größe, besteht aber aus Gussstahl, was ihn viel robuster macht, und er hat einen dicken Griff aus Plastik. Nimmt man ihn in die Hand, fällt sofort auf, wie gut ausbalanciert er ist. Das muss er auch sein, damit er beim Zuschlagen sauber trifft und der ganze Schwung und die Energie in das Zerteilen des Ziegels gehen. Der Hammerkopf ist auf der einen Seite flach und verjüngt sich zur anderen Seite hin zu einer Kante. Trifft man den Ziegel sauber, bricht er normalerweise beim ersten Schlag durch; manchmal braucht es einen zweiten. Ein lautes Knacken und ein Stoß den Arm hinauf zeigen einen erfolgreichen Treffer an. Was so einfach aussieht, erfordert jedoch, wie so oft im Handwerk, jahrelange Übung. Als Lehrling brauchte ich ein, zwei Jahre, bis ich den Umgang mit dem Maurerhammer beherrschte. Glücklicherweise erinnerte sich mein Körper noch an damals, sodass nach ein paar Wochen alle Ziegel für das Observatorium sauber geteilt dalagen. Wir begannen die Mauer hochzuziehen, und bald nahm ein glatter Kreis Form an. Zeit für ein wenig Deko. Ich plante, einige der wichtigsten Sternbilder im Ziegelmuster abzubilden. Zum Glück hatten wir auch eine kleinere Menge gelber Ziegel geschenkt bekommen, die verwendeten wir jetzt, um die Hauptsterne mehrerer Sternbilder zu markieren. Die gelben Ziegel hoben sich schön von den dunkel rostbraunen Ziegeln des »Weltraums« ab. Als Erstes planten wir, Cygnus abzubilden. Cygnus, der Schwan, gehört zu den Lieblingen der Sterngucker in der nördlichen Hemisphäre. Das Sternbild liegt innerhalb der Milchstraßen-Ebene und damit in der hellsten Region unserer Galaxie. Aufgrund seiner auffälligen Hauptsterne ist es relativ leicht zu finden: Sie bilden eine t-förmige Figur, die an den gleichnamigen königlichen Vogel erinnert (oder an ein Kreuz, daher auch die alternative Bezeichnung »Kreuz des Nordens«). Der hellste Stern von Cygnus ist Deneb, ein blau-weißer Überriese, der 200 000-mal so hell leuchtet wie unsere Sonne, aber auch mehr als 2000 Lichtjahre von der Erde entfernt liegt. Deneb, im linken Teil des Sternbilds gelegen, bildet den Schwanz des fliegenden Schwans. Der Stern am Kopf des Schwans heißt Albireo – genau genommen handelt es sich um zwei Sterne, wie man bereits beim Blick durch ein kleines Teleskop erkennt: Ein Punkt leuchtet intensiv orange, der andere strahlend blau. Zwischen Albireo und Deneb finden Sie in der Mitte des Schwanenrückens den Stern Sadr (γ Cygni). Von dort kann man nach rechts und links gehend die Flügelspitzen des Schwans erreichen. Wenn ich Cygnus ansehe, habe ich immer das Bild eines weißen Schwans vor Augen, der durch die Sternenfelder der Milchstraße zieht.

Wir hatten beschlossen, unser Gebäude Cygnus-Observatorium zu nennen, weil es auf dem Gelände des Washington Wetlands Centre stehen würde, am Stadtrand von Sunderland. Das Vogelschutzgebiet liegt zwar ziemlich nahe bei der Stadt, nicht in einem Sternenpark, einem geschützten Gebiet mit dunklem Himmel, dennoch erwies sich der Standort als gut geeignet und sogar idyllisch, weit weg von Straßenlaternen und Neonreklamen. Inmitten von sanft gewellten Hügeln und Wiesen stehen ein paar Holzhäuser mit moosbedeckten Dächern, in der Mitte des Gebiets plätschert ein kleiner See, und ständig ziehen Vögel vorbei. Kanadagänse sorgen für ein wenig Farbe, im Wettstreit mit rosa Flamingos. Doch am bekanntesten ist das Vogelschutzgebiet für seine Schwäne, weshalb unser Observatorium Cygnus heißen sollte und die Verzierung des Mauerwerks eine angemessene Geste zu sein schien. Da wir noch gelbe Ziegel übrig hatten, konnten wir auch Orion abbilden und noch ein paar weitere Sternbilder.

Im Verlauf des Sommers nahm das Gebäude allmählich Form an. Stolz beobachtete ich, wie die Kuppel aufgesetzt und damit die Präsenz des Gebäudes in der Landschaft bestätigt wurde. Wir strichen die Fiberglashülle strahlend weiß an. Als sechs Monate nach Beginn des Projekts die warmen Sommerabende zu Ende gingen, stand der letzte und natürlich entscheidende Teil an: die Installation des Teleskops. Die Universität Durham hatte uns ein 14-Zoll-Newton-Cassegrain-Teleskop spendiert. Dieses beliebte Design trägt die Namen des berühmten britischen Physikers Sir Isaac Newton und eines französischen Priesters und Ingenieurs, der im Jahr 1672 das optische System von Teleskopen revolutionierte.

Dieses kostbare neue Instrument stellten wir auf ein Betonfundament in der Mitte des Observatoriums. Als es schließlich stand, waren wir erschöpft, aber überglücklich. Durch dieses starke Teleskop ließen sich mühelos die Planeten sowie helle Deep-Sky-Objekte betrachten. Einige Wochen später, am 2. Oktober 2002, folgte die feierliche Eröffnung der Cygnus-Sternwarte. Sir Arnold Wolfendale, ein renommierter britischer Astronom, der Anfang der Neunziger als Astronomer Royal gedient hatte und heute emeritierter Professor an der physikalischen Fakultät der Universität Durham ist, zerschnitt das Band. (Im Laufe der Zeit wurde Sir Arnold mir zum Freund und

Mentor, und Jahre später verlieh er mir einen Master ehrenhalber in Astrophysik.) Doch nicht der Festakt bereitete mir die größte Freude, sondern auch der Umstand, dass aus geringen Mitteln und großer Leidenschaft etwas so Besonderes entstanden war.

*

Fast 15 Jahre später sollte ich das Glück haben, noch am Bau einer zweiten Sternwarte beteiligt zu sein, des Observatoriums in Kielder. Cygnus hatte mich endgültig zur Astronomie gebracht und mich die Kunst des Möglichen gelehrt. Kielder veränderte mein Leben.

Was verbinden Sie mit dem Begriff »Observatorium«? Ein klinisch sauberes Gebäude mit einer weißen runden Kuppel? Im Inneren komplizierte Geräte und eine blasse, nerdige Kreatur, deren hypnotisiertes Gesicht im schwachen Schein eines Computermonitors schimmert?

Ich stelle mir etwas ganz anderes darunter vor. Für mich ist ein Observatorium ein Spielplatz, an dem man sich geborgen fühlt und amüsiert. Es schützt uns vor den Elementen und hält uns warm, während es uns die fernen Wunder des Universums enthüllt. Hier soll jeder seinen Spaß haben, ganz unabhängig von Alter oder Vorbildung.

Ich hoffe, dass dieses Buch, ebenso wie das Kielder-Observatorium, dem einen oder anderen Appetit darauf macht, den Nachthimmel zu erkunden. Ich werde erzählen, wie ich zur Astronomie fand. Die Sterne ziehen sich wie ein roter Faden durch mein Leben, schon seit meiner Kindheit, und trotzdem gab es Zeiten, da ich vom Weg abkam. Am Weihnachtstag 1970 machte ich als Fünfjähriger meine erste astronomische Erfahrung. Ich erinnere mich, wie ich unter den Christbaum meines Vaters kroch und durch die Äste nach oben blickte. Verzaubert sog ich den Geruch nach Weihnachtsmann, Glühwein, Mandarinen und Marzipan ein, hingerissen betrachtete ich die bunten blinkenden Lichter am Baum. Ich legte mich auf den Rücken und schob mich unter den Baum, um den Blickwinkel zu ändern oder einfach näher heranzukommen, hineinzugelangen. Ich fand mich in eine andere Welt versetzt. Hier funkelte eine Lampe blau, dort war ein rotes Glitzern, da ein grünes. Manchmal schienen die Lichter weit entfernt und kaum zu erkennen. Dann musste ich den Kopf verschieben, um an den krummen Tannennadeln und Ästen vorbeiblicken zu können. Ich geriet in Trance, aus der ich nicht wieder erwachen wollte. Mein eigenes Universum.

So begann alles. Das Studium des Lichts ist das A und O der Astronomie. Einige Jahre später bekam mein Bruder Anthony zu Weihnachten ein Teleskop geschenkt, das er gar nicht weiter beachtete. Ich blickte aber sehr wohl hindurch und sah dieses riesige Ding am Himmel, ohne gleich zu verstehen, dass es sich um den Mond handelte. Als ich heranwuchs, wuchs auch mein Interesse für Astronomie, was ich aber tunlichst für mich behielt. Ich liebe Sunderland – die Stadt, die Fußballmannschaft – und bin äußerst stolz auf meine Heimat. Aber naturwissenschaftlich interessierten Kindern bietet sie kein besonders anregendes Umfeld. Unsere Eltern behandelten uns äußerst liebevoll, aber sie wussten nicht, wie sie meine Leidenschaft fördern sollten, und auch in der Schule ermutigte mich niemand. Und so behielt ich die Sache für mich.

Damals arbeitete man in Sunderland nach der Schule entweder auf dem Pütt, auf der Werft oder auf dem Bau. Dorthin verschlug es mich. Ich heiratete früh, bekam vier wunderbare Kinder und lernte mein Handwerk beherrschen. In vielerlei Hinsicht war ich glücklich, es ging voran in meinem Leben. Doch gelegentlich hasste ich es, in einem Hamsterrad gefangen zu sein. Über Jahre hinweg behielt ich meine Begeisterung für Naturwissenschaften für mich, wie ein peinliches Geheimnis. Tagsüber schuftete ich auf dem Bau, nachts trieb ich mich mit ein paar gleich gesinnten Freunden in der Finsternis herum. Ich war schon Mitte dreißig, als ich beschloss:»Das geht so nicht weiter.« Also outete ich mich. Als Astronom.

In diesem Buch beschreibe ich, wie ich mitten im Leben den Beruf wechselte, mich selbst weiterbildete und von anderen lernte, einen der erfüllendsten Genüsse des Lebens zu entdecken. Dem einen oder anderen Leser wird meine Schilderung vielleicht bekannt vorkommen. Droht der Alltagstrott auch Sie manchmal zu ersticken? Dann machen Sie es doch wie ich. Stehen Sie vom Schreibtisch auf, legen Sie Ihr Smartphone beiseite, gehen Sie hinaus und blicken Sie in den Sternenhimmel. Probieren Sie es mal aus, ich finde es unglaublich lohnend; die Faszination hört nie auf. Inzwischen weiß ich, wie unglaublich groß der Appetit bei vielen Menschen ist: Für Kielder planten wir ursprünglich vier bis sechs Veranstaltungen pro Jahr mit jeweils maximal 40 Besuchern (mehr passen nicht in den Raum), insgesamt also mit maximal 240 Besuchern.

Doch schon im ersten Jahr zählten wir 1200 Gäste, im Jahr 2016 kamen 24 000 Sterngucker, und wenn die geplante Erweiterung abgeschlossen ist, sollen jährlich sogar 75 000 Besucher Gelegenheit haben, in die Sterne zu gucken.

Die Astronomie eröffnete mir die Chance, die Welt zu bereisen, durch die modernsten Teleskope der Welt zu blicken und außergewöhnliche Menschen zu treffen. Ich bin all den Menschen, die mich auf meinem Weg unterstützt und ermutigt haben, extrem dankbar, und ich halte meine Erfahrungen auch deswegen schriftlich fest, um zu zeigen, wie vielfältig ein Leben mit den Sternen sein kann.

Astronomie kann abschreckend wirken, und ich kenne viele Leute – ich selbst habe lange genug zu ihnen gehört –, die glauben, kein Anrecht darauf zu haben, etwas dazuzulernen. Ich finde jedoch, dass wir alle etwas von dem, wie das Universum funktioniert, begreifen können. Aber, und das sage ich den Besuchern des Observatoriums immer wieder, wenn jemand nur in den Himmel schauen möchte, ist das auch in Ordnung.

Begleiten Sie mich nun bei meinen ersten astronomischen Gehversuchen – den ersten Schritten auf einem langen und wunderbaren Weg. Und wie so oft war der Anfang nicht gerade vielversprechend.

1

Erstes Licht

»Erstes Licht« ist ein geradezu heiliger Ausdruck in der Astronomie. Es bezeichnet den besonderen Augenblick, wenn ein Teleskop auf Jungfernfahrt geht, sprich zum ersten Mal benutzt wird. Zum ersten Mal dringt Licht in das Instrument und trifft auf seine Optik. Ein jungfräuliches Abbild des Himmels fällt auf das Auge des Betrachters.

Wer selbst schon einmal ein Teleskop gebaut hat, der weiß, wie spannend dieser Augenblick ist. Funktioniert es? Verdammt noch mal, das hoffe ich doch! Für ein Observatorium kann das der krönende Moment nach jahrelanger Arbeit sein. Obwohl das erste Licht (»first light«) nur selten spektakulär ist – wie so oft im Leben wird das Ergebnis deutlich besser, wenn man eine Feinjustierung vorgenommen hat –, richtet man ein neues Teleskop in der Regel zuerst auf das hellste Objekt am Himmel. Bei der Eröffnung von Kielder im Jahr 2008 war das die Wega, im Sternbild Leier (Lyra). Dieser 25 Lichtjahre entfernte blau-weiße Stern ist der fünfthellste am Nachthimmel und stand in jenem April hoch am nordöstlichen Himmel. Die blauen Photonen, die im Inneren der Wega bei der Fusion von Wasserstoffatomen zu Helium emittiert werden, enttäuschten nicht und sorgten für eine strahlende Einweihung. Doch ob man ein professioneller Astronom mit sündhaft teurer Ausrüstung ist oder, wie ich, nur ein neunjähriger Junge, der zum ersten Mal das neue Spielzeug seines Bruders ausprobiert, der Augenblick des ersten Lichts ist immer ein ganz besonderer.

Meine Initiation fand am Weihnachtstag 1974 statt. Auf dem Weg nach oben ins Bett, endlich den Klauen der Eltern entwischt und bereit, mich auf meine Süßigkeitenberge zu stürzen, sah ich es dastehen. Das Licht in unserem Zimmer was ausgeschaltet, doch der Umriss von Anthonys Hauptgeschenk zeichnete sich klar gegen den helleren Nachthimmel ab. Es war lang und schlank, hatte drei Beine und deutete zum Fenster hinaus, auf dessen Scheibe sich innen Eisblumen gebildet hatten. Trotz der Kälte und des gespenstischen Lichts von draußen zog es mich ins Halbdunkel. Ich legte eine Hand an das Teleskop und verstand, was da so strahlte: Ein gewaltiger Mond stand am Himmel. Ich wusste, dass Neil Armstrong ein paar Jahre zuvor auf ihm spazieren gegangen war und dass Raketen dorthin geflogen waren. Ich wusste, dass das Rohr von Anthonys neuem Spielzeug und der Mond irgendwie zusammenhingen. Ich fragte mich, ob diese seltsame Maschine das Raumschiff war, das mich dorthin bringen konnte.

In diesem Augenblick stürmte mein kleiner Bruder Marty johlend ins Zimmer und wollte mit mir spielen. Er schaltete das Licht ständig an und wieder aus. Und obwohl ich nicht den leisesten Schimmer hatte, wie man das Ding benutzte, ahnte ich doch, dass das Licht störte. Ich schubste Marty aus dem Zimmer und nahm das Teleskop vom Stativ. Ich blickte in das Ende der Röhre. Nur verschwommene Schemen. Das also sah man mit dem Ding: verschwommene Schemen. Tolle Sache!

Heute weiß ich, dass Anthonys Instrument ein Spiegelteleskop mit einer ganz miesen Linse war. Ich schaute ohne Okular durch das untere Ende der Röhre, weshalb ich niemals Sterne oder sonst irgendetwas hätte sehen können. Aber ich starrte fröhlich auf unscharfen Dreck und Staub, der vielfach vergrößert hübsche Muster aus grauen und blauen Schattierungen ergab. Eine Stunde lang schwenkte ich das Teleskop über den Nachthimmel, bis plötzlich so helles Licht aufblitzte, dass ich mich wunderte, wie mir das hatte entgehen können. Angestrengt stierte ich in das Instrument und betrachtete den verschwommenen Mond. Der Anblick war nur flüchtig, aber dennoch unterschied er sich völlig von dem, was ich bisher mit bloßem Auge dort oben gesehen hatte. Ich musste den hellen Punkt wiederfinden, also schwenkte ich das Teleskop hin und her, bis ich, Hurra!, die Lichtquelle wiederhatte.

»Marty, Marty, wach auf! Schau dir das an! Der Mond!«

Tausend Ideen und Fragen schossen mir durch den Kopf. Mir ging auf, dass in dieser Schemen-Maschine mehr stecken musste, als ich geglaubt hatte. Später fand ich mit viel Glück das fehlende Okular und montierte es korrekt. Im Verlauf der nächsten Tage fand ich heraus, wie man das Teleskop richtig bewegte. Der Mond wurde mir zu einem – schlüpfrigen – Freund. Oft fand ich ihn, doch zehn

Minuten später war er mir schon wieder entwischt, ohne dass ich das Instrument überhaupt berührt hatte. Erst Jahre später verstand ich des Rätsels Lösung: dass der Mond sich aufgrund der Erdrotation über den Himmel bewegt. Die Erde dreht sich bekanntlich um ihre eigene Achse, und mit ihr drehen sich das Teleskop, der Betrachter und das Haus. All das wusste ich damals noch nicht; ich wusste nur, dass mich das Astronomiefieber gepackt hatte.

Ich wollte die ganze Welt an meiner bahnbrechenden Entdeckung des Mondes teilhaben lassen, zumindest sämtliche Familienmitglieder und Freunde. Mein Vater, ein leidenschaftlicher *Raumschiff-Enterprise-* und Science-Fiction-Fan, konnte meine Begeisterung nachvollziehen. Von Beruf war er Mechaniker und liebte nichts mehr, als von der Arbeit heimzukommen und Captain James T. Kirk dabei zuzusehen, wie er mit seinem Charme den nächsten Alien dazu brachte, sich zu unterwerfen. Mein Vater nahm jede Episode mit seinem kleinen Kassettenrekorder auf. Er positionierte das Mikrofon vor dem Fernseher und befahl dann meinen Brüdern und mir, volle 35 Minuten lang ruhig zu sein. Wenn er die Tonaufnahme später im Auto abspielte, mussten wir kichern, wenn einer von uns auf dem Band »Halt die Klappe« sagte oder »Reg dich ab!«. Dann blickte Papa vom Steuer hoch und lächelte leise. Er freute sich über meine Begeisterung für den Mond und hoffte, mein neues Hobby würde mich vielleicht davon abhalten, Unfug zu treiben. Noch heute als Erwachsener bin ich meinem Vater ewig dankbar, dass er damals das Teleskop kaufte. Er hätte das nicht tun müssen, aber irgendetwas an der Astronomie muss ihm so gefallen haben, dass er es an uns weitergeben wollte. Ich wünschte, ich könnte ihn fragen.

Als Kind ahnte ich nichts von den Klassenschranken in unserem Land; ich kannte nur Grindon, die Siedlung mit den Sozialwohnungen am Stadtrand von Sunderland, und die Art, wie die Menschen dort lebten. Für mich war unser Haus das einzige im Universum, das zählte, das einzige Zuhause im Viertel, wo es immer Weihnachten, Urlaube, Geschwister und beide Eltern gab. Meine Eltern machten mir keine Vorschriften, ich konnte so lange draußen mit meinen Kumpels spielen, wie ich nur wollte. Wir spielten Fußball, Klingelmännchen oder kämpften gegen die »Thornies«, die Jungs aus Thorny Close, die nur deswegen unsere erklärten Todfeinde waren, weil sie in einem anderen Teil der Stadt lebten. Wir trafen uns auf den Sandhügeln und balgten uns: Faustschläge, Tritte, Flaschenwürfe, Beleidigungen. Wir fanden es aufregend, als Gang zusammenzuhalten, mutig in die Schlacht zu ziehen und schnell davonzulaufen, wenn wir eine Sirene hörten. Solange man nicht von der Gruppe getrennt wurde, bekam man kaum je etwas ab.

Doch als ich meinem besten Kumpel, Paul Lundy (oder Lun, wie ich ihn nannte), von meiner Begeisterung für Astronomie erzählte, war er verdutzt und schlug dann schnell vor, Fußball zu spielen (mit Pullovern als Torpfosten). Das war eine typische Reaktion. Aber so schnell ließ ich mich nicht entmutigen. Als die ganze Gang später auf Mrs. Thomsons Gartenmauer hockte und ich mit zwei Pence in der Hand darauf wartete, dass Tognarellis Eiswagen vorbeikam, wies ich die anderen begeistert auf den Mond hin, der gerade hinter den Wolken hervorgebrochen war. Einige der Jungs waren ein paar Jahre älter als ich; ich hatte sie nie zuvor gesehen. Ich versuchte ihnen die Krater zu zeigen, die dem Mann im Mond sein vertrautes pausbäckiges Aussehen verliehen, doch sie machten sich über mich lustig. Ich wusste aus Erfahrung, dass das Lachen schnell umschlagen konnte, und hielt die Klappe. Ich erinnere mich nicht mehr genau, was die Jungs sagten, doch plötzlich wurde lautstark geflucht und an meiner Jacke gezogen. Ich wusste, was jetzt kam. Ich blieb auf der Mauer sitzen, starrte zu Boden und sah, wie sich ein Halbkreis von Schuhen um mich bildete. Ich spürte, wie Lun sich verdrückte. Wer konnte es ihm verdenken? Es brauchte nur einen Faustschlag auf mein Ohr und einen Tritt, schon lag ich zusammengekrümmt am Boden.

Später erfuhr ich, dass die älteren Jungs aus einem richtig harten Stadtteil stammten, aus Pennywell. Als sie sich verzogen hatten, hoben meine Freunde mich auf, verzweifelt und weinend, und brachten mich nach Hause. Ich hatte meine Lektion gelernt: Wenn ich keinen Ärger wollte, behielt ich die Sache mit dem Mond in Zukunft besser für mich. Solange ich gegen die Thornies kämpfte, Fußball spielte und fleißig fluchte, gab es keinen Stress. Das gefiel mir zwar ganz und gar nicht, aber so standen die Dinge nun mal. Meine Umgebung bestimmte, wie ich mein Leben zu führen hatte, selbst wenn mir das kaum bewusst war.

Das Schulleben empfand ich als interessante Abwechslung; hier gab es Struktur und Regeln, während ich draußen die ganze Nacht wegbleiben konnte und nur den Gesetzen meiner Gang folgen musste. Natürlich rebellierte ich gegen die schulischen Regeln, weshalb ich mit vielen Lehrern nicht gut auskam. Ich legte es darauf an, im Mittelpunkt zu stehen, ich spielte den Klassenclown, um von den anderen akzeptiert zu werden. So lernte ich den Bambusstock des Rektors sowie – beim Nachsitzen – die Schulbibliothek sehr gut kennen. Dort entdeckte ich, dass man in der Schule eine Menge lernen konnte. Ich schmökerte in Physikbüchern; Physik war das einzige Fach, das mir gefiel. Irgendwie spürte ich, dass mir dieses Wissen noch nützlich sein würde. Natürlich unternahmen wir im Unterricht gelegentlich einen Abstecher auf das Feld der Astronomie. Die Texte, die wir zur Vorbereitung durcharbeiten sollten, hatte ich fast nie gelesen, und dann regte sich mein Lehrer fürchterlich auf, wenn ich dumme Fragen stellte. So verging mir die Freude an dem Fach. Aufgrund dieser Erfahrung und der wenig begeisterten Reaktion meiner Freunde beschloss ich, meine Leidenschaft für Astronomie für mich zu behalten. Ich galt als typischer Fall eines intelligenten Kindes, das sich nicht genug anstrengte. »Gary könnte viel bessere Leistungen zeigen.« Doch meiner Ansicht nach hätten sich auch meine Lehrer ruhig mehr anstrengen dürfen. Insgesamt schien es ihnen einfach an Enthusiasmus zu fehlen. Unser Leben war ohnehin vorgezeichnet, wir waren Fabrikfutter, und das wussten die Lehrer. Warum hätten sie sich engagieren sollen? Wenn ich etwas Nützliches lernen wollte, das verstand ich damals, müsste ich es mir selbst beibringen.

In der Schule machte ich weiter wie bisher, in ein paar Fächern strengte ich mich an, in anderen nicht. Kein Lehrer gab sich die Mühe, mir zu helfen, mich in eine bestimmte Richtung zu entwickeln. Ich verbrachte mein Leben im Wartesaal – ich wartete darauf, dass etwas passieren würde, ohne im Geringsten das Gefühl zu haben, ich könnte mein Leben in irgendeiner Weise selbst steuern oder beeinflussen. Ich saß lediglich meine Zeit ab und gab auch niemandem die Schuld dafür. Die Berufsberater rieten uns ebenfalls nur, zum Militär zu gehen oder auf einer Werft anzuheuern. Aber ich will gar nicht herumjammern. Ich fühlte mich überhaupt nicht als hilfloses Opfer der Umstände, ich war dickschädelig und dachte, ich wüsste es am besten. Stark sein und sein Ding durchziehen – etwas anderes kannte ich nicht. Meine Familie blieb unbeirrbar zusammen, und in ihrem Schoß fühlte ich mich geborgen und wohl. Die Familie bildete das Modell, dem ich selbst nacheiferte. Ich befand mich in einer für Teenager typischen Phase: Nichts interessierte mich, alles langweilte mich. Die einzigen Verlockungen waren Geld oder ein eigenes Auto oder eine neue Freundin. Um irgendetwas davon zu bekommen, brauchte ich einen Job.

1982 ging ich als Sechzehnjähriger von der Schule ab, mit einem mittelmäßigen Zeugnis. Ich erwog keine Sekunde, weiter zur Schule und später vielleicht sogar auf die Uni zu gehen, sondern marschierte direkt zum Arbeitsamt. Eine weitere Ausbildung schien schlicht nutzlos. Als Arbeiter würde ich in mein Viertel passen und von meiner Gang und meinen Kumpels akzeptiert werden. Nicht ausgestoßen werden – dieser Gedanke spielte eine große Rolle. Deswegen verlor ich auch weiter kein Wort über meine Liebe zur Astronomie. Schließlich lebte ich nicht so schlecht: Meine Kumpels waren außergewöhnlich, und ich mochte sie alle, und meine Familie bedeutete mir alles. Allerdings fehlte mir etwas – ohne dass ich mir dessen damals bewusst gewesen wäre. Ich machte niemanden dafür verantwortlich, aber auf die Uni zu gehen war schlicht undenkbar. Meine Zukunft lag in Sunderland, und ich würde die Dinge tun müssen, die man in Sunderland tat, ob es mir passte oder nicht. Damals passte es mir meistens.

In jenen Jahren blickte ich nur in den Nachthimmel, wenn ich auf Mrs. Thomsons Gartenmauer saß und auf den Eismann wartete. Ich sah hinauf und träumte von weit entfernten Sternen. Damals dachte ich sehr viel nach, ständig gingen mir Gedanken zu Raum und Universum durch den Kopf. Mit meiner Grübelei wollte ich aber nicht meiner Familie entfliehen, ich war einfach nur neugierig. In mir herrschte eine verworrene Gefühlslage, und ich verfügte damals wohl einfach nicht über die Worte, mich anderen mitzuteilen.

Solange ich die Astronomie alleine betrieb, sah ich das All nur als durcheinandergewürfelten Haufen von Sternen. Wunderschön, aber willkürlich über den Himmel verstreut. Ich erinnere mich speziell an einen Abend. Wir spielten unter dem schwachen Licht der Straßenlaternen auf Garagentore Fußball. Es war eine sternenklare Nacht, und Fußball interessierte mich nicht so arg. Tognarellis Eiswagen war irgendwo in der Gegend, aber von der Gasse, in der wir spielten, konnten wir ihn nicht sehen, weshalb ich mich anbot, »Wache zu schieben«. So konnte ich mich auf Mrs. Thomsons Gartenmauer setzen und wie gewohnt die Sterne beobachten. An jenem Abend leuchteten sie besonders hell, und ich erinnere mich, dass mir damals die unterschiedliche Farbe ihres Lichts auffiel: hier bläulich-weiß, dort gelb, dort orange. Ich war fasziniert. Normalerweise war ich von der schieren Zahl der Lichtpunkte überwältigt und wusste gar nicht, wo ich zuerst hinsehen sollte oder wie ich von einem Stern zum nächsten springen sollte, ohne mich zu verirren, wenn ich blinzelte. Doch an jenem Abend konzentrierte ich mich zum ersten Mal auf ein Sternbild, von dem ich gelesen hatte, und auf einen nahe gelegenen Stern, von dem aus ich es finden konnte.

Während ich mich von einem Punkt des Großen Wagens zum nächsten hangelte und dann den nördlichen Polarstern identifizierte, begannen die Dinge da oben plötzlich einen Sinn zu ergeben. An jenem Abend nahm ich zum ersten Mal den Himmel als etwas Wohlgeordnetes wahr. Während der nächsten Jahre feilte ich an meiner Technik und erkundete von diesen beiden Objekten ausgehend den Nachthimmel. Im Rest des Kapitels werde ich Ihnen erklären, wie ich vorging, doch zunächst möchte ich auf einige wissenschaftliche Grundlagen und Mythen eingehen, die so manchen verwirren. Als Jugendlicher verfügte ich nur über ein sehr lückenhaftes Grundwissen; hätte ich öfter mal in ein Buch geschaut, hätte ich beim Sternegucken bestimmt sehr viel raschere Fortschritte gemacht.

*

Wenn man bei klarem Nachthimmel in der nördlichen Hemisphäre nach oben blickt, ist eine Gruppe von Sternen immer sichtbar: Ursa Major oder der Große Bär. Es handelt sich um das drittgrößte Sternbild und eines der auffälligsten Sternbilder am Himmel. Bekannt ist es wegen seiner sieben Sterne, die einen großen Wagen bilden (daher auch die alternative Bezeichnung »Großer Wagen«). Auf seine charakteristische Form blickte ich von Mrs. Thomsons Gartenmauer aus. Von meinem Standort aus und für viele Sterngucker in der nördlichen Hemisphäre war der Große Wagen zirkumpolar, was bedeutet, dass er das ganze Jahr über zu sehen ist und nie unter den Horizont fällt. Er dreht sich um den nördlichen Himmelspol; im Frühjahr zeigt die Deichsel nach unten, im Sommer nach Westen. Besonders gut lässt er sich im Frühjahr beobachten, weil er sehr auffällig hoch am nördlichen Himmel steht. Wie alle Sternbilder wurde er schon vor Tausenden von Jahren verzeichnet, als alte Kulturen in aller Welt Bilder in den Sternen suchten und fanden. Als Teenager konnte ich all diese Formen nicht erkennen und kam nur durcheinander, wenn ich an die alten Griechen dachte. Sehr wohl verstand ich aber schon damals, warum die Sternbilder für unsere Vorfahren eine so große Rolle spielten, insbesondere für Bauern: Sie hatten erkannt, dass Sternbilder zyklisch wiederkehrten, sich Jahr für Jahr wiederholten. Wenn sie sich merkten, welche Sternbilder wann zu sehen wären, wussten sie, wann sie säen und ernten mussten. Diese einfachen und zeitlos gültigen Regeln konnten Bauern dann an ihre Kinder weitergeben.

Innerhalb der Sternbilder bleiben die Sterne über die Spanne unseres Lebens immer an ihren relativen Positionen. Das Gesamtmuster an Sternbildern allerdings bewegt sich im Lauf des Jahres über den Himmel hinweg, wenn die Erde ihre Bahn um die Sonne zieht. Welche Sternbilder man in einer bestimmten Nacht sehen kann, hängt also von der Jahreszeit ab (Ausnahme: Zirkumpolare Sternbilder wie der Große Wagen sind in bestimmten Gegenden das ganze Jahr über zu sehen). Deshalb werden Sternbilder jahreszeitlich geordnet, vielleicht haben Sie schon gelegentlich gehört, dass jemand von Sommer- bzw. Wintersternbildern spricht. (In diesem Buch habe ich eine noch feinere Einteilung in Zwei-Monats-Abschnitte gewählt, Januar/Februar, März/April usw.)

Die Namen der meisten Sternbilder, die wir im westlichen Kulturkreis »sehen«, stammen aus der griechisch-römischen Mythologie, Ursa Major ist Latein und bedeutet wörtlich »größere Bärin«. Heute wundere ich mich, dass ich mit diesen Geschichten früher nicht viel anfangen konnte. Sie sind eingängig und verschaffen uns eine gewisse Freiheit, dem für uns unverständlichen Gewusel himmlischer Objekte einen Sinn zu geben.

Der Mythos der großen Bärin hat, wie so viele Mythen, seinen Ursprung in der chronischen Untreue des Göttervaters Zeus. Zeus war scharf auf Kallisto, eine wunderschöne Jägerin aus dem Umfeld der Jagdgöttin Artemis. Zeus verwandelte sich in Artemis und verführte die im Wald ruhende Kallisto. Als Kallisto schwanger wurde, verstieß Artemis sie aus ihrem Kreis, weil sie ihr Keuschheitsgelübde gebrochen hatte. Als Kallisto schließlich einen Sohn zur Welt brachte, Arkas, wurde alles noch schlimmer, weil Hera jetzt von der Untreue ihres Göttergatten Zeus erfuhr. Wutentbrannt verwandelte Hera Kallisto in eine Bärin, verdammt dazu, allein durch die Wildnis zu streifen.

15 Jahre später begegnete Kallisto ihrem verlorenen Sohn in den Wäldern. Arkas, der seine Mutter nicht erkannte, hatte den Bogen schon gespannt – doch da schritt Zeus ein. Um Kallisto zu retten, verwandelte er Arkas in einen kleinen Bären, packte die beiden an ihren Schwänzen und warf sie in den Himmel, wo sie von nun an standen, als Großer Bär und Kleiner Bär (mehr zu diesem Sternbild später).

Manche Leute witzeln, diese Geschichte erkläre, warum die zwei Bären am Himmel lange Schwänze haben, wo Erden-Bären doch keine haben: Die Schwänze seien beim Hinaufschleudern gedehnt worden. Als Teenager fand ich solche Geschichten fesselnd. Ich weiß noch, wie komisch ich die Erklärung zur Entstehung der Milchstraße fand: Zeus habe das Baby Herakles an die Brust der schlafenden Hera gelegt. Als diese erwachte, schubste sie das Baby weg, dass die Milch nur so spritzte – und die Milchstraße bildete.

Mir diese Mythen anzulesen war einfach. Doch einzelne Sterne zu identifizieren und Sternbilder zu finden fiel mir viel schwerer. Nach weiterer Lektüre und ein wenig Herumprobieren bastelte ich mir eine Methode zusammen. Warum sie funktionierte, lernte ich teilweise erst Jahre später, doch sie ermöglichte mir meine persönliche Reise zu den Sternen, und vielleicht hilft sie Ihnen ja auch.

Folgende kleine Übung können Sie überall machen, in der Stadt oder in einem Sternenpark, allein oder zu mehreren. Sie brauchen weder Feldstecher noch Fernrohr; für den Anfang reicht das bloße Auge – und Ihre Neugier. Seien Sie aber nicht frustriert, wenn Ihre Kinder die Übung bald besser beherrschen als Sie. Das wäre ganz normal; warum, erkläre ich Ihnen später.

Gehen Sie hinaus, sobald die Sonne untergegangen ist. Als ich heranwuchs, wurde ich irgendwann mutiger und plauderte mit den kleineren Kindern gelegentlich über Phänomene am Himmel. Zum Beispiel erklärte ich ihnen, dass die Wolken nachts überhaupt nicht orange seien, sondern dass die Straßenlaternen die Lichtverschmutzung verursachten. Zum Sternegucken eignen sich am besten mond- und wolkenlose Nächte. Steht etwa ein Vollmond am Himmel, wirft er sehr viel Sonnenlicht zurück zur Erde, wodurch der Himmel deutlich heller wird und schwächere Sterne überstrahlt. Der Mond ist der schlimmste Lichtverschmutzer am Himmel, folglich bekommt man die besten Ergebnisse, wenn der Mond gar nicht oder nur als schmale Sichel am Himmel steht.

Achten Sie darauf, dass Sie einen relativ freien Blick Richtung Norden brauchen, es darf also kein Bürogebäude oder Wohnturm im Blickfeld stehen. Ein Kompass zeigt Ihnen, wo Norden liegt. Sollten Sie keinen haben, versuchen Sie sich zu erinnern, in welcher Richtung die Sonne untergegangen ist. Drehen Sie sich so, dass Ihre linke Schulter in diese Richtung zeigt. Jetzt blicken Sie ungefähr in die richtige Richtung. Mit diesem Teil der Übung tat ich mich sehr schwer, ich verlor oft die Orientierung, und nur das Meer rettete mich. Das Meer? Ja, glücklicherweise liegt Sunderland am Meer. Ich wusste, dass das Meer im Osten lag, und ich wusste ebenfalls, in wel-

cher Richtung das Wasser lag. Das war mein Ausgangspunkt. Vielleicht können Sie ja eigene Referenzpunkte
ausmachen.

Für eine Himmelsbeobachtung mit bloßem Auge braucht
man nicht nur eine sternenklare Nacht, sondern die Augen
sollten auch bestmöglich an die Dunkelheit angepasst
sein. Fachsprachlich nennt man das »Dunkeladaptation«
des Auges. Wenn die Leuchtdichte nachlässt, weiten sich
als Erstes die Pupillen, um möglichst viel Licht einzulas-
sen, und zwar auf bis zu sieben Millimeter Durchmesser
(das wird später noch wichtig, wenn wir über Ferngläser reden). Als Nächstes werden die Sehzellen der Netzhaut, die sogenannten Stäbchen und Zapfen, allmählich
lichtempfindlicher. Das geschieht unter der Einwirkung
zweier Substanzen namens Rhodopsin und Iodopsin, die
nur bei geringem Lichteinfall arbeiten. Nach sechs bis sieben Minuten erreichen die Zapfen ihre maximale Emp-
findlichkeit, doch bis die für die Nachtsicht besonders
wichtigen Stäbchen komplett angepasst sind, dauert es
mindestens eine halbe Stunde. Mit zunehmendem Alter
werden die Muskeln, die die Pupillen erweitern bzw. ver-
kleinern, schwächer, weshalb viele Erwachsene selbst in
stockdunkler Nacht nur fünf Millimeter große Pupillen-
öffnungen haben. Deswegen stehen die Chancen so gut,
dass Ihre Kinder bei dieser Übung mehr Sterne sehen als
Sie: Durch ihre weiter geöffneten Pupillen dringt einfach
mehr Licht.

Doch schon ein Augenblick genügt, um die Anpassung
des Auges an die Dunkelheit zu ruinieren. Ein kurzer
heller Lichtschein, und schon sind die Effekte der zwei

Substanzen zunichte gemacht, und Sie stehen halb blind in der dunklen Nacht. Dann müssen Sie noch einmal von vorn anfangen und Ihren Augen Zeit geben, sich wieder anzupassen. Jetzt verstehen Sie, warum Astronomen so wütend werden, wenn irgendjemand mit einer Taschenlampe herumfuchtelt oder gedankenlose Autofahrer ihre Scheinwerfer aufblenden. Für diese Übung sind gut angepasste Augen hilfreich, aber nicht unerlässlich, schließlich gehört der Große Bär zu den hellsten Sternbildern am Himmel. Trotzdem empfehle ich, mindestens 15 Minuten draußen zu bleiben und sich an die Lichtverhältnisse zu gewöhnen.

Die nächste abgebildete Sternkarte zeigt nur einen Teil des Nachthimmels; eine ganz ähnliche Abbildung nutzte ich auch damals als Teenager. Sie zeigt die Positionen der Sterne innerhalb des Sternbilds an, wenn man nach Norden blickt. Auch die Namen der Sterne werden aufgeführt, damit man sie sich einprägen kann. Sternkarten sind wie Projektionen des Himmels auf Papier und werden von Profis wie von Amateuren zur Orientierung genutzt. Man springt von einem Stern zum nächsten und lernt bei jedem Sprung etwas dazu.

Um diese Sternkarte draußen in der Dunkelheit lesen zu können, brauchen Sie ein wenig Licht. Am besten verwenden Sie eine Rotlicht-Taschenlampe, da rotes Licht die Nachtsicht viel weniger beeinträchtigt als weißes. Rotlicht-Taschenlampen gibt es für wenig Geld zu kaufen; alternativ können Sie auch eine normale Taschenlampe mit roter Folie bekleben. Ich wünschte, ich hätte das damals gewusst. Ich verwendete meine ganz normale

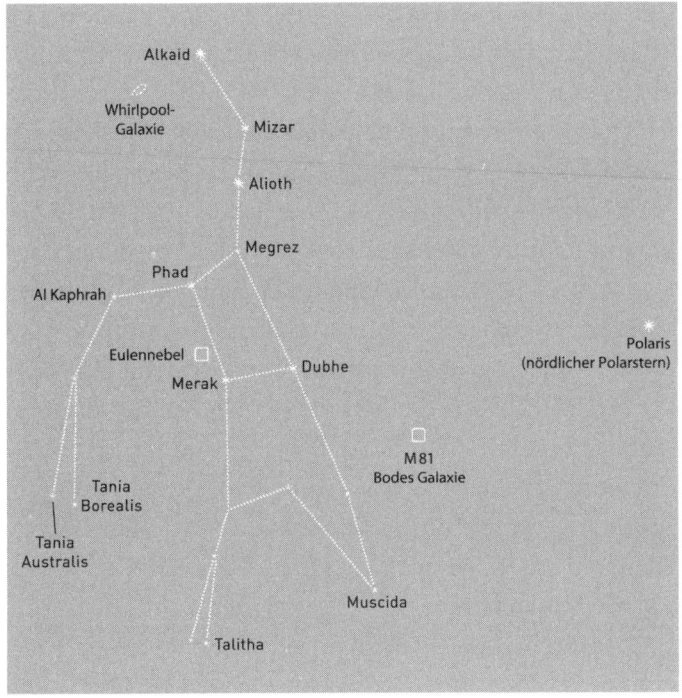

Taschenlampe, die mich blendete und überhaupt nicht hilfreich war. Das kann ich nicht empfehlen. Eine Rotlicht-Taschenlampe ist viel besser.

Schauen Sie nach Norden, legen Sie den Kopf in den Nacken, und mit ein bisschen Übung finden Sie das Sternbild hoffentlich. Die Sterngruppe des Großen Wagens ist am leichtesten zu erkennen, weshalb wir uns zunächst darauf konzentrieren wollen. Suchen Sie nach den vier Sternen, die den Kasten des Wagens bilden: Dubhe, Merak, Phad und Megrez. Dann gehen Sie die drei Sterne der

Deichsel entlang: Alioth, Mizar und Alkaid. Sehen Sie sich Mizar genauer an. Sehen Sie seinen schwächeren Begleiter? Dieser Stern heißt Alkor. Wenn Sie beim direkten Draufsehen nichts erkennen, versuchen Sie es mal mit einem Blick aus dem Augenwinkel. Beim sogenannten peripheren Sehen wirken Objekte heller. Das liegt an der unterschiedlichen Funktionsweise von Stäbchen und Zapfen im Auge. Die Zapfen ballen sich hauptsächlich in der Mitte der Netzhaut, während an den Rändern die Stäbchen überwiegen. Will man ein sehr schwaches Licht erkennen, blickt man das betreffende Objekt nur aus dem Augenwinkel an, damit die lichtempfindlicheren Stäbchen ihre Chance bekommen. Probieren Sie das periphere Sehen abwechselnd mit dem linken und dem rechten Auge – vielleicht sehen Sie mit dem einen Auge deutlich besser als mit dem anderen.

Als Nächstes rate ich Ihnen, sich mit dem Sternbild vertraut zu machen. Sagen Sie sich die Namen der Sterne vor, oder merken Sie sich ihre Position im Sternbild. Haben die Sterne etwas gemeinsam oder sind manche heller als andere? Erscheinen manche kleiner oder blauer? Haben manche einen schwächeren Begleiter? Halten Sie Ihre Beobachtungen ruhig in einer Skizze fest, das ist eine prima Gedächtnisstütze. Ich habe als Teenager damit angefangen, und bis heute führe ich ein knappes Tagebuch über alle Beobachtungen auf meinen nächtlichen Exkursionen. Ich notiere Datum, Wetterverhältnisse und Temperatur, was dabei helfen kann, zukünftige Beobachtungen zu verbessern, und ich halte Erinnerungswürdiges fest: Sternschnuppen; die Farbe der Sterne, die von Blau bis zu

Knallgelb reichen kann. Sollten Sie sich später der Astrofotografie zuwenden, können Sie Ihre Notizen auch durch Fotos ergänzen. Notizen zu machen half mir als Jugendlichem auch, genauer zu beobachten.

Was mich aber gewaltig nervte, war, dass der Große Bär, wie alle Sterne und Sternbilder, unablässig über den Himmel wanderte, von Ost nach West. Das machte es schwierig, ein einmal gefundenes Objekt wiederzuentdecken. Die Sterne selbst, das wusste ich aus Büchern, sind so unfassbar weit entfernt, dass ihre Eigenbewegung für uns kaum wahrnehmbar ist. Als Junge versuchte ich mir diesen Umstand anhand eines startenden Jumbojets zu veranschaulichen. Steht man in der Nähe der Startbahn, scheint er nur so dahinzurasen. Beobachtet man den gleichen Jet aber aus ein paar Kilometern Entfernung, wirkt er viel langsamer. Und dennoch sieht es von unserem Beobachtungspunkt so aus, als würden die Sterne und Sternbilder über den Nachthimmel wandern. Was ist da los?

Diese scheinbare Bewegung folgt aus der Erdrotation und aus der Umlaufbahn der Erde um die Sonne. Bekanntlich dreht sich unser Heimatplanet einmal am Tag fröhlich um seine eigene Achse, und wir sitzen auf diesem herumwirbelnden Ball. Das führt zu der scheinbaren Bewegung der Sternbilder – in Wirklichkeit aber sind wir es, die sich bewegen, nicht die Sterne.

Nachdem ich das verstanden hatte, wurde mir klar, dass ich eine weitere Gedächtnisstütze brauchte, um bestimmte Sternbilder verlässlich wiederzufinden. Da kam mir das Glück zu Hilfe. Den Mond hatte ich zwar als

Erstes beobachtet, doch Polaris (der nördliche Polarstern) war meine wichtigste Entdeckung. Diesen Punkt benutzte ich, wie unzählige Astronomen und Amateure, als Ausgangspunkt für meine Erkundungen.

Polaris ist deswegen so bedeutsam, weil er immer an der gleichen Stelle des Nachthimmels zu stehen scheint. Warum? Nun, stellen Sie sich einen riesigen Drehspieß vor, den wir durch die Erde stecken, durch Nord- und Südpol. Die Erde dreht sich um diesen Spieß, der die Rotationsachse der Erde darstellt. Verlängert man diesen Spieß über den Nordpol hinaus ins Weltall, trifft man irgendwann auf den Polarstern, der zufällig fast genau über unserer Rotationsachse liegt. Aufgrund dieses Umstands scheint der Polarstern sich kaum zu bewegen. Stellen Sie sich zur Veranschaulichung vor, Sie würden ein Kreuz über sich an die Zimmerdecke malen und sich dann im Kreis drehen. Alles im Zimmer würde dann seine relative Position ändern, nur das Kreuz würde sich jederzeit genau über Ihnen befinden. Polaris ist so ein Kreuz an der Decke; er zeigt die nördliche Richtung jederzeit bis auf ein Grad genau an. Seit Jahrhunderten nutzen Seefahrer und andere diese Tatsache, um sich zu orientieren. Geht man auf Polaris zu, bewegt man sich nach Norden; liegt der Polarstern links, geht man in östlicher Richtung usw.

Für uns Sterngucker in der nördlichen Hemisphäre folgt aus der Position von Polaris, dass sich alle Sterne und Sternbilder um den Polarstern zu drehen scheinen. Hat man ihn also identifiziert, kann man von dort aus verlässlich in jedes weitere Sternbild gelangen.

Den Polarstern können Sie übrigens auch ohne Kompass ganz einfach finden. Beginnen Sie mit den sieben Sternen des Großen Wagens in Ursa Major. Identifizieren Sie dann Dubhe und Merak, die zwei Sterne an der Rückwand des Wagens. Folgen Sie nun der imaginären Linie zwischen den beiden Sternen nach oben (über Dubhe hinaus), so führt Sie das genau zum Polarstern. Deswegen nennt man Dubhe und Merak auch »Zeigersterne«.

Viele Menschen halten Polaris irrtümlich auch für den hellsten Stern am Himmel. Nein, auch wenn Polaris für viele Hobbyastronomen – und für mich ebenfalls – zweifellos der wichtigste Stern ist, leuchtet ein anderer Stern viel heller: Sirius (griechisch für »gleißend hell, sengend«) im Sternbild Großer Hund. Polaris gehört zum Sternbild Ursa Minor, die Verbindung zwischen Mutter und Sohn ist also nicht abgerissen.

*

Um die Zeit, als ich von der Schule abging, gehörte Polaris zu den wenigen Konstanten in meinem Leben. 1982 herrschte eine schlimme Arbeitslosigkeit. Erst nach sechs Monaten bekam ich eine Chance beim Jugendförderprogramm der British Telecom. Ich sollte lediglich zusehen und lernen, aber ich hoffte, später einen langfristigen Job zu ergattern. Doch es sollte nicht sein. Bald stand ich wieder in der Schlange beim Arbeitsamt. Ich fühlte mich behandelt wie ein Sträfling. »Haben Sie eine Anstellung gesucht? Wo? Wann?« Am liebsten hätte ich den Typen angebrüllt: »Gebt mir irgendeinen Job, und ich mache ihn.« Ich hatte alle Hoffnung fahren gelassen.

Die Stimmung in jenen Jahren kann man nur als übel bezeichnen. Maggie Thatcher ließ unsere Gegend plattmachen, der Falklandkrieg war in vollem Gange, und Chancen waren überall dünn gesät. Ich hatte das Gefühl, dass uns alles weggenommen wurde, sogar unser Hafen am Wear, der mitten durch Sunderland fließt. Auf unseren ruhmreichen Werften waren früher Schiffe aller Art gebaut worden, nirgendwo auf der Welt gab es bessere und leidenschaftlichere Schiffsbauer. Doxford's, Austin und Pickersgill – in unserer Gegend kannte jeder diese Namen. Als Junge fuhr ich an den Wochenenden oft mit dem Fahrrad zum Hafen hinunter, um den einlaufenden Fischerbooten zuzusehen. Manche hatten himmelhohe gelbe Kräne, mit denen sie überquellende Kisten mit regenbogenfarbenen Fischen und Krabben ausluden. Doch schon am Ende meiner Schulzeit war davon kaum mehr etwas übrig. Bald lagen nur noch kleine Boote am Kai und fuhren jeden Tag hinaus. Ich schätze, dass die Fischerei damals immer noch viele Leute ernährte, aber aus dem Hintergrund schauten die riesigen leeren Werften traurig zu, die diese Stadt einst berühmt gemacht hatten. Nur noch gigantische leere Hüllen blieben von ihnen übrig.

Damals rettete mich der Fixpunkt am Himmel. Meine beruflichen Hoffnungen welkten dahin, doch meine Leidenschaft für Astronomie erblühte. Von meinem Leitstern Polaris ausgehend, erkundete ich den Rest des Universums wie beim Steinehüpfen über einen Bach. Ich hangelte mich von Sternbild zu Sternbild, egal wo ich gerade war und zu jeder Jahreszeit. Ich wurde besser und benutzte jetzt mein Teleskop – eben jenes, das mein Bruder acht Jahre zuvor zu Weihnachten bekommen hatte –, um weiter entfernte Objekte, wie Gaswolken oder ferne Galaxien, zu beobachten. Mein erster Blick auf den Mond lag lange zurück, und bald würde ich ferne Sonnen erkunden. Doch zunächst folgte eine finstere Zeit.

Der Nachthimmel im Januar/Februar

Orion – Stier – Großer Hund –
Fuhrmann – Der Mond

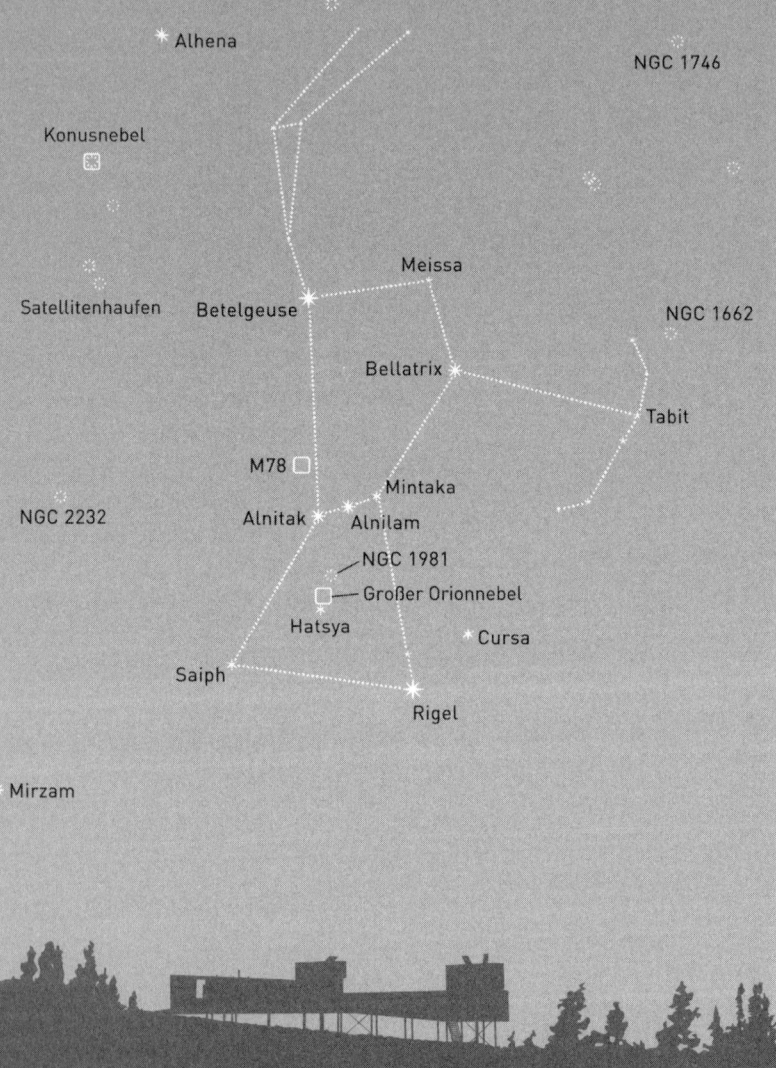

ORION

Im Winter (Januar) südlich von Kielder

Alhena

NGC 1746

Konusnebel

Meissa

Satellitenhaufen Betelgeuse

NGC 1662

Bellatrix

Tabit

M78

NGC 2232 Mintaka

Alnitak Alnilam

NGC 1981

Großer Orionnebel

Hatsya Cursa

Saiph

Rigel

Mirzam

Sterne Mag 0 ✸ Mag 1 ✳ Mag 2 ✴ Mag 3 ⋆ Mag 4 · Mag 5 · Sternhaufen ⬡ Nebel ☐

Orion gehört zu den bekanntesten und prächtigsten Sternbildern. Von der Nordhalbkugel kann man das Sternbild in klaren Winternächten am südlichen Himmel leicht erkennen. Orientieren Sie sich dabei an seinen hellen »Gürtel«-Sternen, die in einer Vielzahl von Farbtönen funkeln und flimmern, von Blau über Gelb bis Orange.

Über Orion gibt es in der antiken Mythologie zahlreiche Legenden. Der Sohn des Meeresgottes Neptun und der Amazonenkönigin Euryale war ein hervorragender Jäger und brüstete sich, alle wilden Tiere auf der Erde töten zu können – woraufhin er von einem Skorpion getötet wurde. Zeus griff ein und versetzte die beiden als Sternbilder an den Himmel, allerdings mit so großem Sicherheitsabstand, dass sie nie gleichzeitig sichtbar sind.

Im Herbst muss man auf der Nordhalbkugel bis in die frühen Morgenstunden warten, um einen Blick auf Orion zu erhaschen. Doch mit fortschreitendem Jahr geht das Sternbild immer früher auf, sodass es am Neujahrstag fast schon bei Sonnenuntergang erscheint. Am 1. Januar um 22.30 Uhr liegt es genau südlich – in der Gegend, die Astronomen als »Himmelstheater« bezeichnen – und lässt sich prima beobachten. Ende Februar geht das Sternbild sogar schon gegen 19 Uhr auf.

Orion erkennt man anhand von drei Sternen ganz leicht, Alnitak, Alnilam und Mintaka, die den berühmten Gürtel um Orions Hüfte bilden. Ebenso einfach zu finden sind die vier Sterne seines Körpers, wobei der Rote Überriese Betelgeuse (linke Schulter) und der Blaue Überriese Rigel (rechter Fuß) besonders hell leuchten: Beide zählen zu den zehn hellsten Sternen am Nachthimmel. Betelgeuse, was auf Arabisch »Achsel des Mittleren« bedeuten soll, geht rasch seinem Ende entgegen. Irgendwann in den nächsten paar Millionen Jahren wird er als spektakuläre Supernova explodieren und so hell leuchten, dass er eine Weile sogar tagsüber zu sehen sein wird.

Bellatrix an der rechten Schulter leuchtet heller als alle Sterne des Gürtels, Saiph (linker Fuß) etwa gleich hell wie die Sterne des Gürtels. Auf vielen Abbildungen ist Orion mit Keule und Schild dargestellt. Die Keule liegt nördlich von Betelgeuse, der Schild westlich von Bellatrix.

Bei dunklem Himmel können Sie das Schwert des Orion gut an seinem Gürtel hängen sehen. Auf den ersten Blick scheint es sich um drei Sterne in einer senkrechten Linie zu handeln, eine vertikale Version des Oriongürtels. Doch bei genauerem Hinsehen erkennt man, dass der mittlere Stern irgendwie »unscharf« ist, und Ferngläser sowie Teleskope enthüllen seinen wahren Charakter: Es handelt sich nicht um einen Stern, sondern um eine gewaltige Wolke aus Gas und Staub, den Orionnebel (M 42).

So wie Orion zu den berühmtesten Sternbildern gehört, zählt M 42 zu den berühmtesten Deep-Sky-Objekten am Himmel. Das »M« steht für den Nachnamen des französischen Astronomen Charles Messier, der im 18. Jahrhundert von seiner vornehmen Pariser Wohnung aus den Himmel nach Kometen absuchte. Bei seiner Suche fielen ihm einige »unscharfe« Objekte auf, die er sich nicht erklären konnte, die aber bestimmt keine Kometen waren. Er trug diese M-Objekte in eine Liste ein (insgesamt wurden es 110), damit zukünftige Kometenjäger sich nicht unnütz damit abgeben müssten. Als man die Objekte des Katalogs später mit besseren Teleskopen untersuchte, stellten sich einige von ihnen als betörend schöne Himmelskörper heraus, als Gaswolken oder ferne Galaxien. Heute gehören die Objekte des Messier-Katalogs zu den beliebtesten und am häufigsten betrachteten Objekten in der Amateurastronomie.

M42, etwa 1500 Lichtjahre entfernt, ist eine Sternenfabrik, eine himmlische Geburtsstation für Sternenbabys. Unter dem Einfluss der Schwerkraft ballt sich dort Material, hauptsächlich Gas, zusammen und wird immer dichter, bis Temperatur und Druck so angestiegen sind, dass sich brandneue Sterne in der Finsternis entzünden. Im Zentrum von M42 liegen vier Sterne, Trapez genannt. Können Sie sie entdecken? Sie erscheinen als vier winzige Lichtpunkte genau in der Mitte der hellsten Region und lassen sich bereits mit einem Feldstecher oder kleinen Fernrohr erkennen. Die von diesen Sternen produzierte Strahlung bringt das Gas der Umgebung zum Leuchten, weshalb wir die Gaswolke (den Nebel) überhaupt sehen können.

Blickt man mit dem Hubble-Weltraumteleskop in die Finsternis, erkennt man dunkle, abgeflachte Scheiben, die einige der neugeborenen Sterne umgeben. Dabei handelt es sich um protoplanetare Scheiben (oder Proplyds), die Vorstufe zur Bildung von Planeten. Im Laufe der Zeit entstehen unter dem Einfluss der Schwerkraft aus diesem Material brandneue Welten. Astronomen glauben, dass unser Sonnensystem vor etwa 5000 Millionen Jahren auf sehr ähnliche Weise entstanden ist. Beim Blick auf diese Region im All können Sie zusehen, wie sich direkt vor Ihren Augen neue Sonnensysteme bilden. Was für ein berührender Gedanke, dass wir von unserem Garten aus Zeuge sein dürfen bei solchen gewaltigen Schöpfungsakten der Natur.

Ein weiteres sehr beliebtes Objekt im Orion ist der Pferdekopfnebel, allerdings kann man dieses sehr kleine Objekt nur bei sehr dunklem Himmel erkennen. Möglicherweise brauchen Sie auch einen Filter für ihr Teleskop, der einen Teil des Farbspektrums blockiert und es so einfacher macht, Details zu erkennen. Der Pferdekopfnebel ähnelt einer Springerfigur beim Schach und zeichnet sich deutlich dunkler von seiner Umgebung ab. Berühmt wurde er durch spektakuläre Langzeitaufnahmen mit professionellen Teleskopen; wenn Sie ihn selbst beobachten wollen, brauchen Sie schon ein Teleskop mit anständiger Apertur (Öffnung) – und erhebliches Geschick; für Anfänger ist dieses kleine, dunkle Objekt nur schwer zu finden.

Gehen Sie vom ersten Stern des Gürtels, Alnitak, ein halbes Grad (etwa den Durchmesser eines Vollmonds) Orions rechtes Bein hinab Richtung Saiph (gegenüber Rigel). Wenn Sie den schwachen Stern HIP 26820 erreichen, sind Sie über das Ziel hinausgeschossen. Die scharfe Pferde-Silhouette ergibt sich, weil Staub und Gas das helle rosafarbene Licht einer intensiv leuchtenden Wasserstoffwolke dahinter verdecken.

Sie könnten Ihre Aufmerksamkeit auch dem Flammennebel zuwenden, gleich links von Alnitak. Das Leuchten dieser Gaswolke ist zum Großteil auf die starke Strahlung von Alnitak zurückzuführen. Oder Sie wenden sich dem Nebel M78 zu, knapp links von der Verbindungslinie zwischen Alnitak und Betelgeuse. Das im Jahr 1780 entdeckte Objekt sollte sich auch mit kleinen Teleskopen gut erkennen lassen. Insbesondere sehen Sie dort zwei Sterne der 10. Magnitude, deren Licht wir es überhaupt verdanken, dass wir durch das umgebende Gas blicken können.

STIER (TAURUS)

Im Winter (Januar) südlich von Kielder

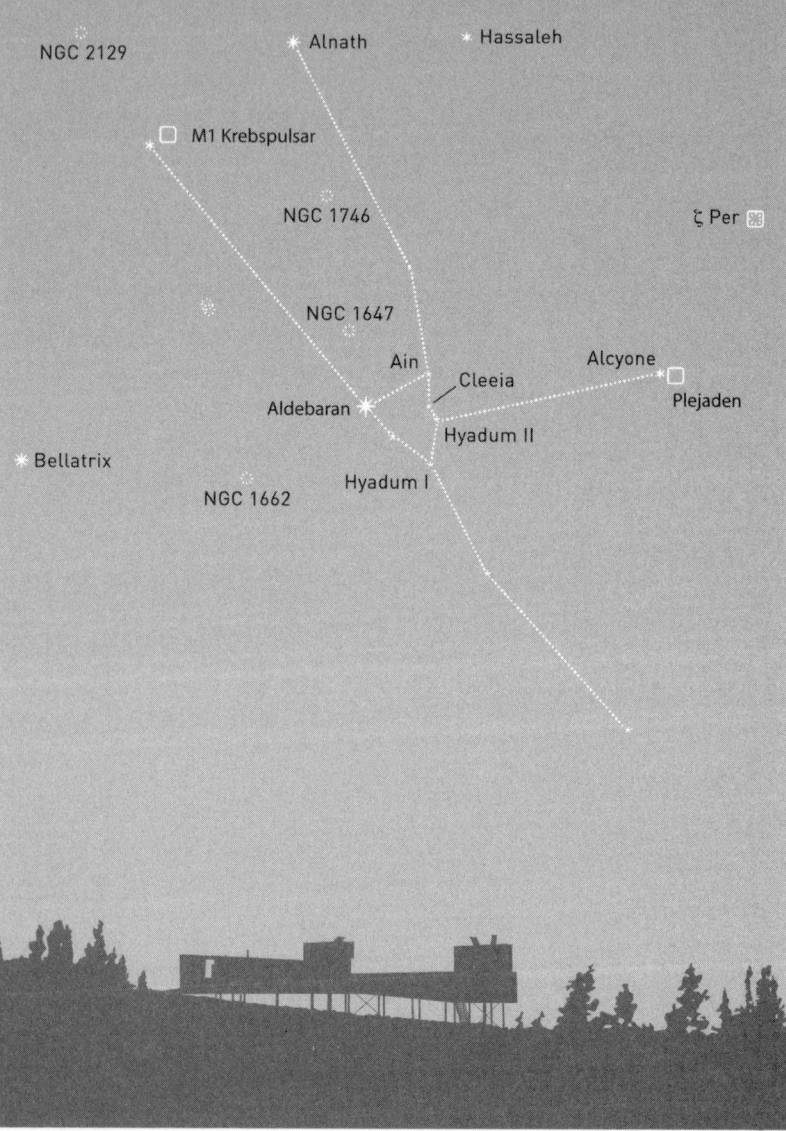

| Sterne | Mag 0 ✹ | Mag 1 ✸ | Mag 2 ✶ | Mag 3 ✴ | Mag 4 · | Mag 5 · | Sternhaufen ⁛ | Nebel ☐ |

Von Orion ausgehend, ist Taurus (Stier) – eines der Tierkreiszeichen – relativ leicht zu finden. Zeichnen Sie eine imaginäre Gerade durch die drei Sterne des Oriongürtels und folgen Sie ihr nach oben und rechts, unterhalb von Bellatrix vorbei und durch den Schild von Orion. So gelangen Sie zu Aldebaran, einem gelb-orangenen Stern, dem hellsten im Sternbild Stier und dem vierzehnthellsten am Nachthimmel.

Dieses »Auge« des Stiers sitzt unten am linken Schenkel eines v-förmigen Sternhaufens namens Hyaden, die den Kopf des Stiers bilden. Es wirkt zwar, als würde auch Aldebaran zu diesem Sternhaufen gehören, doch das täuscht. In Wirklichkeit ist er uns viel näher als die anderen Sterne, die scheinbare Zugehörigkeit zu dem Sternhaufen beruht also auf einer optischen Täuschung. Die Hyaden selbst sind von unserem Sonnensystem aus der nächstgelegene offene Sternhaufen und deshalb von professionellen Astronomen gründlich erforscht worden.

In Verlängerung der beiden V-Schenkel liegen die Hörner des Stiers, geht man vom Treffpunkt der Schenkel nach unten, gelangt man zu den Füßen des Stiers. Sein Körper liegt zum großen Teil rechts davon, und dort, in der Schulter des Stiers, liegt eines der berühmtesten und beliebtesten Deep-Sky-Objekte überhaupt, die Plejaden.

Der Stier ist, wie so viele Sternzeichen, nur ein getarnter Zeus. Der notorisch untreue Göttervater begehrte oft sterbliche Frauen. Einmal hatte er sein Auge auf Europa geworfen, eine phönizische Prinzessin. Um sie zu erobern, verwandelte er sich in einen prächtigen weißen Stier und näherte sich ihr, als sie am Strand spazieren ging. Die

Schönheit und Verspieltheit des Tiers verzauberten Europa derart, dass sie sich auf seinen Rücken setzte. Zeus lief mit ihr ins offene Meer hinaus und entführte sie auf die Insel Kreta. Dort enthüllte er ihr seine wahre Identität und verführte sie. Am Himmel sind nur Kopf, Schulter und Vorderbeine des Tiers sichtbar – weil der Rest angeblich unter Wasser liegt.

Die Sterne am Himmel sind, wie die Menschen unserer Umgebung, unterschiedlich alt. Im Sternhaufen der Plejaden liegen Sterne, die gerade mal 100 Millionen Jahre jung sind. Man findet sie, indem man dem Oriongürtel mitten durch die v-förmigen Hyaden hindurch folgt. Obwohl der Sternhaufen auch Sieben Schwestern heißt (nach den mythischen Schwestern, die Orion vergeblich umwarb), umfasst er über eintausend Sterne. Sie alle entstammen der gleichen Gas- und Staubwolke, ganz ähnlich wie die Sterne, die gerade im nahe gelegenen Orionnebel entstehen. Für menschliche Maßstäbe klingt 100 Millionen Jahre extrem alt, doch für Sternenmaßstäbe handelt es sich um äußerst junge Hüpfer. Nehmen Sie zum Beispiel unsere Sonne. Sie ist 5000 Millionen Jahre alt und damit ziemlich genau in der Mitte ihrer Lebenserwartung angelangt. Wäre die Sonne ein Mensch, wäre sie etwa 40 Jahre alt, die Sterne der Plejaden wären gerade mal neun Monate alt.

Zum Betrachten des Sternhaufens eignet sich ein Feldstecher vielleicht am besten. Sollten Sie ein Teleskop bevorzugen, brauchen Sie ein Weitwinkelokular und ein

Instrument mit kleiner Brennweite, dennoch werden Sie immer nur einen Teil des Sternhaufens im Gesichtsfeld haben. Beim Blick durch einen Feldstecher hingegen sieht man mehrere Dutzend der hellsten Sterne auf einmal und kann das Spektakel in seiner ganzen Schönheit genießen. Achten Sie auf das bläuliche Leuchten, das die Gegend umgibt. Es stammt von einer Wolke aus Gas und Staub, durch die sich der Haufen bewegt. In ihr wird das Licht der jungen Sterne reflektiert (genauer gesagt: gestreut), weshalb man von einem Reflexionsnebel spricht.

Das andere großartige Deep-Sky-Objekt im Sternzeichen Stier ist der Krebsnebel (M1). Er befindet sich ganz in der Nähe des Sterns an der Spitze des linken Horns. Anders als der Orionnebel, die Sternen-Geburtsklinik, ist M1 das Trümmerfeld eines katastrophalen Sternentods. Im Jahr 1054 verzeichneten chinesische Astronomen das plötzliche Erscheinen eines »Gaststerns«, der so hell leuchtete, dass er sogar tagsüber sichtbar war. Heute wissen wir, dass es sich um eine Supernova gehandelt haben muss und der Krebsnebel, wie wir ihn heute sehen, aus den Trümmern jener Explosion besteht.

Nur große Sterne mit mehr als dem Achtfachen der Masse unserer Sonne explodieren am Ende ihres Lebens in einer Supernova. Unser Zentralgestirn erwartet also ein anderes Schicksal; dazu später mehr. Bei großen Sternen kollabiert irgendwann der Kern, woraufhin der Rest des Sternenmaterials ebenfalls zu kollabieren beginnt. Der Kollaps des Kerns erzeugt eine Schockwelle, die sich nach außen ausbreitet und in einer gewaltigen Explosion mit dem hereinstürzenden Material kollidiert. Das dabei entstehende Licht kann alle Sterne einer Galaxie überstrahlen und sogar tagsüber sichtbar sein.

Wenn Sie den Krebsnebel betrachten wollen, brauchen Sie wahrscheinlich ein Teleskop. Schon ein Vierzöller sollte zeigen, dass einige Teile der Wolke heller sind als andere. Man erkennt einen schwach leuchtenden, unscharfen und ungefähr ellipsenförmigen Flecken – das Trümmerfeld einer Explosion, bei der so viel Energie freigesetzt wurde wie bei sonst kaum einem Vorgang im Weltall. Ohne diese Knalleffekte gäbe es uns alle nicht, denn bei solchen Ereignissen entstehen die schwereren Elemente.

GROSSER HUND
(CANIS MAJOR)

Im Winter (Januar) südlich von Kielder

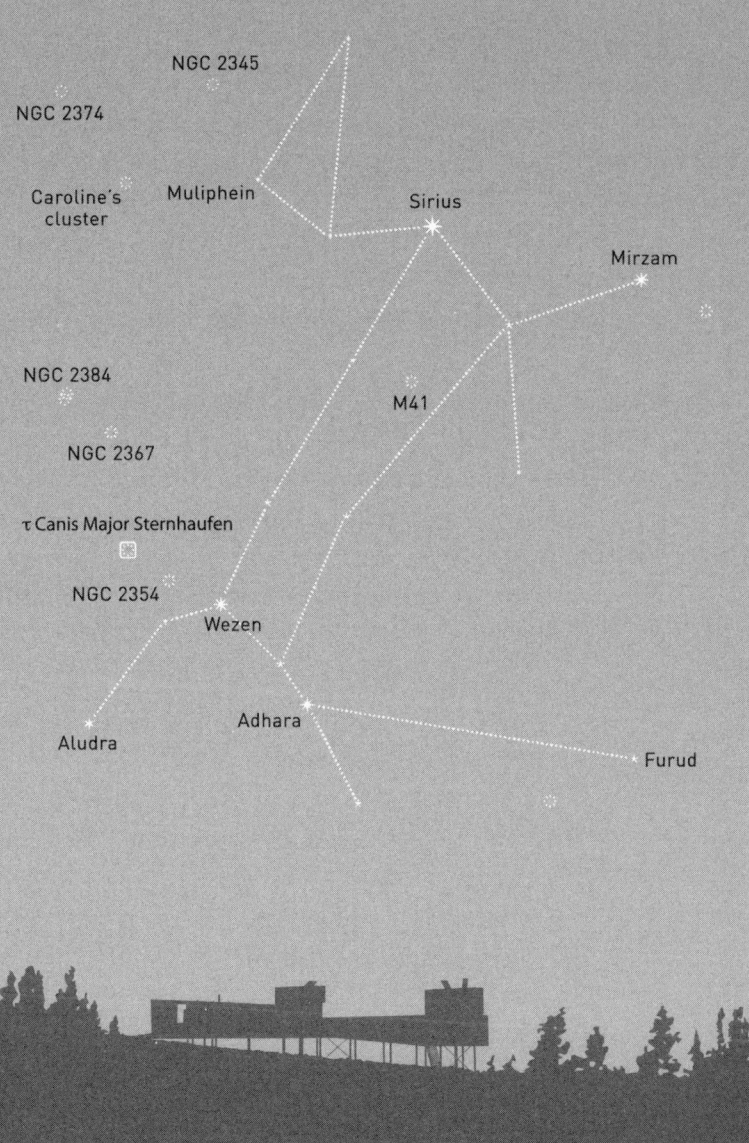

NGC 2345

NGC 2374

Caroline's cluster

Muliphein

Sirius

Mirzam

NGC 2384

M41

NGC 2367

τ Canis Major Sternhaufen

NGC 2354

Wezen

Adhara

Aludra

Furud

Sterne   Mag 0 ✴   Mag 1 ✹   Mag 2 ✦   Mag 3 ⋆   Mag 4 ·   Mag 5 ·   Sternhaufen ⊙   Nebel ☐

Dem Mythos zufolge ist der Große Hund (Canis Major) der Jagdhund, der Orion begleitet und ihm Jahr um Jahr treu über den Nachthimmel folgt. Oft heißt es auch, er verfolge unablässig Lepus, den Hasen, ein kleines Sternbild zu Orions Füßen. In Canis Major sticht vor allem ein Stern hervor: Sirius, auch Hundsstern genannt, der hellste Stern am Himmel über der Nordhalbkugel. Sein Licht scheint deswegen so gleißend hell, weil Sirius einer der erdnächsten Sterne ist. Er ist ganz leicht zu finden: Verlängern Sie einfach die Gerade zwischen den Sternen des Oriongürtels nach unten und links. Beim Betrachten fällt sofort auf, dass der Stern heftig blinkt und oft zwischen Farben hin und her wechselt, meist zwischen Rot und Blau, doch auch andere Farben tauchen mitunter auf, darunter auch Grün. Sirius scheint zwar ein Stern zu sein, in Wirklichkeit handelt es sich aber um ein Doppelsternsystem, bestehend aus dem Hauptstern Sirius A und seinem 10 000-mal schwächeren Begleiter Sirius B.

Kein anderer Stern in dem Sternbild kommt Sirius in Sachen Helligkeit auch nur nahe, trotzdem scheinen drei von ihnen heller als 2,0 mag, darunter Wezen (am Schwanzansatz), Adhara (oben am Hinterlauf) und Mirzam (Vorderpfote). Trotzdem ist der zweitberühmteste Stern des Sternbildes VY Canis Majoris. Heute kann man den sogenannten roten Überriesen freiäugig nicht mehr erkennen, doch früher war er einmal der größte in der Astronomie bekannte Stern. Befände er sich in unserem Sonnensystem anstelle unserer Sonne, würde er sich bis zum Jupiter erstrecken.

Da das Band der Milchstraße direkt durch dieses Sternbild hindurchgeht, lassen sich hier nur wenige offene Sternhaufen entdecken. Der nennenswerteste ist M41, den man mit dem Feldstecher findet, indem man von Sirius ausgehend vier Grad (acht Vollmonddurchmesser) genau nach Süden geht, in den Körper des Hundes hinein. Etwa einhundert Sterne ballen sich hier auf der Himmelsfläche eines Vollmonds. Wie bei den Plejaden handelt es sich auch hier um sehr junge Sterne mit einem geschätzten Alter von 190 Millionen Jahren. Der Sternhaufen ist deswegen so interessant, weil die Sterne in ganz unterschiedlichen Farben leuchten, manche blau, andere gelb, wieder andere orange.

Einen weiteren offenen Sternhaufen, NGC 2360, finden Sie, indem Sie von Sirius aus nach Osten und knapp unter Muliphein (dem Stern am Kopf des Hundes) vorbeigehen. Dieses Objekt heißt auch Carolines Cluster, benannt nach seiner Entdeckerin, Caroline Herschel (der Schwester des Uranus-Entdeckers Wilhelm Herschel). Der englische König Georg III. stellte sie als Astronomin ein, was sie zur ersten bezahlten Wissenschaftlerin der Welt machte.

In einem größeren Teleskop können Sie vielleicht auch die miteinander verschmelzenden Spiralgalaxien NGC 2207 und IC 2163 ausmachen. Gehen Sie von Mirzam genau nach links zu HIP 29941, einem Stern der Magnitude 5,0. Die beiden Spiralgalaxien bleiben unbeirrbar auf Kollisionskurs und werden vermutlich in etwa einer Milliarde Jahre vollständig miteinander verschmolzen sein. Entdeckt wurden sie 1835 von John Herschel, dem Sohn von Wilhelm und Neffen von Caroline Herschel.

FUHRMANN (AURIGA)

Im Winter (Januar) östlich von Kielder

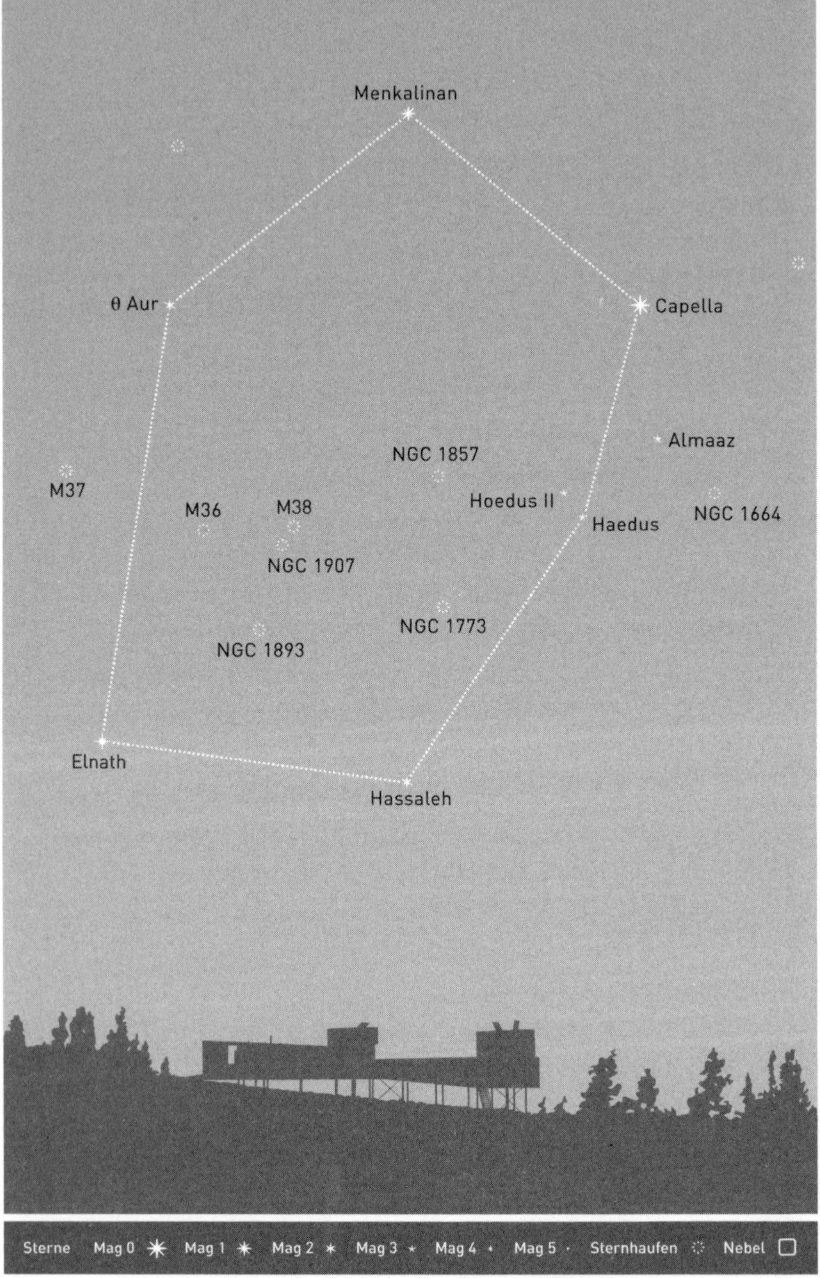

Menkalinan

θ Aur

Capella

Almaaz

NGC 1857

M37

Hoedus II

NGC 1664

M36   M38

Haedus

NGC 1907

NGC 1773

NGC 1893

Elnath

Hassaleh

Sterne   Mag 0 ✸   Mag 1 ✴   Mag 2 ✶   Mag 3 ★   Mag 4 ·   Mag 5 ·   Sternhaufen ⁙ Nebel ☐

Auriga ist das Abbild eines legendären Wagenlenkers. Einem griechischen Mythos zufolge handelt es sich um Erichthonios von Athen, einen »erdgeborenen« Helden, der von der Göttin Athena aufgezogen wurde. Es heißt, er habe den Vierspänner selbst erfunden, mit dem er in der Schlacht um den Thron von Athen Amphictyon besiegte.

Auch das Sternbild Fuhrmann findet man am besten von Orion ausgehend. Suchen Sie Alnilam, den mittleren Stern im Oriongürtel, und gehen Sie nach oben, in der Mitte zwischen Betelgeuse und Bellatrix hindurch und am Stern Meissa im Kopf des Jägers vorbei. Weiter geht es hinauf, durch die Hörnerspitzen des Stiers, und schon gelangt man zu dem Sternbild, das wie ein eingedrücktes Sechseck aussieht. Da der Fuhrmann etwas höher am Himmel steht, ist er zirkumpolar – für Beobachter oberhalb von 44 Grad Nord geht er niemals unter.

In dem Sternbild fällt sofort Capella auf, der dritthellste Stern in der nördlichen Hemisphäre. Sein gelbes Licht stammt genau genommen von einem Doppel-Doppelsternsystem: Zwei Gelbe Riesen – Capella Aa und Capella Ab – umkreisen nicht nur einander in 109 Tagen, sondern kreisen ihrerseits um ein Paar Roter Zwerge.

Capella, griechisch für »kleine Ziege«, steht für das Tier, das der Fuhrmann in Abbildungen oft in Händen hält. Daher auch der Name »Ziegenstern«. Das Bauernhof-Thema setzt sich weiter fort: Links von Capella findet man ein Dreieck aus drei schwächer leuchtenden Sternen, ε Aur, ζ Aur und η Aur, liebevoll auch die »Kitze« genannt.

Links unterhalb von Capella finden Sie den Stern Menkalinan, am Fuß des Sechsecks liegt Elnath, ein Stern, der einst zu Auriga gezählt wurde, mittlerweile aber dem benachbarten Taurus zugeschlagen wurde.

Die Milchstraße geht durch Auriga, ebenso wie durch Orion, Canis Major und Taurus. Dieses Sternbild liegt aber in entgegengesetzter Richtung zum Zentrum der Galaxie. Wir blicken also weg von der überfüllten, staubigen Region, weshalb die Dichte der Objekte im Hintergrund hier niedriger ist.

Drei schon von Messier verzeichnete offene Sternhaufen gibt es hier zu beobachten: M36, M37 und M38. Entdeckt wurden sie vor 1654 von dem italienischen Astronomen Giovanni Battista Hodierna. Alle drei lassen sich im Feldstecher ausmachen. Gehen Sie von Elnath (dem Stern, der offiziell zum Sternzeichen Stier gehört) nach schräg links oben in Richtung des Sterns θ Aur. Die drei Sternhaufen sitzen auf halber Strecke links bzw. rechts von dieser Linie: M37 links, die beiden anderen rechts.

M37 bietet mit mehr als 500 Sternen am meisten von den dreien und wurde einmal als »virtuelle Wolke glitzernder Sterne« beschrieben. Das Alter des Objekts wird auf etwa 500 Millionen Jahre geschätzt. Auf der anderen Seite der imaginären Geraden liegt mit M36 ein Sternhaufen, der den Plejaden im Sternbild Taurus wohl sehr ähnlich ist, optisch aber weniger begeistert, weil er fast zehnmal so weit von uns entfernt liegt. Wahrscheinlich werden Sie etwa 40 Sterne des kleinsten der drei Sternhaufen erkennen können. Gleitet man hinüber zu M38, dem diffusesten der drei Sternhaufen, erkennt man, dass die hellsten Sterne dort den griechischen Buchstaben π zu bilden scheinen. Diese drei Sternhaufen sind in klaren, mondlosen Nächten eine Augenweide, dann erwachen sie wirklich zum Leben. Ich zeige sie meinen Besuchern gerne, wenn ich Sternhaufen erkläre, weil sie so gut zu sehen sind.

Der Mond

Der Mond lässt sich das ganze Jahr über beobachten, kaum ein anderes Himmelsobjekt eignet sich so gut für Detailstudien, und für Anfänger ist er ohnehin das ideale Objekt. Das liegt daran, dass der Mond mit Abstand das nächste natürliche Objekt im Weltraum ist, mit einer durchschnittlichen Entfernung zur Erde von nur 384 000 Kilometern. Weil er so nahe ist und so hell leuchtet, reicht schon eine geringe Vergrößerung, um ihn in seiner ganzen Pracht betrachten zu können.

Zuerst müssen Sie sich mit seinen Phasen vertraut machen. Während der Mond die Erde in knapp einem Monat einmal umkreist – daher auch das Wort »Monat« –, reflektiert er unterschiedlich viel Sonnenlicht auf die Erde. Anfänger glauben (verständlicherweise) oft, dass der Mond sich bei Vollmond am besten beobachten ließe. Doch Astronomen hassen den Vollmond, weil sein brutales Licht viele schwache Nebel und Galaxien einfach überstrahlt. Und selbst der direkte Blick auf den vollen Mond kann darüber nicht hinwegtrösten – in anderen Phasen lässt sich unser Trabant besser beobachten. Noch einmal: Der Mond scheint nur, weil er Sonnenlicht auf die Erde reflektiert.

Besonders viel sieht man mit Feldstecher oder Fernrohr genau dann, wenn es eine scharfe Trennlinie zwischen heller und dunkler Region gibt, etwa am Ende des ersten Viertels der Mondphase, wenn knapp die Hälfte des Mondes leuchtet.

Die Grenze, an der sich Mond-Tag und -Nacht treffen, heißt Terminator. Von der Erde kennen Sie, dass die Schatten bei niedrig stehender Sonne viel länger sind als am Mittag. Bei flach einfallendem Licht kommen die unzähligen Krater, Berge und vulkanischen Grate des Mondes viel besser zur Geltung als bei Vollmond.

Da es auf dem Mond weder eine Atmosphäre noch aktive Vulkane oder fließendes Wasser gibt, findet keine nennenswerte Erosion statt: Krater bleiben mehr oder weniger perfekt erhalten. Deshalb kann man noch heute jede einzelne Narbe der unzähligen Einschläge erkennen, die der Mond über Milliarden Jahre erdulden musste. Einer der jüngsten und bemerkenswertesten Krater ist Tycho. Von der Nordhalbkugel aus gesehen liegt er am unteren Ende des Mondes, leicht zu erkennen an einer Reihe von hellen Linien (oder »Strahlen«), die von ihm ausgehen wie Speichen von einer Radnabe.

Als der Brocken, der Tycho entstehen ließ, auf den Mond knallte, schossen geschmolzene Gesteinstropfen in die Höhe. In der eisigen Kälte des Alls kühlten sie sehr schnell wieder ab und regneten als Glasperlen auf die Mondoberfläche. Jetzt glitzern sie im Sonnenlicht wie Katzenaugen.

Nicht weit entfernt von Tycho liegt der unverwechselbare Clavius, der drittgrößte sichtbare Krater. Hier bilden vier kleinere Krater in einem größeren, älteren Krater einen netten Smiley.

Neben den Kratern gibt es auch »Meere« zu besichtigen: riesige dunkle Flächen, »Maria« (Singular: Mare) oder »Meere« genannt. Sie sorgen dafür, dass der Mann im Mond überhaupt ein Gesicht hat. Früher glaubten Astronomen, dort wirklich Meere entdeckt zu haben, heute wissen wir, dass es sich um uralte Ebenen aus erkalteter Lava handelt. Die berühmteste von ihnen ist das Mare Tranquillitatis, das Meer der Ruhe. Hier betrat Neil Armstrong als erster Mensch den Mond. Doch es gibt noch viele weitere Meere, etwa das Nektarmeer, das Meer der Begabung oder das Meer der Gefahren.

Auch wenn Pink Floyd etwas anderes behauptet, gibt es keine ewig dunkle Seite des Mondes. Der Mond wendet *uns* immer die gleiche Seite zu, und wir sehen die Mondphasen, weil die Sonne im Verlauf des Mondumlaufs diese Seite mal ganz, mal teilweise und mal gar nicht beleuchtet. Bei Vollmond wirft die gesamte uns zugewandte Seite Sonnenlicht zu uns zurück. Umgekehrt sehen wir bei Neumond kein reflektiertes Licht, weil die andere Seite des Mondes angestrahlt wird.

Diese erdabgewandte Seite wird oft als die »dunkle Seite« des Mondes bezeichnet. Vollständig dunkel ist sie aber nur, wenn wir einen vollen Mond sehen.

2

Dunkle Himmel

13. Februar 1985

Sunderland spielt im Halbfinale des Milk Cups gegen
Chelsea, und wir träumen schon vom Finale im Wembley-
Stadion. Die ganze Stadt schwelgt in Erinnerungen an
das FA-Pokalfinale 1973, als Jimmy Montgomerys Traum-
paraden uns das 1 : 0 gegen Leeds United retteten. Nur noch
die Cockneys stehen jetzt der Erfüllung unseres Traums
im Weg.

Um die Mittagszeit machen wir uns auf in die Stadt.
Wir treffen uns in einer Eckkneipe namens Londonderry,
einem majestätischen, wenn auch etwas heruntergekommenen edwardianischen Bau mit kupfernen Kuppeln, keine
20 Minuten vom Stadion entfernt. Als wir eintreffen, steht
schon eine Horde Fußballfans am Tresen – aber nicht in Trikots. Unser Dresscode lautet immer: »keine Fanklamotten«.

Ich sehe fünf meiner Kumpels am Ende der langen höl-
zernen Theke und gehe zu ihnen hinüber. Mein jüngerer
Bruder Marty setzt sich ab und schließt sich in der Ecke
beim Klavier einer Pokerrunde an. Ich bestelle ein Bier.

»Hey, Gaz«, ertönt eine tiefe Stimme von einem der Tische.

»Grüß dich«, antworte ich. Ich weiß seinen Namen nicht, kenne das pockennarbige Gesicht aber.

»Und, seid ihr bereit?«

Ich schaue ihn an und nicke.

»*Immer*, Kumpel.«

So läuft das. Ein kurzes Abtasten unter Eingeweihten.

Das Gespräch wendet sich den Cockneys zu. Wir sind es schon gewohnt, dass die Londoner Fans in ihren schicken Bussen hier einfallen, mit Fünfern herumwedeln und sich unserer Misere voll bewusst sind, der geschlossenen Zechen und vor sich hin rostenden Werften. Sie tragen die neuesten Designerklamotten, Sergio Tacchini, Lacoste und Pringle. Was für ein Kontrast zu unseren Donkeyjacken, Secondhand-Klamotten und, noch schlimmer, meinen berüchtigten Geordie-Jeans, ausgewaschen und an den falschen Stellen eng anliegend. Aber die Chelsea-Fans sind die schlimmsten. Sie lassen es richtig raushängen, und heute kommen vielleicht 15 000 von ihnen.

Plötzlich gibt es Krach beim Pokern. Ich drehe mich um. Marty hat sich vom Kartentisch erhoben, ein Aschenbecher fällt zu Boden. Im dichten Rauch wirkt er zu jung, um überhaupt ein Pub betreten zu dürfen. Sein blondes Haar und sein jugendliches Gesicht verraten, dass er erst 18 ist. Aber er lässt sich nicht unterkriegen.

»Hast du verdammt noch mal schon!«, brüllt sein Kontrahent, ein drahtiger älterer Kerl. Seine Adern an den Schläfen sind hervorgetreten.

»Niemals«, brüllt Marty zurück, ballt seine Fäuste und schiebt sein Gesicht dicht an das Gesicht des Mannes.

Ich habe zwar nicht mitbekommen, worum es geht, aber so wie ich Marty kenne, ist er schuldig. Jetzt ist es meine Pflicht, ihn da rauszuhauen. Langsam gehe ich hinüber.

Ich höre, wie jemand sagt: »Es ist Fildsys Bruder, Mann.« »Ist mir scheißegal, wer es ist«, entgegnet der ältere Mann. Jetzt ist er auch mein Feind.

»Was sagst du da, Kumpel?«

Ich baue mich hinter meinem Bruder auf, hole das Letzte aus meinen 1,88 m heraus. Ich überrage Marty um einen ganzen Kopf. Ich mache die Schultern breit und versuche, möglichst bedrohlich zu wirken. Innerlich zittere ich aber.

»Der bescheißt, Mann.«

»Na wenn schon!«, gebe ich zurück.

Wir starren uns an. Um uns wird es still. Jeder weiß, worum es hier geht. Ich gehe auf den Typen zu und setze mein Bier ab. Er macht einen Rückzieher.

»Okay, okay, ich sag ja nichts!«

»Na, dann halt auch die Klappe.«

Marty ist total aufgedreht, als wir das Londonderry verlassen. »Geile Nummer, Gaz!« Der Umstand, dass er bestimmt geschummelt hat, spielt keine Rolle. Wir gehen hinunter zum Central, um dort unsere restlichen Kumpels zu treffen. Das Central ist winzig, geradezu bedrückend klein, und unter der Woche eine Schwulenbar. Doch vor Heimspielen sammeln wir uns dort. Ich erblicke einen meiner besten Freunde, Mick Gibbon. Er hat Schweißer und Installateur gelernt, ist eher schmächtig, lässt sich aber von niemandem unterkriegen. Heute trägt er schicke Jeans und ein Polohemd, die neueste Mode direkt aus Manchester – er verdient gutes Geld.

Wir umarmen uns.

»Hi, Mick, alter Junge«, sage ich.

»Hi, Gaz«, rufen meine Kumpels im Chor. Ich bin glücklich, unter Freunden zu sein.

»Heute passiert's!«, sage ich zu Mick und spüre, wie die Spannung in mir zu kribbeln beginnt.

»Das ist die richtige Einstellung, Gaz!«

»Habt ihr sie schon gesehen?«, frage ich. Wie üblich vertrauen wir auf die Buschtrommeln. Von ihnen erfahren wir den Treffpunkt. Sehr zuverlässig funktionieren sie aber nicht; es ist schon vorgekommen, dass von 50 Typen die Rede war, und dann standen nur zehn da – oder umgekehrt.

»Ich habe gehört, sie sind die Washington runter und nach Seaburn«, mutmaßt Mick. Fürs Erste scheinen die Chelsea-Fans die Stadtmitte zu meiden. »Ein paar versprengte Fans hängen in der Nähe des Bahnhofs rum. Sollen wir mal rumwandern?«

»Nö«, finde ich. »Bleiben wir erst mal hier. Mal schauen, was passiert.«

Die nächsten Stunden singen wir unsere Schlachtgesänge, berühmte Klassiker wie »Sunderland bis in den Tod« oder »Wir hassen Cockneys«, wegen der Enge des Raums klingt es ohrenbetäubend. Schwitzende Körper drängeln sich, halb volle Biergläser werden hochgehalten. Einige Tische wurden zusammengeschoben, ein paar Jungs haben sich draufgestellt und dirigieren jetzt unseren Chor. Die Luft stinkt nach Zigarettenrauch, schlechtem Atem und schalem Bier, aber die Stimmung wird immer besser. Doch auch der Erwartungsdruck baut sich innerhalb der engen Wände immer weiter auf. Wir warten nur auf den Auslöser, das eine Ereignis, das die Lunte entzündet und alles hochgehen lässt. Es dauert nicht lange.

Schlachtrufe erschüttern die Fenster des kleinen Pubs. Draußen sind Chelsea-Fans. Alle drängen zur Tür und versuchen sich gleichzeitig durchzuquetschen. Wir taumeln ins Tageslicht. Die Fawcett Street gleicht einem Schlachtfeld. Hunderte Fans beider Teams ballen sich auf der Straße, die zur Brücke über den Wear führt. Am Boden ein Knäuel aus Armen und Beinen: Boxhiebe, Kopfstöße, sich windende Körper, Flüche und Gebrüll in heimischem oder Londoner Akzent, Schmerz und Hochgefühl. Da will ich dabei sein. Ich prügle auf den nächsten Kerl ein, der mir über den Weg läuft, einen Skinhead in gelber Jacke, der viel zu fein angezogen ist für unsere Gegend. Er stürzt zu Boden und weicht zurück, doch dann tritt mir jemand vors Bein. Ich drehe mich um und werde von einem Polizisten zu Boden geworfen. Verzweifelt versuche ich mich zu befreien und suche im Gewusel einen Verbündeten. Ich sehe Mick ganz in der Nähe. Er zieht mich an den Schultern weg und hilft mir, dem Polizisten zu entkommen. Wir ziehen uns schnell aus dem Gedränge zurück und formieren uns mit unseren Freunden neu. Wir müssen unsere Kräfte gut einteilen: Das war nur die Aufwärmphase vor dem Hauptereignis. Mit zerfetzten Hemden, voller Schürfwunden und Adrenalin schieben wir uns Richtung Brücke und grölen wie verrückt. Wir sind etwa 20, wir lachen und atmen heftig. Wir schließen uns einer größeren Fangruppe an, die von einer Polizeieskorte in voller Montur begleitet wird, und folgen einer etwa ebenso starken Gruppe von 200 oder 300 Chelsea-Fans. An der Brücke ist schon der Teufel los, ein Meer von Köpfen, fliegenden Fäusten, laufenden Menschen. Ich blicke meinen Bruder Marty an, meine Kumpels. Ich bin 20 Jahre. Ich fühle mich so lebendig.

*

Das mit den Prügeleien begann etwa um die Zeit, als ich die Schule verließ, Anfang der Achtziger. Der Plan der Regierung, die Schwerindustrie in unserer Gegend kaputt zu machen, lief schon auf vollen Touren. Neue Aufträge kamen kaum mehr rein, eine Werft nach der anderen machte dicht. Langsam, aber methodisch ließ man Tausende Jobs verschwinden, was man im ganzen Nordosten des Landes spürte. Ich war arbeitslos, frustriert und deprimiert. Nicht nur mir ging es so, über der ganzen Stadt hing eine Wolke der Wut. Astronomie interessierte mich erst einmal nicht, es ging um mehr. Wir mussten uns unseren Lebensunterhalt verdienen. Wir wollten unserem Ärger Luft machen. Irgendjemand musste büßen.

Wie viele Männer meines Alters reagierte ich mich beim Fußball ab. Der FC Sunderland gehörte zu den wenigen Konstanten in unserer Region, und ein paar Jahre zuvor hatte mein Vater kurz im Roker Park, dem Stadion des Vereins, gearbeitet. Er hatte den Fanshop geführt, und gelegentlich war eine Freikarte für ein Heimspiel abgefallen. Oft schlich ich mich auch mit meinen Freunden aus den Sozialbauten aufs Gelände oder kam nur für die letzten zehn Minuten, wenn die Stadiontore schon geöffnet wurden, damit Zuschauer, die früher gehen wollten, auch rauskonnten. Aus jener Zeit stammt meine Leidenschaft für den Verein; der Mannschaft zuzusehen und inmitten der anderen Fans zu stehen war der Höhepunkt meiner Woche. Es war ein tolles Gefühl, einer riesigen rotweiß gekleideten Gang anzugehören. Selbst die Thornies standen auf unserer Seite, wenn 30 000 Menschen im Stadion aus voller Kehle »Haway the lads« und »Sunderland, Sunderland, Sunderland« sangen. Ich fand neue Kumpels, die mich in meiner Einstellung – Schule nervt nur – bestärkten. Wir kamen aus der Arbeiterklasse und waren stolz darauf. Wir lebten für die Spiele am Samstag, und unter der Woche gingen wir halt unseren Jobs im Handwerk oder beim Militär nach. Doch bald genügten uns die Spiele allein nicht mehr.

Richtig Blut leckte ich bei einem Heimspiel gegen unsere Erzrivalen von Newcastle United. Wie immer traf ich mich vor dem Spiel mit ein paar engen Freunden und Marty auf ein Bier, diesmal im Stadtzentrum. Dort stießen wir auf etwa hundert weitere Fans. Es war ein sonniger Tag, alle liefen in Hemden, Jeans und Dr.-Martens-Stiefeln herum. Keiner von uns trug das Trikot unserer Mannschaft. Plötzlich erschallten laute Rufe, und alle liefen zum Hafen hinunter. Wir suchten nach den schwarz-weißen Trikots der Newcastle-Fans, doch auch die »Magpies« liefen in Zivil herum, genau wie wir. Erstaunt sah ich, wie leicht man in eine Schlägerei verwickelt werden konnte, und stürzte mich hinein, doch hier kämpften Männer, und ich war noch ein Junge. Ich wurde von meiner Gruppe getrennt und landete inmitten von Newcastle-Fans. Zwei Mittvierziger drückten mich am Hals gegen eine Mauer und rissen mir meinen rot-weißen Schal herunter. Ich rannte den ganzen Weg nach Hause, ohne mich umzublicken. Doch ich sollte bald wiederkehren.

*

Wir gewinnen 2 : 0 gegen Chelsea. Euphorisch strömen wir aus dem Stadion. Dank zwei von Colin West verwandelten Elfern haben wir das Spiel auf dem Rasen gewonnen. Jetzt müssen wir auf der Straße auch siegen. Die Polizei patrouilliert in Gassen und Nebenstraßen; zu Pferde, zu Fuß, teilweise behelmt, und prügelt wild mit Schlagstöcken auf Leute ein. Manche Polizisten haben Hunde dabei, die knurren, schnappen und die Zähne fletschen. Ich beobachte, wie ein Schäferhund einen zu Boden gerungenen Chelsea-Fan ins Bein beißt. Er schreit, aber wir müssen weiter. Noch um 22 Uhr schwimme ich in einem Meer von Sunderland-Fans, das sich langsam vom Stadion wegschiebt. Plötzlich entdecken wir eine kleinere Gruppe beim Verkaufsstand für Stadionhefte. In der Dunkelheit lässt sich nur schwer ausmachen, wer zu welcher Seite gehört. Ich bin noch immer mit meinen Kumpels zusammen, insgesamt sind wir so etwa hundert, als plötzlich Cockney-Stimmen losbrüllen. Sie stürzen sich auf uns. Ganz schön mutig: Die Jungs wollen mit uns kämpfen.

Können sie haben. Jemand greift mich an. Der Kampf scheint Ewigkeiten zu währen: Faustschläge, Rempler, Tritte, Ringen. Am Boden und auf den Beinen. Es gibt nur uns, keine unschuldigen Passanten: unsere Gang, deren Gang und die Polizei. Wir prügeln uns nach Herzenslust, und wieder fühle ich mich lebendig. Die Worte meines Vaters klingen mir im Ohr: »So freue dich, Jüngling, in deiner Jugend.« Adrenalin pulst durch meine Adern. Ich fühle mich, als würde ich für etwas kämpfen, irgendwas. Ich will nur das Gefühl haben, nicht nutzlos zu sein.

Als ich meinen letzten Gegner vermöbelt habe, stehe ich siegestrunken unter einer Laterne. Ich achte nicht auf die berittene Polizei, die auf uns zukommt. Erst in allerletzter Sekunde blicke ich auf. Etwas fliegt auf mich zu – einen Moment lang denke ich, ein Polizist hat seinen Helm nach mir geworfen –, trifft mich mitten auf die Stirn, und ich gehe zu Boden. Auf allen vieren versuche ich davonzukriechen, warmes Blut rinnt mir übers Gesicht und tropft auf den Asphalt. Vergebens versuche ich inmitten des Geschreis und Getrampels aufzustehen. Eine große Hand packt mich im Genick, und jemand sagt: »Unten bleiben, verdammt noch mal, unten bleiben.« Die Hand hält mich eine gefühlte Ewigkeit lang fest, es können aber nicht mehr als zehn Minuten gewesen sein. Kein hiesiger Akzent.

Irgendwann lässt die Hand mich los, und der Kerl rennt davon. Ich stehe vorsichtig auf und warte, bis meine Kumpels und Mick Gibbon wiederkommen. Auf sie gestützt, humple ich in eine abgelegene Gasse. Ganz in der Nähe heulen noch Polizeisirenen. Die Kumpels bedecken meine

Wunde mit einer alten Wollmütze, dann machen wir uns auf den Heimweg. An anderen Stellen überall in der Stadt gehen die Kämpfe weiter, weshalb man sich noch lang an diese »finstere Nacht« erinnern wird, eine finstere Nacht nicht nur für den Fußball, sondern für Sunderland selbst. Zahlreiche Fans werden verletzt oder verhaftet, aber auch etliche Polizisten verlieren ihre Jobs, weil sie zu brutal vorgegangen sind.

Bis spät in die Nacht bin ich im Krankenhaus, wo meine Stirnwunde mit sechs Stichen genäht wird. Ich erfahre, dass ein Chelsea-Fan mitbekommen hatte, wie der Ziegel mich traf, und spontan beschloss, mich zu beschützen, bis alles wieder ruhiger wäre. Um Mitternacht werde ich aus der Notaufnahme entlassen und zu Frau und Kleinkindern heimgeschickt. Ich fühle mich gar nicht stolz, wie manchmal nach solchen Kämpfen, sondern hin- und hergerissen. Ich brauche den Nervenkitzel, das Gefühl von Kameradschaft und Zugehörigkeit zur Gang. Aber ich weiß auch, dass ich mich egoistisch und selbstzerstörerisch verhalte. Ich schade meiner Familie und muss damit aufhören. Als meine Frau Maureen mich sieht, weint sie. Sie hält mir eine Standpauke darüber, was es bedeutet, ein verantwortungsvoller Vater und Ehemann zu sein. Sie hat völlig recht, und ich schäme mich. Ich muss mich ändern.

*

Ich war 16, als ich Maureen kennenlernte, in einer Spielhalle. Mit 18 Jahren waren wir schon verheiratet und hatten einen Sohn, Gary Daniel. Ich zog von zu Hause aus und mietete ein Häuschen in Pennywell, einem heruntergekommenen Stadtteil. Wenig später hatten wir die Anzahlung für ein eigenes Häuschen in einer besseren Gegend beisammen. Unser neues Zuhause lag in einer Siedlung namens Sunnybrow. Ich fühlte mich erfüllt und geborgen: Ich hatte eine Familie gegründet gleich jener, aus der ich in meiner Jugend so viel Kraft gezogen hatte. Nur war ich jetzt Vater und durfte mich nicht mehr so egoistisch benehmen. An jenem Abend, als ich aus dem Krankenhaus kam, war Maureen sehr enttäuscht von mir. Stinksauer warf sie mir vor: »Du könntest zumindest tun, was dein Neill macht.«

Ein Freund von mir, mit dem ich zur Schule gegangen war, arbeitete als Maurerlehrling. Er meinte, die Bezahlung sei gut und es würden immer Leute gesucht. Eigentlich ein annehmbarer Job, fand ich. Er entsprach meinen Vorstellungen vom Leben: körperlich arbeiten, Blaumann tragen, Zähne zusammenbeißen. Und als Maurer würde ich mir keine blöden Kommentare von meinen Freunden anhören müssen. Als Sterngucker sehr wohl. Ich beschloss, es zumindest einmal zu versuchen, bis sich vielleicht woanders was Festes auftat. Also schrieb ich mich am Wearside Technical College für einen sechsmonatigen Kurs ein, um die Grundzüge meines Handwerks zu erlernen.

Am ersten Tag betrat ich dort eine große, völlig leere Werkstatt mit ein paar Arbeitstischen an den Wänden. Unsere Klasse bestand aus 20 Schülern und einem Lehrer, der genüsslich erzählte, er habe sein ganzes Leben auf dem Bau gearbeitet. Und entsprechend sahen seine Hände aus.

Es gab keine Pulte, an die wir uns hätten setzen können. Statt Büchern oder Arbeitsblättern bekamen wir Ziegel und Baupläne vorgelegt, etwa von Schornsteinen oder gemauerten Kaminen, die damals erstaunlich beliebt waren. Unser Job bestand vom ersten bis zum letzten Kurstag darin, das zu bauen, was uns vorgelegt wurde.

Jeder Vormittag lief nach dem gleichen Schema ab: in die Werkstatt gehen, Werkzeuge vom Wandregal holen, Stahlkappenschuhe anziehen, Helm aufsetzen, Wasserwaage sowie Kelle nehmen und ab in den täglichen Kampf. Ich fühlte mich, als zöge ich in die Schlacht, um meine Familie zu verteidigen.

Das Schwierigste am Mauern ist die Koordination von Hand und Auge. Man muss sich angewöhnen, die Kelle genau richtig zu halten, um genug Mörtel aufnehmen zu können, den man dann gleichmäßig und, wichtiger noch, schnell verteilt. Hier lernte ich, stolz auf das zu sein, was ich tat. Wenn man einen Schritt von seinem Werk zurücktritt und alles gut aussieht, hat man es wahrscheinlich richtig gemacht. Die Ziegel waren schwer, und der Mörtel enthielt Kalk, der einem die Haut von den Fingern ätzen konnte, aber ich fühlte mich wie ein ganzer Mann. Mühelos fand ich in meine Rolle: Fluchen, flachsen, Geschichten erzählen, das konnte ich auch. Ich lernte früh die Regel, dass es vor allem auf Geschwindigkeit ankam: Man wurde nach Leistung bezahlt – je mehr man schaffte, desto mehr verdiente man.

Ich versuchte dem Lehrer nachzueifern. Anfangs lief es schlecht, doch auch im Maurerhandwerk macht Übung den Meister. Allmählich bekam ich den Bogen raus. Ich genoss das Leben auf dem College, wo ich schnell neue Freunde fand; der gemeinsame Job schweißte zusammen. Nach einem halben Jahr wurden wir ohne große Abschiedszeremonie auf die Menschheit losgelassen. Zahllose Menschen beglückwünschten mich und zitierten den alten Spruch: »Wer ein Handwerk gelernt hat, muss nie hungern.« Ich musste dann immer lachen. Ja, ich war dankbar, aber ich hoffte auch, dass es in meinem Leben mehr geben würde als die Abwesenheit von Hunger.

Ich verließ mich darauf, dass das wahre Leben auf einer Baustelle dem Bild entsprach, das ich davon hatte: Harte Kerle mit Oberarmen wie Popeye und stählernem Willen, mächtige Trinker und unverbesserliche Rüpel schuften bei Wind und Wetter. Gottlob traf das gerade in den ersten Jahren ziemlich genau zu. Auf der Arbeit traf ich lauter Leute, die tickten wie ich, die aus ähnlichen Vierteln kamen, die mich respektierten. An den Wochenenden ging ich weiter zum Fußball, spürte aber keinen Drang mehr, mich zu prügeln. Mein Leben hatte jetzt einen Sinn, und ich verbrachte viel Zeit mit meinen neuen Kumpels von der Arbeit. Ich habe mich nie wieder geprügelt – wobei es half, dass Ende der 1980er-Jahre ein Bauboom ausbrach. Ich war immer voll beschäftigt und hatte das Gefühl, für meine Familie sorgen zu können, meine Rolle als Vater und Ehemann zu erfüllen. Bald bekam Gary zwei kleine Brüder, Graham und James, und schließlich noch ein Schwesterchen, Stephanie mit ihren großen braunen Augen. Mit dem Schlange stehen vor dem Arbeitsamt war es vorbei.

*

»Hey, Leute! Wusstet ihr, dass das Universum unendlich ist?«

»Was?«

»Das Universum. Es hat kein physisches Ende.«

»Halt die Klappe, Professor.«

Einige Jahre lang hatte die Astronomie in meinem Leben nur noch eine kleine Nebenrolle gespielt, doch nachdem beruflich wie familiär eine gewisse Routine eingekehrt war, erwachte mein Interesse an den Sternen aufs Neue. Gegen Ende eines Arbeitstages sprach ich das Thema gerne mal an. Inzwischen war ich mutiger, und manchmal brachten mich meine Kollegen mit ihren Fragen ganz schön ins Schwitzen – unterschätzen Sie nie die Neugier eines Maurers nach einer zehnstündigen Schicht.

Kurz vor meinem 30. Geburtstag überquerte ich mit ein paar Kumpels nach einem Heimspiel des AFC Sunderland die Wearmouth Bridge. Es war Spätwinter, und es dämmerte schon. Richtung Nordosten konnte ich einen schwachen orangefarbenen Schimmer erkennen: Arktur (oder α Bootis, den hellsten Stern im Bärenhüter (Bootes). Als Teenager hatte ich einmal in der Bibliothek nachsitzen müssen und dabei von diesem Sternbild gelesen. Danach hatte ich es mir am Himmel angesehen, doch seitdem nie mehr. Trotzdem fielen mir gleich wieder einige Dinge dazu ein. Ich konnte mir nicht verkneifen, sie den Jungs zu erzählen: Arktur befindet sich in der Nähe der Deichsel des Großen Wagens und ist ein Roter Riese, ein sterbender Stern in seiner letzten Lebensphase. Seine Masse sei ein wenig größer als die der Sonne, erzählte ich meinen betrunkenen Zuhörern, und er liege 37 Lichtjahre von der Erde entfernt. Bald, so führte ich aus, würde er sich aufblähen und seine Innereien ins Weltall schleudern. Dann würde sein Licht vom Himmel verschwinden. Vielleicht, so fuhr ich fort, sei das sogar schon geschehen, denn wenn wir Arktur betrachteten, blickten wir 37 Jahre in die Vergangenheit – so lange brauche das Licht, um uns von dort zu erreichen. Wieder riefen die anderen: »Halt die Klappe, Professor!«, doch ich lachte. Ich wusste, sie waren beeindruckt. Inzwischen konnte ich ungeniert über Astronomie dozieren, und niemand polierte mir das Maul dafür. Ein tolles Gefühl.

Etwa um diese Zeit, 1995, begann ich wieder, abends in Fachbüchern zu schmökern. Meine Lektüre reichte von einfachen Himmelsführern bis hin zu Stephen Hawkings *Eine kurze Geschichte der Zeit*. Es fiel mir gar nicht leicht, die nötige Zeit dafür zusammenzukratzen, schließlich kam ich erst spät von der Arbeit und musste mich dann mit Maureen um vier Kinder kümmern. Doch wenn ich spät abends meine schmerzenden Muskeln in der Badewanne entspannte, gab es für mich nichts Erholsameres, als über die vierdimensionale Raumzeit nachzugrübeln. Der nächste große Schritt meiner Rückkehr zum Himmel bestand darin, mir ein neues Teleskop anzuschaffen.

Im Branchenbuch fand ich einen Händler in Ryton in der Nähe von Newcastle. Ich rief dort an, und ein freundlicher Mann namens David Sinden beantwortete geduldig meine Anfängerfragen. Damals wusste ich noch nicht, dass er unter Hobbyastronomen ein großes Tier war. Er gehörte zur alten Schule und hatte früher als Optik-Ingenieur bei der weltberühmten Firma Grubb Parsons gearbeitet, die einige der größten Teleskope der Welt gebaut hatte. Nach dem Ende seines Berufslebens beschloss David, zu den Wurzeln zurückzukehren, einen Laden aufzumachen und Amateurastronomen zu helfen. Sein Verkaufsraum überwältigte mich: Kein einziger Kunde befand sich darin, doch überall standen Teleskope herum, große, kleine, auf Stative montierte. Etliche lagen einfach in Stapeln auf dem Boden. An den Wänden des vollgestopften Raums hingen Fotos von Nebeln und Galaxien. Einige Objekte erkannte ich voller Freude wieder. Im Hintergrund hörte ich das Summen von Maschinen. Ich rief, doch niemand ließ sich blicken. Also ging ich hinter die Ladentheke und warf einen Blick ins Hinterzimmer. Dort stand David, im Laborkittel, mit buschigem weißgrauen Bart und Werkzeugen in der Hand. Er montierte gerade einen neuen Spiegel in ein Teleskop. Irgendwann blickte er auf und schaltete seine Maschine aus. Ich erkannte sofort, dass er für die Astronomie lebte, und er steckte mich mit seinem Enthusiasmus an, als er versuchte, mir wortreich zu erklären, wie er das komplexe optische Problem zu lösen gedachte, vor dem er hier stand. Ich verstand kaum etwas von seinem Vortrag, dennoch war ich hingerissen. Zum ersten Mal im Leben war ich auf jemanden gestoßen, der Astronomie ebenfalls liebte. Ich fühlte mich, als hätte ich einen lange vermissten Bruder wiedergefunden – einen deutlich klügeren und gebildeteren Bruder mit beeindruckendem Bart.

Nachdem wir uns fast eine Stunde lang unterhalten hatten, blätterte ich 300 Pfund hin und verließ das Geschäft mit einem 100-mm-Meade-Spiegelteleskop unter dem Arm, mehreren Okularen und vor Vorfreude schier berstend. David erklärte, dass der Spiegel im Teleskop dazu diene, das Licht eines weit entfernten Objekts eine lange, gerade Röhre hinunterzulenken. Die Brennweite sei dabei die Entfernung, die das Licht vom Primärspiegel zum Brennpunkt zurücklege; im Fall meines Teleskops waren das 1000 Millimeter. Jeder Zentimeter Apertur – die vordere Öffnung des Teleskops, von der abhängt, wie viel Licht hereinkommt – kostet bei Spiegelteleskopen viel weniger als bei herkömmlichen Linsenfernrohren (auch Refraktoren genannt). Bei Linsenfernrohren bündelt eine Glaslinse, kein Spiegel das Licht.

Zu Hause fielen die Kinder über mich her: »Papa, was ist das?« Wir bauten das Instrument vorsichtig zusammen und stellten es im Garten auf. Der metallische Geruch war berauschend. Bisher hatte ich immer nur Linsenfernrohre mit einfacher Montierung verwendet, die für Anfänger ideal sind, doch dieses Teleskop für erfahrenere und abenteuerlustigere Astronomen verfügte über Motoren und eine automatische Nachführung. Ich legte die Batterien ein, die dem Teleskop ermöglichen würden, die Erdrotation auszugleichen und ein Objekt immer im Bildmittelpunkt zu halten. David hatte mir den Grund dafür im Laden erklärt. Da sich unser Planet alle 24 Stunden (bzw., genau genommen, alle 23 Stunden, 56 Minuten und 0,49 Sekunden) einmal um die eigene Achse dreht, scheinen sich alle Objekte über den Nachthimmel zu bewegen (und damit aus dem Blickfeld des Teleskops). Beim Beobachten ist das nicht so störend, sehr wohl aber beim Fotografieren (wenn man das Okular durch eine Kameralinse ersetzt). Dann wandert bei längeren Belichtungszeiten das zu fotografierende Objekt langsam über das Bild und schließlich aus dem Bildausschnitt. Um gute Bilder zu bekommen, muss man das Objekt möglichst gut fixieren. Dafür braucht man eine Nachführung, die die Effekte der Erdrotation aufhebt und das Objekt an einem Punkt »festnagelt«. Sobald ich die Batterien in die Montierung eingelegt hatte, würde das Teleskop in 23 Stunden, 56 Minuten und 0,49 Sekunden genau einen Vollkreis beschreiben. Ich staunte über diesen tollen Trick.

Jetzt waren wir fast startklar, doch die Kinder hatten längst das Interesse verloren und waren wieder ins Haus gegangen. Das digitale Display und die Bedienknöpfe des Teleskops glommen rot, um die Anpassung der Augen an die Dunkelheit nicht zu stören. Ich richtete das Teleskop nach oben und bediente mich des automatischen Digitalsuchers. Auf dem Display stand »M36«. Ich hatte noch nie von diesem Objekt gehört, aber ich wählte es an, und das Teleskop begann surrend von ganz allein über den Nachthimmel zu schwenken. Nach einigen Augenblicken stoppte es und zeigte Richtung Nordosten nach oben. Ich setzte das Okular ein – schließlich hatte ich aus meinem weihnachtlichen Fehler mit dem Mond damals gelernt. Ich drehte an den Rädern zum Scharfstellen, bis allmählich ein Bild erschien. Ich konnte einen Sternhaufen sehen, schwache weiße Punkte, die sich unleugbar von der Schwärze des Alls abhoben. Ich war begeistert und rief meine Familie.

Doch niemand kam – alle lagen längst im Bett. Ich war so lange draußen mit dem Aufbau beschäftigt gewesen, dass ich die Zeit völlig vergessen hatte. Inzwischen war es zwei Uhr nachts, und es gab nur M36 und mich. Mir war das egal. Ich hatte ein neues Teleskop, und Astronomie spielte wieder eine Rolle in meinem Leben. Ich war so aufgeregt wie seit Jahren nicht mehr.

Ich abonnierte Astronomie-Zeitschriften wie *Astronomy Now* und *Sky & Telescope*. Ich lernte, dass M36 ein Haufen von 60 Sternen im Sternbild Fuhrmann (Auriga) ist, mehr als 4000 Lichtjahre von der Erde entfernt. Bald wollte ich immer mehr sehen, immer tiefer ins All hinein, immer weiter in die Vergangenheit zurück. Dafür brauchte ich aber ein Instrument mit größerer Apertur. Glücklicherweise nahm David Sinden mich wieder an der Hand. Er lehrte mich, ein Teleskop als gewaltigen Licht-Eimer zu betrachten, mit dem man lediglich mehr Licht einsammeln kann als mit bloßem Auge. Und ebenso wie ein breiterer Eimer mehr Regenwasser auffängt, fängt ein Teleskop mit größerer Öffnung mehr Licht auf. Folglich ist die Größe der Öffnung (Apertur) einer der wichtigsten Faktoren beim Kauf eines Teleskops. Die Apertur wird meist in Zoll angegeben, mein aktuelles Teleskop war ein Vierzöller.

Ich hatte schon eine Zeit lang mit einem Meade LX200 geliebäugelt, einem Teleskop mit zehn Zoll Apertur. Doch sein Preis lag weit jenseits dessen, was ich mir leisten konnte. Sehnsuchtsvoll glotzte ich Bilder des Instruments in Fachzeitschriften und auf Internetseiten an – ich hatte Apertur-Fieber –, bis ich eines Sonntags Graham Darke traf. »Dickie« wurde mir bald zum engen Freund und wichtigen Mentor.

Was für ein Zufall: ein Hobbyastronom, der Darke (»dunkel«) hieß und noch dazu nebenan wohnte! Sie erinnern sich: Mein Sohn Graham hatte Dickies Auto gewaschen und dann in dessen Küche jenes Objekt entdeckt, nach dem ich schon seit Monaten schmachtete. Erst konnte ich Graham gar nicht glauben, doch als ich am Nachmittag hinüberging, um der Sache nachzugehen, stand es tatsächlich da, mächtig und großartig. Das Teleskop vom Typ Schmidt-Cassegrain (nach den zwei Ingenieuren benannt, die seine Optik erfanden) bestand aus einer kurzen, dicken, dunkelblau lackierten Röhre auf einer nachtschwarzen gabelförmigen Montierung. Ein großer Metalldeckel schützte die Optik, Kabel und Batterien lagen sehr ordentlich seitlich angeordnet. Ich sabberte.

Dickie merkte, wie neugierig ich war, und versprach, gleich am Abend auf eine spontane Sitzung zu uns in den Garten zu kommen. Ich wartete gespannt bis neun Uhr, dann kam er. Dickie ist über 1,80 m groß und bullig gebaut; es schien ihn gar nicht weiter anzustrengen, das schwere Teleskop zu schleppen. Während er neben mir sein Teleskop aufbaute, erzählte er mir von seinem Job als Versicherungsvertreter. Ich merkte, dass er, genau wie ich, für seine nächtlichen astronomischen Ausflüge lebte. Aber da endeten die Gemeinsamkeiten auch schon – Dickie war ein Profi. Ich hatte mich für einigermaßen bewandert gehalten, schließlich verstand ich die einschlägige Theorie, fand mich in den Sternbildern zurecht und wusste ungefähr, wie ein Teleskop funktioniert. Doch Dickie spielte in einer ganz anderen Liga. Wenn die genaue Kenntnis der Nacht ein Handwerk war, dann war er ein Meister darin.

Still beobachtete ich, wie er sein Stativ auspackte und einige Augenblicke lang überlegte, auf welche Höhe er die Beine ausfahren sollte, um eine gute Sicht zu haben, ohne sich unnötig bücken zu müssen. Ich hatte über solche Dinge bisher nie groß nachgedacht, jetzt ahmte ich ihn unauffällig nach, als würde auch ich immer so vorgehen. Obwohl Dickie mir mit seiner natürlichen, überhaupt nicht herablassenden Art auf Anhieb gefallen hatte und ich mich in seiner Gegenwart ungezwungen fühlte, wollte ich doch nicht zu ahnungslos wirken.

Als die Stative standen, montierten wir die Teleskope. Ich konnte die Augen nicht von seinem LX200 wenden, neben dem mein Vierzöller läppisch wirkte. Im Kopf überschlug ich die Zahlen und ermittelte, dass sein Teleskop mehr als sechsmal so viel Licht auffing wie meines ($r^2\pi$).

»Welche Vergrößerung erreichst du mit dem LX200?«, fragte ich neugierig. Ich konnte es gar nicht erwarten hindurchzusehen und hatte schon ein paar Ziele im Kopf.

»Nun, genau genommen vergrößern Teleskope gar nicht«, antwortete Dickie geduldig.

Ich sah wohl ziemlich verblüfft aus, deshalb erklärte er: »Durch die Form des Spiegels bzw. der Linse wird das Licht gesammelt und dazu gebracht, an einem Punkt zu konvergieren. Stell dir vor, du würdest in eine Eiswaffel hineinblicken. Das weite Ende der Eiswaffel ist die Linse des Teleskops, am schmalen Ende sitzt das Okular. Den Punkt am schmalen Ende der Eiswaffel nennt man Brennpunkt, das dort fokussierte Licht wird dann im Okular vergrößert. Die Vergrößerung durch das Okular kannst du leicht selbst errechnen.«

Ich begann zu verstehen und betrachtete die Zahl auf meinem Okular. Dort stand 25 mm. Dickie erklärte, dabei handele es sich um die Brennweite des Okulars: die Entfernung, die das Licht im Okular zurücklegt, bis es den Brennpunkt erreicht. Das Teleskop hat ebenfalls eine Brennweite: die Entfernung in Millimetern, die das Licht zurücklegt, bis es den Brennpunkt am Okular erreicht. Teilt man die Brennweite des Teleskops durch die Brennweite des Okulars, bekommt man den Vergrößerungsfaktor. Je höher die Zahl, desto stärker die Vergrößerung, kleinere Okulare (25 mm statt 100 mm) bieten also eine stärkere Vergrößerung.

Während die Nacht immer dunkler wurde, erzählte mir Dickie ein paar Dinge über Optik und über Navigation am Nachthimmel. Wie auch bei David Sinden genoss ich es, mit jemandem zu plaudern, der meine Leidenschaft teilte, wir lachten viel und unterhielten uns prächtig. Ich hatte eine Idee: Ich wollte Jupiter beobachten. Ich kannte viele Bilder dieses magischen Planeten, einer Wolkenwelt, mehr als 560 Millionen Kilometer von der Sonne entfernt und so völlig anders als unsere Erde – ein Gasball vornehmlich aus Wasserstoff, der nicht mal eine Oberfläche hat, über die man gehen könnte. Insbesondere wollte ich unbedingt den Großen Roten Fleck sehen, den größten Sturm in unserem Sonnensystem, der seit mindestens 186 Jahren tobt. Er erscheint als markantes Wirbelmuster in der Wolkendecke des Planeten.

Ich hatte keine Ahnung, wie er durch ein Teleskop betrachtet aussehen würde, doch ich wusste aus meiner Sternkarte, dass er zu dieser Jahreszeit am östlichen Nachthimmel zumindest sichtbar sein musste. Ich fragte Graham, ob wir ihn uns ansehen könnten, und er antwortete mit einem beiläufigen »Ja«, doch ich merkte, dass auch er scharf darauf war, ihn zu betrachten. Seine Augen, die bisher unablässig über den Himmel geschweift waren, richteten sich nun nach unten, auf das Display des LX200. Er gab das Ziel ein, drückte »Go to«, und die Motoren begannen zu summen. »Macht das Ding etwa auch Kaffee?«, fragte ich im Scherz, denn das Motorengeräusch ähnelte verblüffend dem einer Kaffeemühle. Schließlich kam das Teleskop zum Stillstand. Ich konnte es kaum noch erwarten. Was würde ich sehen? Mein eigenes Teleskop hatte ich ganz vergessen, ich war völlig fixiert auf das LX200. Graham beugte den Kopf, um ins Okular zu blicken. Stille. Am liebsten hätte ich ihn weggeschubst, um selbst durchschauen zu können. Aber ich beherrschte mich.

»Hm, ja, da ist er«, sagte Graham und gab sich unbeeindruckt. Aber nach 30 Sekunden gab er die Scharade auf. »WOW!« Er lächelte mich an. »Willst du mal?«

Ich nickte lässig, aber damit konnte ich Dickie nicht täuschen. Innerlich machte ich Luftsprünge, und die Freude stand mir ins Gesicht geschrieben. Ich neigte den Kopf zum Okular, und da war er. Ein Ball aus weißem Licht, anfangs unscharf und klein. Ich drehte an der Schärfeneinstellung, bis Jupiters Umriss sich klar abzeichnete und zwei Bänder um die Äquatorebene deutlich hervortraten. Das Bild war sehr hell, und allmählich traten immer mehr Details hervor. Instinktiv bewegte ich den Kopf herum, während ich durch das Weitwinkelokular blickte. Die

Bänder schienen Muster aufzuweisen. Anfangs war das schwer zu erkennen, doch als immer mehr subtile Details hervortraten, hellere und dunklere Regionen sichtbar wurden, war ich völlig hingerissen. Und dann sah ich es: das Auge des Sturms – etwa 20 000 Kilometer lang und 12 000 Kilometer breit, fast dreimal so groß wie die Erde. Ich hatte den Großen Roten Fleck wohl etwa sieben, acht Minuten lang betrachtet und die Schärfe immer wieder leicht nachjustiert, um noch mehr Details herauszukitzeln, als Dickie fragte: »Kannst du die vier sternenähnlichen Objekte erkennen?«

Sternenähnliche Objekte? Was hieß das schon wieder? Ja, ich konnte vier Punkte erkennen, die aussahen wie Sterne, aber was hätten sie sonst schon sein können?

»Das sind die vier Hauptmonde des Jupiter.«

Just als ich dachte, die Nacht könne nicht mehr besser werden, hatte ich Io, Ganymed, Europa und Kallisto gesehen. Ich hatte davon gelesen, wie Galileo Galilei sie im Jahr 1610 entdeckt hatte. Jupiter hat mindestens 63 bekannte Monde, doch diese vier sind mit Abstand die größten. Ganymed ist der größte Mond im ganzen Sonnensystem, er hat einen größeren Durchmesser als Merkur und erreicht zwei Drittel der Größe des Mars. Ich konnte auf den Monden kaum Details ausmachen, wie etwa die aktiven Vulkane auf Io, die den Mond mit Schwefel überziehen, oder Kallistos pockennarbige Eisoberfläche, doch ich sah ungefähr das, was Galileo vor mehreren Jahrhunderten durch sein damals topmodernes Teleskop erblickt hatte. (Ich stelle ihn mir gern mit seinem eigenen antiken LX200 vor.) Mit dieser Entdeckung handelte sich Galileo übrigens erhebliche Schwierigkeiten ein: Sein blasphemischer Schluss, die Erde könne nicht im Mittelpunkt der Rotation des Universums liegen, wenn diese Monde um den Jupiter kreisten, brachte ihm Ärger mit der Inquisition ein. Schließlich wurde er zu Hausarrest verurteilt, bis zu seinem Tod 1642. Der arme Galileo! Eingesperrt, weil er Jupiter und seine Monde betrachtet hatte. Ich verglich mein Schicksal mit seinem und fühlte mich unglaublich privilegiert.

Der Nachthimmel im März/April

*Zwillinge – Großer Bär – Kleiner Bär –
Drache – Mondfinsternis*

ZWILLINGE (GEMINI)

Im Frühjahr (März) westlich von Kielder

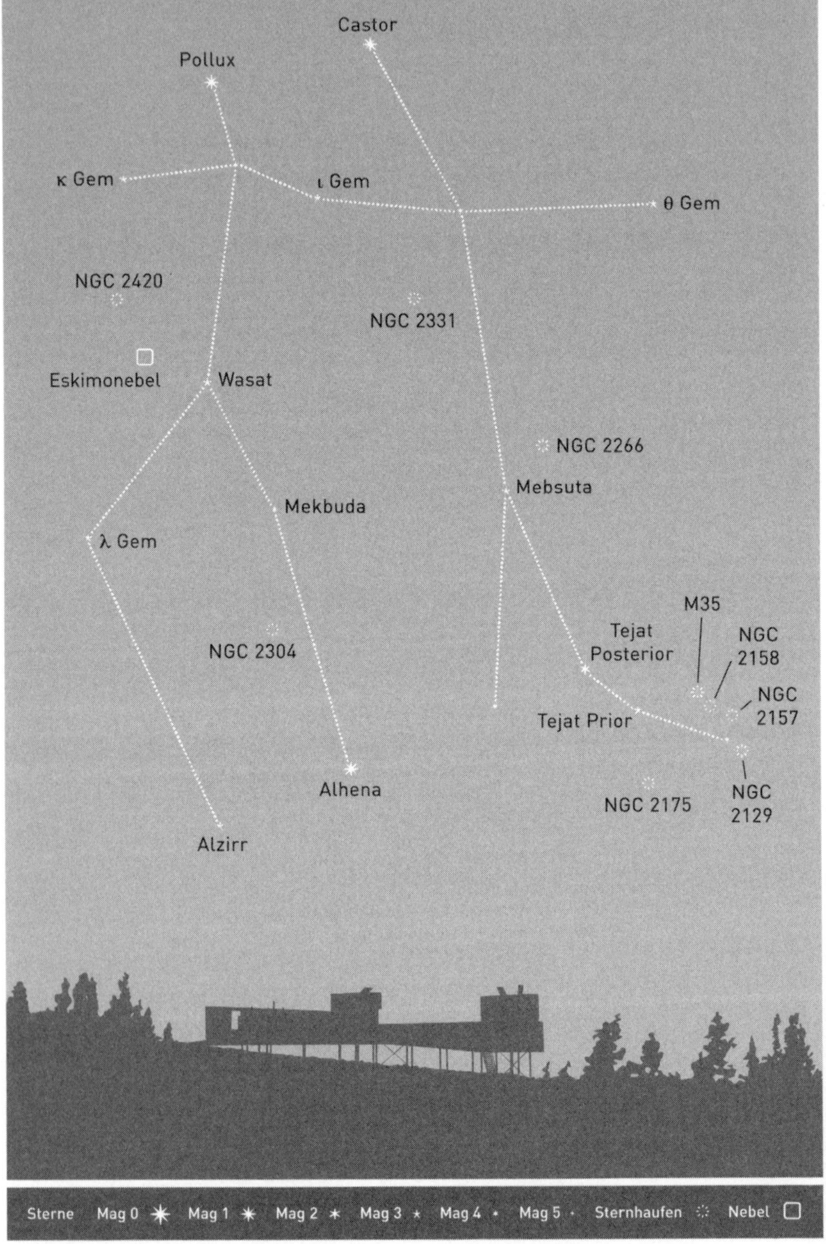

Castor

Pollux

κ Gem — ι Gem — θ Gem

NGC 2420

Eskimonebel Wasat

NGC 2331

NGC 2266

Mebsuta

λ Gem

Mekbuda

NGC 2304

M35

Tejat
Posterior

NGC
2158

NGC
2157

Tejat Prior

Alhena

NGC 2175

NGC
2129

Alzirr

Sterne   Mag 0 ✹   Mag 1 ✸   Mag 2 ✶   Mag 3 ✦   Mag 4 ·   Mag 5 ·   Sternhaufen ✲   Nebel ☐

Gemini (Zwillinge) ist eines der berühmten Tierkreiszeichen und wird von Castor und Pollux beherrscht, zwei hellen Sternen, benannt nach Helenas Zwillingsbrüdern in der griechischen Mythologie. (Castor und Pollux suchten später mit Jason und den Argonauten das Goldene Vlies.)

Am 1. April um 21 Uhr erscheinen diese zwei Sterne am südwestlichen Himmel über dem dominierenden Sternbild Orion. Der Jäger Orion verabschiedet sich zwar allmählich Richtung Süden in den Sommerschlaf, man sollte ihn aber noch knapp über dem Horizont erkennen können. Verlängert man die Verbindungslinie zwischen Betelgeuse und Rigel nach oben, stößt man genau auf den weißen Castor (1,9 mag). Sein etwas hellerer, gelblicher Bruder Pollux liegt links daneben. Der Umstand, dass nirgendwo sonst am Nachthimmel zwei helle Sterne so nahe beieinanderstehen, erklärt vielleicht, warum unsere Ahnen Zwillinge in ihnen sahen. Erwähnt werden sollte noch, dass Castor oft als Alpha Geminorum (α Gem) bezeichnet wird, obwohl er schwächer leuchtet als sein Zwillingsbruder.

Castor selbst ist kein Einzelstern, sondern besteht aus sage und schreibe sechs Sonnen. Selbst bei geringer Vergrößerung erkennt man schon zwei Teilsterne. Ein dritter Stern in der Nähe gehört von der Gravitation her ebenfalls zu diesem Paar. Aber jetzt kommt der Clou: Alle diese drei Sterne sind außerdem Doppelsterne. Die Begleiter lassen sich visuell nicht auflösen, doch professionelle Astronomen konnten aufgrund von Analysen des Lichts aus dieser Region auf ihr Vorhandensein schließen.

Sie fanden ebenfalls heraus, dass Pollux von einem Planeten namens Pollux b umkreist wird, der etwa 2,3-mal schwerer ist als Jupiter.

Gemini gehört, was Deep-Sky-Objekte angeht, nicht zu den interessantesten Sternbildern, ein paar erwähnenswerte Ziele gibt es aber dennoch. Das auffälligste ist vielleicht M35, ein offener Sternhaufen, der sich aufgrund seiner Helligkeit von 5,3 mag bei sehr dunklem Nachthimmel sogar freiäugig erkennen lässt. Stadtbewohner müssen dafür schon ihren Feldstecher herausholen. Der Sternhaufen umfasst etwa 200 Sterne und liegt ca. 2800 Lichtjahre entfernt. Darüber hinaus enthält Gemini einige weitere Sternhaufen, wie NGC 2129 und NGC 2355, die sich ebenfalls mit dem Feldstecher beobachten lassen.

Hobbyastronomen mit guten Teleskopen können diese auf den Eskimonebel (NGC 2392) richten. Dieses Objekt 10. Größenklasse heißt deswegen so, weil seine expandierende Gashülle einer Kapuze ähnelt, die sich jemand über den Kopf gezogen hat. Bei dem 1787 (sechs Jahre nach Uranus) von Wilhelm Herschel entdeckten Objekt handelt es sich um einen planetarischen Nebel – das Todeszucken eines alten Sterns von der Größe unserer Sonne.

Dem Stern, der den Eskimonebel bildete, ging irgendwann der Wasserstoff aus, danach wurde eine Zeit lang Helium in Kohlenstoff umgewandelt. Bei diesem Prozess wurde allerdings erheblich mehr Energie freigesetzt, weshalb sich die Hülle des Sterns ausdehnte und möglicherweise einige Planeten schluckte, die ihn früher umkreisten. Doch eine Heliumfusion ist sehr instabil, weshalb der Stern irgendwann auseinanderfiel – das Ergebnis sehen wir als hübschen Nebel. Unserer Sonne droht ein ähnliches Schicksal, allerdings erst in 5000 Millionen Jahren.

GROSSER BÄR (URSA MAJOR)

Im Frühjahr (April) nördlich von Kielder

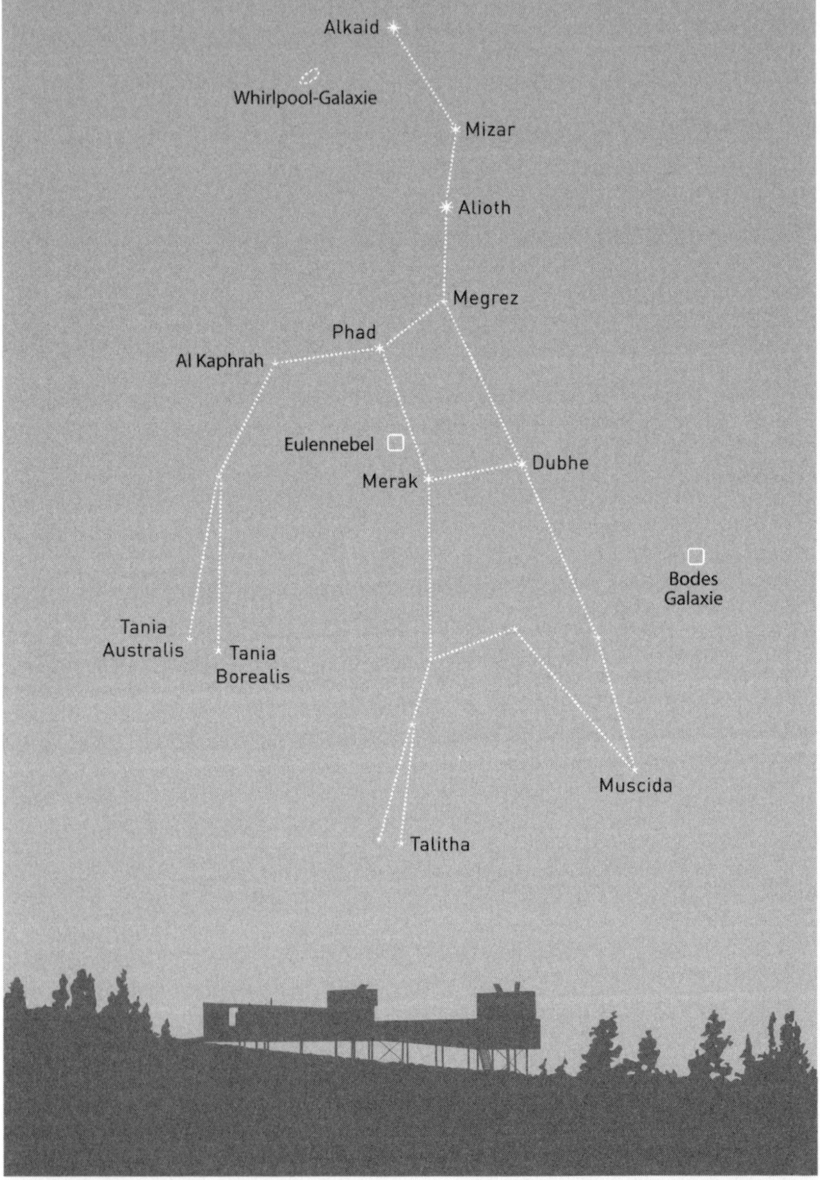

Alkaid

Whirlpool-Galaxie

Mizar

Alioth

Megrez

Phad

Al Kaphrah

Eulennebel

Merak

Dubhe

Bodes
Galaxie

Tania
Australis

Tania
Borealis

Muscida

Talitha

Sterne Mag 0 ✳ Mag 1 ✴ Mag 2 ✷ Mag 3 ★ Mag 4 · Mag 5 · Sternhaufen ⁙ Nebel ☐

Neben Orion gehört Ursa Major (der Große Bär) zu den auffälligsten Sternbildern am Himmel. Wie bereits im ersten Kapitel geschildert, ist der Große Bär vor allem wegen sieben seiner Sterne bekannt, die zusammen einen riesigen Wagen bilden (oder, je nach Kultur und Geschmack, einen Pflug oder eine Pfanne oder einen Einkaufswagen, wie ein Schüler aus einer Besuchergruppe einmal befand). Doch es wäre falsch, diese sieben Sterne allein den Großen Bären zu nennen, denn sie bilden lediglich Hinterteil und Schwanz des Tieres. Im deutschen Sprachraum nennt man diesen Teil den Großen Wagen.

Für viele Sterngucker in der nördlichen Hemisphäre ist Ursa Major zirkumpolar – das Sternbild sinkt nie unter den Horizont und ist das ganze Jahr über sichtbar. Am besten beobachten lässt es sich aber im März und April, wenn es hoch am Himmel steht. Der Große Wagen selbst ist kaum zu übersehen, allerdings unterschätzen Anfänger oft, einen wie großen Teil des Himmels der Große Bär insgesamt – das drittgrößte Sternbild überhaupt – einnimmt. Lassen Sie den Blick also weit über den nordöstlichen Teil des Himmels schweifen.

Die vier Sterne, die den Kasten des Wagens bilden, lassen sich am einfachsten identifizieren: Dubhe, Merak, Phad und Megrez. Von ihnen ausgehend, findet man die drei Sterne, die die Deichsel des Wagens bilden: Alioth, Mizar und Alkaid. Schon freiäugig lässt sich erkennen, dass Mizar ein Doppelstern ist; der Gefährte heißt Alkor. Genau genommen ist Mizar ein Vierfachsternsystem und Alkor ein Doppelstern, sodass wir hier insgesamt sechs Sterne betrachten.

Anders als in Gemini wimmelt es in Ursa Major nur so von interessanten Deep-Sky-Objekten. Beginnen wir mit einem wunderbaren Galaxien-Paar, M81 und M82. Um es zu finden, verlängern Sie die Verbindungslinie zwischen Phad und Dubhe, zwei gegenüberliegende Sterne am Kasten des Wagens, nach Norden. Ihr Ziel ist der Stern 24 Ursae Majoris (Magnitude 4,5). Dort biegen Sie nach Osten ab, in Richtung des Sterns HIP 49230 (8. Größenklasse). Bevor Sie ihn erreichen, finden Sie nach einer Reise von ca. sechs Grad die Spiralgalaxie M81 (auch Bodes Galaxie genannt). Durch Feldstecher und kleine Teleskope erkennt man nur einen verschwommenen Klecks, doch mit Öffnungen ab acht Zoll lässt sich die Spiralform schon erkennen. M81 ist deswegen so hübsch, weil wir senkrecht von oben darauf blicken.

Bei geringer Vergrößerung wird auch die nahe gelegene Galaxie M82 im Gesichtsfeld liegen, allerdings werden Sie nicht viele Details ausmachen können. M82 gilt als Starburstgalaxie, weil dort ungewöhnlich viele neue Sterne entstehen. Am 21. Januar 2014 verzeichnete ein Team des University College London dort eine Supernova. Die Sternenexplosion, die eine maximale Magnitude von 10,5 erreichte, konnte sogar von Amateuren beobachtet werden.

Als wäre das noch nicht genug, gibt es in Ursa Major noch weitere Messier-Objekte, z. B. die berühmte Feuerrad-Galaxie (M101) am Schwanz der Bärin. Gehen Sie von Alkaid, dem Stern an der Schwanzspitze, Richtung Norden auf den Stern HIP 68304 zu. Etwa 2,5 Grad dahinter in derselben Richtung finden Sie M101. Berühmt wurde diese Galaxie durch die grandiosen Aufnahmen des Hubble-Weltraumteleskops, doch seien Sie gewarnt: Wegen der geringen Oberflächenhelligkeit des Objekts tun sich Hobbyastronomen oft sehr schwer, es zu finden.

Im Körper des Bären, unweit von Merak, liegt M108. Wenn Sie weniger als ein Grad Richtung Phad gleiten, sehen Sie den Stern HIP 54314 (7,25 mag). Darunter bilden vier Sterne einen Bogen. Folgt man ihm, gelangt man direkt zu M108. Und weniger als ein halbes Grad entfernt liegt ein weiterer planetarischer Nebel, der Eulennebel (M97). Wie beim Eskimonebel in Gemini handelt es sich um die Überreste eines kleinen Sterns wie unserer Sonne.

Unser letztes Ziel ist die Galaxie M109. Wandern Sie am Kasten des Großen Wagens vorne hinunter Richtung Phad, und etwa ein halbes Grad hinter Phad sollte die Galaxie in Ihr Blickfeld kommen. Es handelt sich um eine Balken-Spiralgalaxie, die wir direkt von oben betrachten.

(Kurze Anmerkung: Die berühmte Aufnahme Hubble Deep Field bildet diese Region in der Nähe von Megrez ab. Sie zeigt Tausende Galaxien auf einem Himmelsausschnitt von gerade einmal 2,5 Bogenminuten.)

KLEINER BÄR (URSA MINOR)

Im Frühjahr (April) nördlich von Kielder

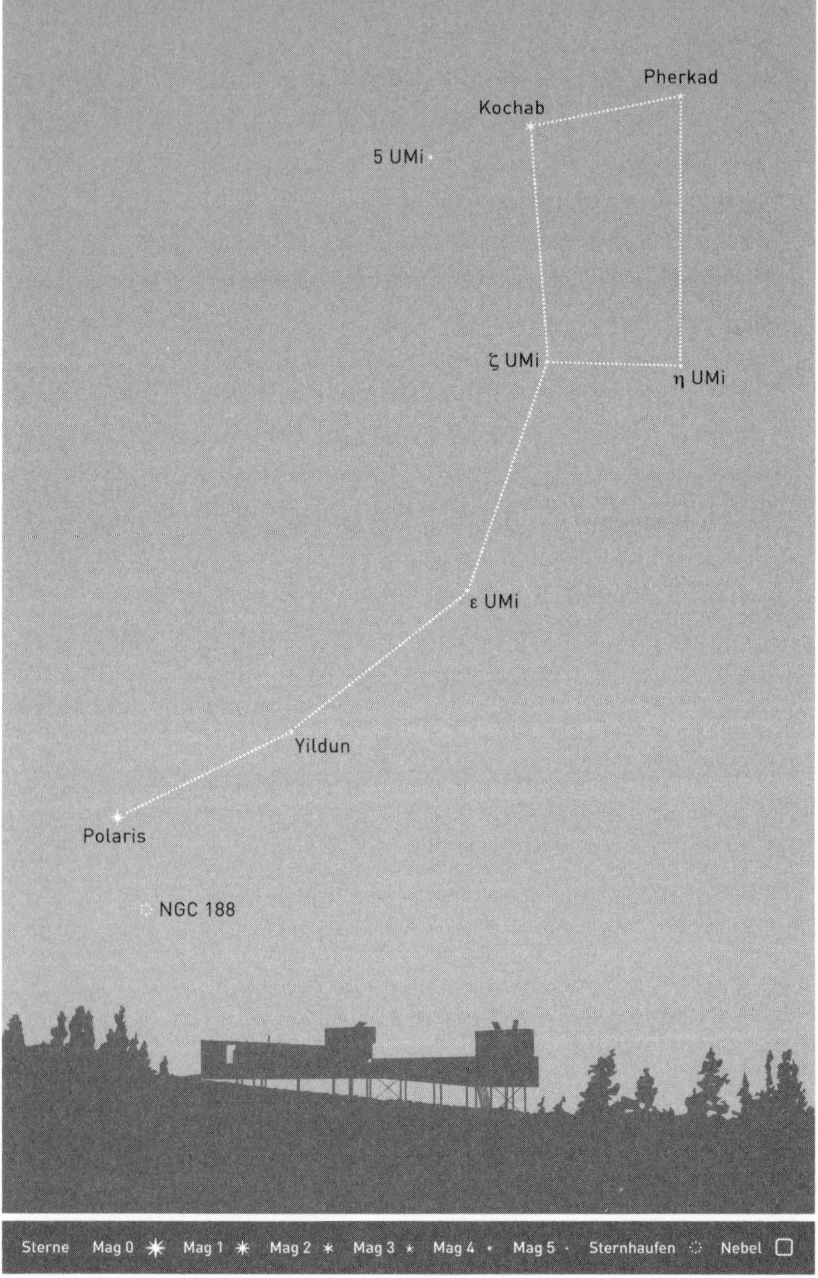
Pherkad
Kochab
5 UMi
ζ UMi
η UMi
ε UMi
Yildun
Polaris
NGC 188
Sterne
Mag 0
Mag 1
Mag 2
Mag 3
Mag 4
Mag 5
Sternhaufen
Nebel

Die Sterne von Ursa Minor bilden eine ganz ähnliche Formation wie die des Großen Wagens, weshalb das Sternbild auch Kleiner Wagen genannt wird. Viele seiner Sterne sind nur bei sehr dunklem Himmel zu erkennen. Den hellsten Stern des Sternbildes finden Sie aber garantiert: Polaris. Wie bereits erwähnt, heißt dieser Stern auch Polarstern oder Nordstern und ist vermutlich der wichtigste Stern am Nachthimmel.

Aufgrund der Erdrotation scheinen die Sterne im Lauf der Nacht über den Nachthimmel zu wandern. Doch weil der Polarstern fast genau oberhalb unserer Rotationsachse liegt, scheint er sich kaum zu bewegen.

Wie schon in Kapitel eins beschrieben, können Sie den Polarstern ganz leicht selbst finden: Nehmen Sie die sieben Sterne des Großen Wagens, dazu Dubhe und Merak, die beiden Sterne am hinteren Ende des Wagens, und verlängern Sie deren Verbindungslinie über Dubhe hinaus, bis Sie direkt auf den Polarstern stoßen. Deswegen nennt man Dubhe und Merak auch Zeigersterne.

Als relativ kleines Sternbild hat Ursa Minor nicht viele interessante Deep-Sky-Objekte aufzuweisen. Die beste Chance bietet noch die Balken-Spiralgalaxie NGC 6217. Sie hat eine Helligkeit von 11,2 mag, weshalb Sie mindestens einen Vierzöller brauchen, um sie erkennen zu können. Sie befindet sich etwa zwei Grad unterhalb der Linie zwischen ζ UMi und ε UMi und sitzt inmitten des Rechtecks aus den vier Sternen HIP 80480, HIP 80850, HIP 81854 und HIP 81428. Wie M82 im Großen Bären ist auch sie eine Starburstgalaxie.

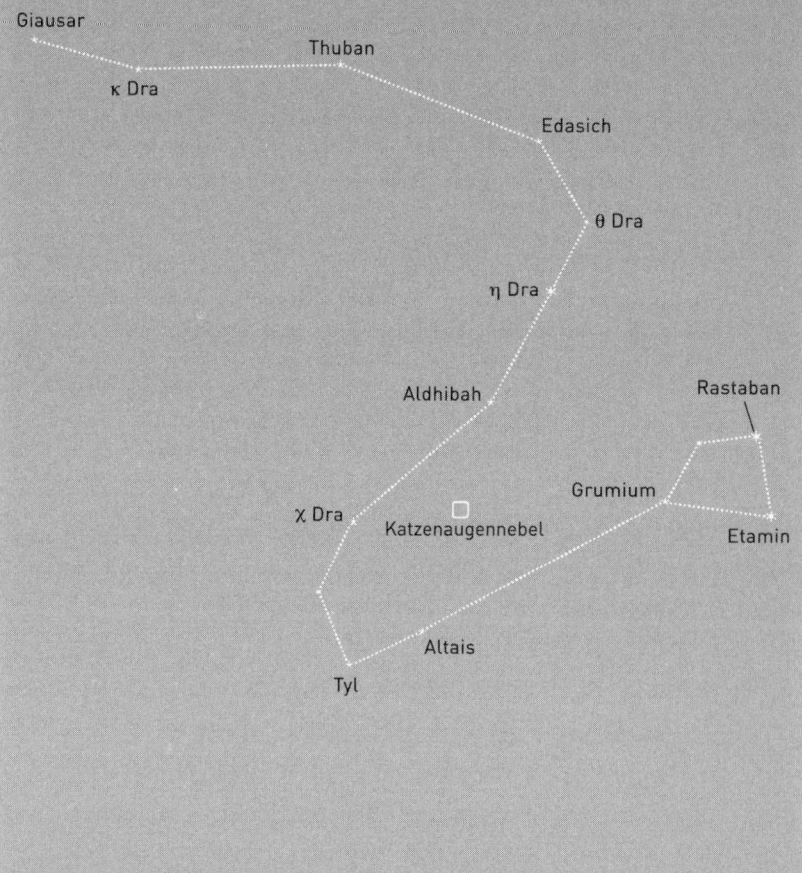

DRACHE (DRACO)
Im Frühjahr (April) östlich von Kielder

Giausar

κ Dra

Thuban

Edasich

θ Dra

η Dra

Aldhibah

Rastaban

Grumium

χ Dra

Katzenaugennebel

Etamin

Altais

Tyl

Sterne   Mag 0 ✳   Mag 1 ✴   Mag 2 ✦   Mag 3 ⋆   Mag 4 ·   Mag 5 ·   Sternhaufen ⊙   Nebel ▢

Der Drache (Draco) ist eine lange Kette von Sternen, die sich über den Himmel zu schlängeln scheint, daher der Name (das lateinische Wort *draco* bedeutet »lange Schlange«). Wenn Sie die Linie zwischen Dubhe und Merak im Großen Bären verlängert haben, um zum Polarstern zu gelangen, sind Sie nur knapp am Stern Giausar (λ Dra), der Schwanzspitze des Drachen, vorbeigeschrammt. Dieser Schwanz und dann der Körper erstrecken sich hinunter und ostwärts, parallel zur Deichsel des Großen Wagens, bevor sie wieder scharf nach Westen abbiegen, unterhalb des Kleinen Bären. Hinter der ersten Kurve trifft man auf den Doppelstern η Dra (2,7 mag). Folgt man dem Körper weiter, gelangt man schließlich zu den vier Sternen des Kopfes: Grumium (ξ Dra), der Doppelstern Kuma (ν Dra), Rastaban (β Dra) und Etamin (γ Dra).

Der hellste Stern in Draco ist Thuban im Schwanz des Drachen, etwa auf halber Strecke zwischen Mizar im Großen Bären und Kochab im Kleinen Bären (β UMi). Vor etwa 5000 Jahren war noch Thuban unser Nordstern, nicht Polaris. Grund dafür ist ein Effekt namens Präzession, ein Schwanken der Erdachse unter dem Einfluss der Schwerkraft von Sonne und Mond. Deswegen beschreibt der Nordpol einen Kreis, den er nach 26 000 Jahren einmal durchläuft. In etwa 21 000 Jahren wird der Himmelsnordpol also wieder von Thuban markiert werden, der dann unser Nordstern sein wird. Für die meisten Bewohner der Nordhalbkugel ist das Sternbild zirkumpolar.

Das Deep-Sky-Highlight im Drachen ist zweifellos der Katzenaugennebel – das Motiv einer der großartigsten Aufnahmen des Hubble-Weltraumteleskops. Wie beim Eskimonebel in den Zwillingen und dem Eulennebel im Großen Bären handelt es sich auch hier um einen planetarischen Nebel. Um ihn zu finden, ziehen Sie eine imaginäre Linie zwischen den Sternen Altais (δ Dra) und Aldhibah (ζ Dra). Etwa auf halber Strecke liegen zwei Sterne: HIP 88583 (Magnitude 6,85) und HIP 87530 (Magnitude 7,65). Der Katzenaugennebel befindet sich fast genau zwischen ihnen. Im Jahr 1786 entdeckte Wilhelm Herschel den Nebel; er prägte auch die Bezeichnung »planetarischer Nebel«, weil Objekte dieser Art durch sein Fernrohr betrachtet wie Planeten aussahen. Doch als 1864 das Spektrum des Katzenauges untersucht wurde, stellte sich heraus, dass es gasförmiger Natur war.

Unter geringer Vergrößerung sieht man nur einen unscharfen blau-grünen Flecken, doch bei wachsender Vergrößerung zeichnet sich allmählich seine Struktur ab. Erfahrenere Sterngucker verwenden einen OIII-(Sauerstoff 3-)Filter, um den Kontrast zwischen Nebel und Hintergrund zu vergrößern. Dort, wo der Schwanz des Drachen in den Körper übergeht, liegt der Stern Edasich. In seiner Umgebung lassen sich mehrere Galaxien beobachten. Innerhalb von 1,5 Grad nach unten und links ballen sich gleich drei ganz eng zusammen: das Draco-Trio aus NGC 5981, NGC 5982 und NGC 5985. Sie liegen so eng beieinander, dass sie mühelos in ein Gesichtsfeld passen. Am hübschesten ist die unterste der drei Galaxien, NGC 5985, eine Spiralgalaxie der Magnitude 11, die man direkt von oben betrachtet. NGC 5982 leuchtet mit ähnlicher Magnitude, erscheint aber als Ellipse, in der man nicht viel Besonderes ausmachen kann. Mit Magnitude 13,1 ist NGC 5981 am schwierigsten zu finden, weil man sie nur als Band, also von der Seite sieht. Geht man zurück zu Edasich und weiter Richtung HIP 73837, gelangt man zu einer weiteren Galaxie, NGC 5866. Nach Ansicht vieler Astronomen handelt es sich hierbei um das fehlende Objekt M102. Aus Charles Messiers Liste geht nicht klar hervor, welche Galaxie er mit M102 meinte. Allerdings ist NGC 5866 ein heißer Verdächtiger, weil ihre Position der entspricht, die Messier in seinen handschriftlichen Notizen festhielt. Die Beschreibung, die Pierre Méchain von M102 gab, als die Liste im Jahr 1781 veröffentlicht wurde, passt ebenfalls zu dieser linsenförmigen Galaxie.

Mondfinsternis

Eklipsen (Finsternisse) gehören zu den spektakulärsten astronomischen Ereignissen. Sie treten auf, wenn Sonne, Erde und Mond alle in einer Linie stehen. Astronomen sprechen in solchen Fällen von einer Syzygie. Es kommt nicht jeden Monat zu einer Syzygie, weil die Umlaufbahn des Mondes zur Verbindungslinie zwischen Erde und Sonne um fünf Grad geneigt ist. Deshalb liegt der Mond in den meisten Monaten unter bzw. über der Linie. Doch gelegentlich läuft der Mond direkt hinter die Erde und damit in ihren Schatten. Wobei im Erdschatten allerdings keine absolute Finsternis herrscht, wie man meinen könnte. Tatsächlich glimmt der Mond bei einer Finsternis rot, weshalb man auch von »Blutmond« spricht. Doch was leuchtet da? Weil der Mond selbst kein Licht erzeugt, bleibt nur eine mögliche Lichtquelle: die Sonne. Und tatsächlich beugen die Gasschichten unserer Atmosphäre Teile des Sonnenlichts so um die Erde herum, dass sie den Mond erreichen. Kam es vor der Mondfinsternis zu einem Vulkanausbruch, kann die Asche in der Atmosphäre dazu beitragen, diesen Effekt zu verstärken und den Mond noch blutiger erscheinen zu lassen.

Man unterscheidet drei Arten von Mondfinsternissen, je nachdem, in welchem Teil des Erdschattens der Mond sich befindet. Da die Sonne selbst eine erhebliche Ausdehnung hat und demnach keine punktförmige Lichtquelle ist, gibt es zweierlei Schatten: den Kernschatten direkt hinter der Erde (Umbra genannt) und einen helleren Halbschatten (Penumbra genannt). Verschwindet der Mond vollständig im Kernschatten, erleben wir eine Kernschattenfinsternis. Steht der Mond hingegen auf der Grenze zwischen den beiden Gebieten, sehen wir eine partielle Kernschattenfinsternis, bei der nur ein Teil des Vollmonds im Kernschatten der Erde liegt. Und schließlich kommt es zu einer Halbschattenfinsternis, wenn der Mond nur durch eine Halbschattenregion wandert. Das ist das am wenigsten spektakuläre Ereignis.

Die nächsten drei totalen Mondfinsternisse werden am 31. Januar 2018, am 27. Juli 2018 und am 21. Januar 2019 stattfinden. Ereignisse dieser Art werden seit Jahrhunderten vom Menschen verzeichnet. Zu einer der spektakulärsten Mondfinsternisse kam es am 1. März 1504, als der

Entdecker Christoph Kolumbus auf Jamaika untergeschlüpft war. Anfangs hatten sich die Einheimischen sehr gastfreundlich verhalten und Kolumbus samt seiner Besatzung mit offenen Armen empfangen. Doch irgendwann hatten sie genug davon, dass die Fremden ihnen ständig Nahrungsmittel stahlen, und sie beschlossen, sie nicht weiter durchzufüttern.

Bei der Suche nach einem Ausweg fiel Kolumbus ein, dass er einen astronomischen Almanach an Bord hatte. Dieser sagte für den 1. März eine Mondfinsternis voraus. Daraufhin erzählte Kolumbus den Einheimischen, er stehe mit Gott in Kontakt, und dieser sei sehr ungehalten über ihr Benehmen. Als Zeichen seines Zorns werde er in der folgenden Nacht den Mond blutrot färben. Die Einheimischen zeigten sich zunächst unbeeindruckt, doch nach der Mondfinsternis gaben sie Kolumbus sämtliche Vorräte, die er brauchte. Manchmal zahlt sich astronomisches Wissen eben aus.

Als kleiner Junge sah ich bei meinem ersten Blick durch ein Teleskop den Mond. Dieses Foto habe ich mit meinem iPhone (durch ein Teleskop) gemacht.

Als Heranwachsender hatte ich mit Lernen nichts am Hut und konzentrierte meine Energie auf den FC Sunderland. Anfang der Achtziger machte ich Bekanntschaft mit der hässlicheren Seite des Sports, den Massenschlägereien nach Spielen.

Doch die Astronomie rettete mich.
Tagsüber arbeitete ich als Maurer, nachts träumte ich von den Sternen.
Ich trat der Sunderland Astronomical Society (SAS) bei und begann
zu Treffen von Amateurastronomen in ganz Großbritannien zu reisen.

Mir wurde klar, dass der dunkelste Himmel Großbritanniens direkt vor meiner Haustür lag, über dem Kielder Forest in Northumberland.
Auf meinen nächtlichen Ausflügen sah ich regelmäßig Tausende Sterne, gelegentlich auch ein Nordlicht (Aurora borealis).

Ich begann tiefer ins All zu blicken, als ich das je für möglich gehalten hätte.
Der oben abgebildete Dreiecksnebel (M33) liegt etwa drei Millionen Lichtjahre
von der Erde entfernt. Seine Masse entspricht geschätzt 10 Milliarden
bis 40 Milliarden Sonnenmassen.

Von ähnlichen Treffen in anderen Landesteilen inspiriert, organisierte ich mit
Freunden ein Star Camp in Kielder. Doch wir wünschten uns etwas Dauerhafteres.
Im Jahr 2002 half ich mit, das Cygnus-Observatorium in Washington,
Tyne and Wear zu bauen, mit Ziegeln, die mein Arbeitgeber gespendet hatte.
Das Vorhaben war ein Erfolg, doch wir planten schon Größeres …

Der Weg zum Kielder-Observatorium. Wir fingen an, Spenden zu sammeln und im Naturpark Kielder nach einem geeigneten Standort zu suchen. In dem dicht bewaldeten, knapp 600 Quadratkilometer großen Park wimmelt es von Vögeln, Rehen, Ziegen. Über dem Park kreisen Habichte und Bussarde; die Hälfte aller Eichhörnchen Englands lebt hier. Aber uns interessierten vor allem die stockdunklen Nächte.

Im Kielder Water and Forest Park sind zahlreiche Skulpturen aufgestellt, darunter James Turrells umjubelter Skyspace (Bild unten). Das Observatorium sollte auch architektonisch etwas ganz Besonderes sein, weshalb wir einen Architektenwettbewerb ausschrieben.

Nach jahrelangem Spendensammeln und einem heiß umkämpften Wettbewerb
mit eingereichten Entwürfen aus aller Welt kürten wir schließlich einen
Sieger und wählten einen Standort. Mein Traum von einem Ort,
an dem jedermann die Sterne würde beobachten können, nahm Gestalt an.

Ein Pier an Land oder ein Raumschiff?
Der Bau der Sternwarte dauerte
über ein Jahr, durchgeführt von
hervorragenden Zimmerleuten.
Die Windturbine soll Strom für die
Computer des Teleskops liefern,
außerdem gibt es Sonnenkollektoren
und einen Generator. Der Dichter
Alec Finlay ersann das kreisförmige
Gedicht auf den Rotorblättern:
»space arcs, light eclipses, time bends«.

Endlich fertig! Im April 2008 eröffnet der 14. Astronomer Royal,
Sir Arnold Wolfendale, das Kielder-Observatorium offiziell. Sir Arnold
von der Universität Durham wurde mir zum Mentor und Freund.

Nachts erwacht die Sternwarte zum Leben.
Mein Kollege Dan Monk, einer unserer jüngsten Mitarbeiter,
blickt in den Kosmos.

Sternenzug. Auf Langzeitaufnahmen Richtung Norden scheinen die Sterne um den Himmelsnordpol zu kreisen.

Die Aurora borealis, auch Nordlicht genannt, erscheint bei hoher Sonnenaktivität auch über Kielder.

Die Milchstraße spannt ihr Band über Kielder.

Raumfahrt. Im Rahmen meiner Öffentlichkeitsarbeit für Kielder durfte ich das
Paranal-Observatorium in der Atacama-Wüste (Chile) besuchen.
Hier findet man die dunkelsten Himmelsgegenden und einige der größten und
modernsten Teleskope der Welt. Im Bild oben sieht man meine Silhouette,
während ich zum VLT (Very Large Telescope) hochblicke.

Ehrenamtliche Helfer!
Die Männer und Frauen, die
ihre Freizeit opfern, um
die Sternwarte zu dem zu
machen, was sie ist.

Eugene Cernan war
Kommandant der letzten
Apollo-Mondlandung 1972.
Für mich erfüllte sich ein
Traum, als ich den letzten
Menschen traf, der den
Mond betreten hatte.

Ein weiterer Traum wurde
wahr, als ich das Hooker-
Teleskop im Mount Wilson-
Observatorium in Kalifornien
besichtigen durfte. Edwin
Hubble verwendete das
Hooker, um zu beweisen,
dass das Universum hinter
der Milchstraße weitergeht
und sich ausdehnt.

Zu Hause in Kielder.

Himmelsspähtrupp:
Vorhersage, wolkenlos.

Eine Handvoll Sterne:
mein Hund Lyra, benannt
nach dem Sternbild Leier.

Die Universität Durham verlieh
mir bei einer Zeremonie in der
Kathedrale einen M. Sc. ehrenhalber.

3

Aurora

Unter den letzten Strahlen der Abendsonne laden mein Vater und ich die letzten Koffer ins Auto. Es ist warm, wir hören die Vögel im nahe gelegenen Wald singen. Auf der Rückbank bauen wir aus Bettlaken und Kissen ein gemütliches Lager für die Jungs.

Der Flug nach Malaga geht so früh, dass wir beschlossen haben, die Nacht hindurch zum East Midlands-Flughafen zu fahren. Vor uns liegen ganz besondere Familienferien: unser erster Spanienurlaub. Meine Eltern kommen auch mit. Maureen setzt sich mit meiner Mama auf die Rückbank, dann springen die Jungs aufgeregt hinein, knallen die Türen zu, ziehen wild an den Kopfstützen. »Papa sagt, wir fliegen in die Sonne«, erzählen sie meiner Mama. Sie strahlen und toben herum, bevor wir losfahren, doch kaum sind wir unterwegs, schlafen sie schon ein. Im Rückspiegel sehe ich, wie ihr Haar ihnen auf der Stirn klebt.

Auf den Straßen ist wenig los, ich unterhalte mich leise mit meinem Vater. Wir schreiben den Sommer 1990, und

England ist bei der Fußball-WM in Italien dabei. Wir spekulieren, wie gut die Chancen stehen, den Titel zu holen, dann besinnen wir uns eines Besseren. »Dad, hast du noch deine *Raumschiff-Enterprise*-Kassetten?« Viel weniger Konfliktstoff. Wir lachen mit den Damen und malen uns die warmen Sandstrände und kalten Drinks aus, die uns an der Costa del Sol erwarten. Als ich schläfrig werde, steuern wir einen Rastplatz an der A 66 an und vertreten uns die Beine. Der Wind hat sich gelegt, die Nacht ist dunkler geworden. Kiefern halten das elektrische Leuchten einer nahe gelegenen Stadt ab, der Rastplatz liegt, von ein paar geparkten Lastern abgesehen, völlig verlassen da. Mein Vater vertritt sich die Beine, ich stehe neben dem Auto und blicke in den Himmel. Als Dad wiederkommt, bin ich ganz in Gedanken versunken. Ich deute nach oben, als könnte ich mit Worten stören, was sich da oben abspielt. Mein Vater blickt ebenfalls nach oben. Anfangs hatte ich die Schleier für Wolken gehalten, doch dann sah ich, dass Sterne durch sie hindurchschienen. Subtile Schattierungen von Grün und Rot werden stärker, wirbeln, tanzen und zucken über den Nachthimmel. Sie bieten eine Vorstellung, exklusiv für uns. Mein Vater stammelt »Mein Gott« und ruft Mama, sie solle sich das ansehen. Ich bin völlig gebannt: Es pulsiert direkt über uns, wiegt sich sanft zu einer unhörbaren Melodie.

Mein Vater hat keine Ahnung, was wir uns da ansehen: ätherische Farbvorhänge, die ebenso gut über den Himmel einer außerirdischen Welt ziehen könnten, die Captain Kirk gerade besucht. »Wir können die Lichter sehen, weil wir weit genug nördlich leben«, erkläre ich. »Und die Sonne ist momentan sehr aktiv.« Er hört aufmerksam zu und blickt dann zu mir herüber. In der Dunkelheit kann ich nur ein paar Schatten ausmachen, die über sein Gesicht und seine vertrauten Lachfalten huschen – er ist stolz auf mich. Wir stehen nebeneinander, gebadet in himmlischem Licht.

*

Mein Vater starb ziemlich genau zehn Jahre später, an seinem 60. Geburtstag. Er wusste, dass er sterben würde, wollte aber mit uns nicht darüber reden. Ich wünschte, er hätte es getan. Mein Vater war ein starker, stiller Typ, gestählt von einer schmerzhaften Kindheit bei einer Pflege- und dann bei einer Adoptivfamilie, herumgereicht unter freundlichen Nachbarn und überhaupt jedem, der sich um ihn zu kümmern bereit war. Seiner eigenen Familie war er dann ein wunderbarer Vater, er bot uns ein warmes und sicheres Zuhause.

Am Ende ging alles so schnell, dass ich hinterher wie betäubt dastand. Gerade noch hatten wir uns ganz normal getroffen, dann bekam er Leukämie, verlor seine Haare und starb. In seiner letzten Nacht hielt ich mit meinem Bruder Anth an seinem Bett Wache. Er bat uns, einen Orangen-Lutscher zu besorgen, ausgerechnet, und das taten wir. Ich hielt ihn ihm an die aufgesprungenen Lippen. Er leckte daran, und ich konnte sehen, dass er es genoss. Als er fertig war, schwieg er, und eine Träne lief ihm über die Wange. Ich glaube, in genau diesem Augenblick erkannte er, dass seine Zeit um war. Trotzdem schwieg er weiter. Am nächsten Tag hielt ich ihn in den Armen, als er starb. Ich weiß, dass er meine Anwesenheit spürte, so wie ich jetzt seine Anwesenheit spüre. Er hieß Alan Thomas Fildes, und ich vermisse ihn jeden einzelnen Tag.

Die Erinnerung an jene Sommernacht, da mein Vater und ich erstmals das Nordlicht (Aurora borealis) sahen, hüte ich wie einen Schatz. Damals war mein Vater vermutlich schon stolz auf das, was ich machte. Dennoch glaubte er nicht, dass Astronomie für mich je mehr sein könnte als ein Hobby für den Feierabend. Schade, dass ich erst im Jahr 2000, seinem Todesjahr, anfing, die Astronomie richtig ernsthaft zu betreiben. Ich wünschte, ich hätte mehr Nächte mit ihm draußen verbracht, nach oben blickend und über die Dinge plaudernd, die ich jetzt weiß, insbesondere über das Nordlicht.

Ich war schon immer fasziniert von den Mythen, die sich um Himmelserscheinungen ranken, von den Versuchen der Menschen vor Hunderten oder gar Tausenden Jahren, einen Sinn in den überirdischen Lichtern zu erkennen. Die Vorstellungen der Ureinwohner rund um den Polarkreis wurden von Ernest Hawkes, einem amerikanischen Anthropologen, festgehalten: Die Labrador-Inuit hielten die Lichter für die Fackeln der Verstorbenen, mit denen Neuankömmlingen der Weg in das Leben nach dem Tode gewiesen wurde – eine Art himmlische Landebahnbeleuchtung. Die Inuit Grönlands und Alaskas fanden eine noch originellere Lesart: Sie sahen in den farbigen Wolken der Aurora Seelen am Himmel feiern und sogar mit einem Walrosskopf Fußball spielen. Knud Rasmussen, ein dänischer Forschungsreisender, schrieb: »Dieses Ballspiel der Verstorbenen kann man als Aurora borealis beobachten und als Pfeifen, Rascheln, Knistern hören. Die Geräusche entstehen, wenn Seelen über den frostharten Schnee des Himmels laufen. Sollte man allein nachts draußen sein und das Nordlicht sehen und das Pfeifen hören, muss man nur selbst pfeifen, dann kommt das Nordlicht neugierig näher.« Die Geräusche, die das Nordlicht begleiten, ließen sich wissenschaftlich nie belegen oder gar erklären, auch wenn bis heute viele Menschen von ihnen berichten. Einer Theorie zufolge nimmt das Gehirn die elektromagnetischen Wellen des Lichts auf und verwandelt sie auf bisher unerklärte Weise in Töne. Eine andere Theorie lautet, Nordlichter führten zu für den Menschen hörbaren elektrischen Entladungen auf der Erde, beispielsweise an Gebäuden, Drahtzäunen und Bäumen. Ich selbst habe solche Geräusche nie vernommen, aber für mich tragen auch sie zum mystischen Zauber bei, der die Nordlichter umgibt. Ich habe auch nie die Stimme meines Vaters vernommen oder zu ihm gesprochen, dennoch ist er mir stets nahe, wenn ich ein Nordlicht oder die Sterne beobachte.

Bald nach unserem Urlaub in Malaga 1990 legte ich es darauf an, noch einmal ein Nordlicht zu sehen. Nordlichter sind aber notorisch schwer zu fassen, was sie nur noch attraktiver macht. Schon der Prozess ihrer Entstehung ist wahrlich bemerkenswert, insbesondere wenn man bedenkt, wie viel zusammenkommen muss, damit sie auftreten. Ich würde einen dunklen, wolkenlosen Himmel brauchen, um sie beobachten zu können – doch zuerst müsste ich zum Zentrum unseres Sonnensystems reisen, denn dort liegt der Ursprung der Nordlichter.

*

15 Millionen Grad Celsius und gewaltiger Druck durch die Schwerkraft: Diese Bedingungen braucht es im Herzen unserer Sonne, damit die Energie für Nordlichter überhaupt entsteht. Der Ausdruck Aurora borealis stammt von Galileo Galilei, für die Bezeichnung kombinierte er den Namen der römischen Göttin der Morgenröte, Aurora, mit dem griechischen Namen für den Nordwind, Boreas. Auroras Odyssee beginnt tief im Kern der Sonne, in einem Prozess namens Kernfusion. Dabei werden unter enormem Druck Wasserstoffatome zusammengepresst, bis aus dem leichtesten und häufigsten Element ein neues Element entsteht: Helium. Vier Wasserstoffkerne verschmelzen zu einem Heliumkern, und die dabei verloren gehende Masse wird in Hitze und Licht umgewandelt. Die Reise eines neu entstandenen Teilchens bis zum Rand der Sonne ist lang und gefährlich, da es jede Sekunde mit etlichen anderen Atomen der Sonne kollidiert. Das elektrisch aufgeladene Medium, durch das es strömt, heißt Plasma, und wegen der gewaltigen Größe der Sonne und der hohen Anzahl von Kollisionen kann es viele Tausend Jahre dauern, bis ein Teilchen die kühlere Sonnenoberfläche erreicht. Wenn Sie schon seit Jahren darauf warten, mal eine Aurora zu sehen, dann bedenken Sie bitte, wie lange eine einzelne Erscheinung im Entstehen begriffen war.

Hat es die Sonnenoberfläche erreicht, wird das Teilchen von der Schwerkraft dort festgehalten – gleichzeitig geht es dort so turbulent zu, dass Millionen Tonnen Masse pro Sekunde ins All hinausgeschleudert werden können, entweder als stetiger, breit gefächerter Partikelstrom (»Sonnenwind«). Oder die Teilchen werden vom überaus starken Magnetfeld der Sonne eingefangen, bis sich so viel Energie angesammelt hat, dass das Magnetfeld sich verzerrt und reißt. (Man kann sich das vorstellen wie bei einem Gummiband, das man immer weiter ausdehnt, bis es schließlich reißt.) Wenn das passiert, schießt eine gewaltige Eruption heißen Plasmas ins All. Solche sogenannten Sonneneruptionen verleihen dem Sonnenwind zusätzliche Energie. Bei den größten Eruptionen, sogenannten koronalen Massenauswürfen (CME), schießen mitunter Milliarden Tonnen Masse mit über 1,6 Millionen Stundenkilometern ins All. Die in CMEs steckende Energie würde ausreichen, um die Kontinente der Erde über eine Million Jahre hinweg mit Energie zu versorgen. Und wenn die Eruptionen auf uns zielen, tanzen ein, zwei Tage später Nordlichter über unseren Himmel.

Für Aurora-Jäger wie mich fängt der Spaß dann erst an. Die Sonneneruption ist der Startschuss, der zweitägige Countdown läuft. Die nächsten 48 Stunden überwache ich den Fortschritt der Aurora wie ein Wertpapierhändler die Entwicklung seines Portfolios. Anfangs sitze ich vor einem Computermonitor und starre auf Datenberge. Webseiten wie SpaceWeatherLive.com bieten Echtzeit-Updates ihrer Aurora-Vorhersagen. Dabei stützen sie sich hauptsächlich auf Daten der NASA-Satelliten ACE

(Advanced Composition Explorer) und SDO (Solar Dynamics Observatory). Beide Raumsonden haben von ihrer Umlaufbahn zwischen Sonne und Erde einen hervorragenden Blick auf den herrschenden Sonnenwind. Die 1997 gestartete Raumsonde ACE kreist um einen Punkt, an dem sich die Schwerkraft der Sonne und die Schwerkraft der Erde genau aufheben, wodurch sie auf Position bleibt, etwa 1,5 Millionen Kilometer von der Erde und 148,5 Millionen Kilometer von der Sonne entfernt. Die Sonde liefert stundengenaue Prognosen über die zu erwartende Aurora-Aktivität auf der Erde und identifiziert hochenergetische Partikel, die auf der Erde Stromnetze überlasten, Kommunikationssatelliten stören oder sogar die Astronauten in der Internationalen Raumstation gefährden könnten.

Bei seiner Annäherung an die Erde trifft der Sonnenwind zuerst auf die weit hinausreichende, nach Norden zeigende Magnetosphäre der Erde. Der Erdkern besteht aus flüssigem Gestein – eine Folge des nuklearen Zerfalls von Elementen tief im Herzen der Erde. Aufgrund der Rotation dieses Kerns entstehen Reibungskräfte, die wiederum ein Magnetfeld induzieren, welches unseren Planeten vor schädlicher Strahlung aus dem All, insbesondere von der Sonne, schützt. Meistens reicht dieses »Kraftfeld« vollauf, um die aus Eruptionen entstandenen Sonnenwinde abzufangen. Doch unsere Panzerung hat Schwachstellen. Deshalb konzentriere ich mich bei der Aurora-Jagd hauptsächlich auf den Bz-Wert. Dabei handelt es sich um eine Komponente des Sonnenmagnetfelds, auch »interplanetares Magnetfeld« genannt. Ein niedriger

Bz-Wert bedeutet, dass das Sonnenmagnetfeld eher südlich ausgerichtet ist und deshalb das (in Nordrichtung verlaufende) irdische Magnetfeld teilweise aufhebt, wodurch sich sozusagen ein Einfallstor öffnet, durch das Partikel in unsere Atmosphäre strömen können.

Treffen diese hochenergetischen Teilchen auf unsere Atmosphäre, verursachen sie in der Nähe der Pole elektrische Ströme. Die winzigen Teilchen interagieren in einer Höhe von ca. 150 Kilometern über der Erde mit Sauerstoffatomen: Sie regen deren Elektronen an, wodurch diese auf höhere Energieniveaus springen. Von diesem Niveau wollen die Elektronen aber wieder zurück auf ihr ursprüngliches Niveau; sie springen zurück und emittieren dabei ein Lichtteilchen (Photon) roter oder grüner Farbe. Treffen die hochenergetischen Teilchen tiefer in der Atmosphäre (etwa 80 km über der Erde) auf Stickstoff, entstehen Blau- und Violetttöne. Diese Farberscheinungen heißen Nord- bzw. Südlichter, und mit Glück können Sie all diese Farbtöne übereinander sehen (ich nenne das »Stapeleffekt«).

Bei besonders starken CMEs kann das Magnetfeld der Erde so überwältigt werden, dass noch weit jenseits der Polarkreise Auroren auftreten. Im Norden Englands, etwa am dunklen Himmel über Kielder, lassen sich viele Male pro Jahr Polarlichter beobachten. Die größte je verzeichnete Sonneneruption war das sogenannte Carrington-Ereignis im Jahr 1859, als selbst in der Karibik noch Polarlichter gesichtet wurden.

Trotzdem gilt natürlich: Je näher man sich zu den Polen begibt, desto besser stehen die Chancen, eine Aurora zu erhaschen. Doch zu welcher Jahreszeit man fahren sollte, ist die große Frage. Polarlichter sind unberechenbar, weil sie auf den magnetischen Stimmungsschwankungen der Sonne beruhen. Einige Dinge lassen sich dennoch festhalten: Meiner Erfahrung nach fährt man am besten zwischen September und April, weil der Nachthimmel im Spätfrühling und Sommer nicht dunkel genug wird. Bei Kälte stehen die Chancen auf eine Sichtung besser, weil die Luftfeuchtigkeit geringer ist – die Luft ist klarer. Anhand des Kp-Index (eine globale Kennziffer für geomagnetische Stürme) können Sie am besten abschätzen, wie gut Ihre Chancen stehen. Der Index beruht auf einer Reihe von Indikatoren aus dem erdnahen All, darunter die geomagnetische Aktivität, und die Skala reicht von 0 bis 9: Je kleiner die Zahl, desto weiter nach Norden muss man fahren, um eine Aurora sehen zu können.

Liegt der Kp-Index bei 6, hat man eine gute Chance, das Nordlicht auch am dunklen Himmel über Kielder zu sehen, liegt er bei 2, muss man schon nach Norwegen fahren (siehe Tabelle). Als Richtwert funktioniert der Kp-Index prima – eine Garantie kann er nie bieten. Es müssen schon etliche Faktoren, wie etwa ein niedriger Bz-Wert, zusammenkommen, damit man wirklich ein Nordlicht bestaunen kann. Ich war schon bei einem Kp-Index von 6 in Kielder und bin leer ausgegangen, aber dafür ist der Himmel einmal bei einem Kp-Index von nur 3 geradezu in Farben explodiert, weil das Sonnenmagnetfeld stark südlich ausgerichtet (der Bz-Wert klein) war.

Kp	sichtbar über	
0	Nordamerika	Barrow (Alaska, USA), Yellowknife (Northwest Territories, Kanada), Gillam (Manitoba, Kanada), Nuuk (Grönland)
	Europa	Reykjavik (Island), Tromsø (Norwegen), Inari (Finnland), Kirkenes (Norwegen), Murmansk (Russland)
1	Nordamerika	Fairbanks (Alaska, USA), Whitehorse (Yukon, Kanada)
	Europa	Mo i Rana (Norwegen), Jokkmokk (Schweden), Rovaniemi (Finnland)
2	Nordamerika	Anchorage (Alaska, USA), Edmonton (Alberta, Kanada), Saskatoon (Saskatchewan, Kanada), Winnipeg (Manitoba, Kanada)
	Europa	Tórshavn (Faröer), Trondheim (Norwegen), Umeå (Schweden), Kokkola (Finnland), Archangelsk (Russland)
3	Nordamerika	Calgary (Alberta, Kanada), Thunder Bay (Ontario, Kanada)
	Europa	Ålesund (Norwegen), Sundsvall (Schweden), Jyväskylä (Finnland)
4	Nordamerika	Vancouver (British Columbia, Kanada), St. John's (Neufundland und Labrador, Kanada), Billings (Montana, USA), Bismarck (North Dakota, USA), Minneapolis (Minnesota, USA)
	Europa	Oslo (Norwegen), Stockholm (Schweden), Helsinki (Finnland), St. Petersburg (Russland)
5	Nordamerika	Seattle (Washington, USA), Chicago (Illinois, USA), Toronto (Ontario, Kanada), Halifax (Nova Scotia, Kanada)

Kp	sichtbar über	
	Europa	Edinburgh (Schottland), Göteborg (Schweden), Riga (Lettland)
	Südhalbkugel	Hobart (Australien), Invercargill (Neuseeland)
6	**Nordamerika**	Portland (Oregon, USA), Boise (Idaho, USA), Casper (Wyoming, USA), Lincoln (Nebraska, USA), Indianapolis (Indiana, USA), Columbus (Ohio, USA), New York City (New York, USA)
	Europa	Dublin (Irland), Manchester (England), Hamburg (Deutschland), Danzig (Polen), Wilna (Litauen), Moskau (Russland)
	Südhalbkugel	Devonport (Australien), Christchurch (Neuseeland)
7	**Nordamerika**	Salt Lake City (Utah, USA), Denver (Colorado, USA), Nashville (Tennessee, USA), Richmond (Vermont, USA)
	Europa	London (England), Brüssel (Belgien), Köln (Deutschland), Dresden (Deutschland), Warschau (Polen)
	Südhalbkugel	Melbourne (Australien), Wellington (Neuseeland)
8	**Nordamerika**	San Francisco (Kalifornien, USA), Las Vegas (Nevada, USA), Albuquerque (New Mexico, USA), Dallas (Texas, USA), Jackson (Mississippi, USA), Atlanta (Georgia, USA)
	Europa	Paris (Frankreich), München (Deutschland), Wien (Österreich), Bratislava (Slowakei), Kiew (Ukraine)
	Asien	Astana (Kasachstan), Novosibirsk (Russland)
	Südhalbkugel	Perth (Australien), Sydney (Australien), Auckland (Neuseeland)

Kp	sichtbar über	
9	**Nordamerika**	Monterrey (Mexiko), Miami (Florida, USA)
	Europa	Madrid (Spanien), Marseille (Frankreich), Rom (Italien), Bukarest (Rumänien)
	Asien	Ulan Bator (Mongolei)
	Südhalbkugel	Alice Springs (Australien), Brisbane (Australien), Ushuaia (Argentinien), Kapstadt (Südafrika)

Nachdem ich 1997 angefangen hatte zu verstehen, was wissenschaftlich dahintersteckte, ging ich im Nordosten Englands auf Aurora-Jagd. Mein Nachbar Dickie und ich verbrachten inzwischen sehr viel Zeit miteinander, bei unseren nächtlichen Ausflügen hatte sich eine enge Freundschaft entwickelt. Ich musste nur ich selbst sein – keine aufgesetzte Freundlichkeit, keine Verstellung war nötig. An einem Wochenende im März 1998 rief Dickie mich an.

»Es ist eine klare Nacht angesagt. Ein paar von uns fahren zum Sternenpark am Derwent-Stausee. Kommst du mit?«

Ich hatte schon auf so eine Einladung gehofft. Ich hatte schon so viel von Sternenparks gehört – abgelegene Orte in der Natur, an denen es kaum Lichtverschmutzung gibt und die Sterne besonders hell scheinen –, war aber noch nie in einem gewesen. Eine tolle Chance, die Aurora zu sehen. Ich sagte freudig zu und fragte, was ich mitnehmen sollte.

»Nur dein Teleskop und eine Thermosflasche. Und zieh dich warm an.« Ich legte alles aufs Bett und war innerhalb von Minuten startklar. Ich fühlte mich wie ein kleines Kind, das an der Mama vorbei nach draußen flitzt.

Schon während der Fahrt aus Sunderland und immer tiefer ins County Durham hinein kam in mir Abenteuerstimmung auf. Von Minute zu Minute blinkten mehr Sterne, bis Millionen den pechschwarzen Himmel zu erfüllen schienen. Nach etwa einer Stunde bogen wir auf einen Weg ab, der vor einer Schranke endete. Dickie parkte das Auto und schaltete die Scheinwerfer aus. Ich war ganz aufgeregt. Finsterste Nacht, ein abgeschiedener Ort – was, wenn Dickie jetzt ein Axtmörder war? Schließlich kannten wir uns noch kein Jahr. Als er seine Tür öffnete, blieb die Innenraumbeleuchtung ausgeschaltet – schon vor dem Losfahren hatten wir den Schalter so eingestellt. Sonst wäre jetzt alles in weißes Licht getaucht gewesen, und die Anpassung unserer Augen an die Dunkelheit wäre beim Teufel gewesen. Ich stieg aus dem Auto in die pechschwarze Finsternis. Ich sah überhaupt nichts, hörte aber entfernte Stimmen. Merkwürdig – hatten wir doch während der Fahrt niemanden gesehen. Mit angespanntem Körper und rasendem Herzen machte ich blind einige Schritte vorwärts, mit ausgestreckten Armen wie ein Zombie. Meine Anspannung ließ gerade ein wenig nach, als neben mir plötzlich das Laub laut raschelte. Zwei große Schatten tauchten wie aus dem Nichts auf. »Alles klar?«, fragte einer. Er muss wohl trotz der Dunkelheit gesehen haben, wie ich zusammenzuckte.

Nach etwa einer Minute, in der ich nur das Rascheln dicker Nylonjacken und den Geruch nach Kaffee wahrgenommen hatte, konnte ich die zwei Männer allmählich schemenhaft erkennen. Einer beugte sich über ein großes Teleskop, eine Thermoskanne in der Hand, der andere stand aufrecht. Er schaltete seine Rotlicht-Taschenlampe ein, als Dickie uns miteinander bekannt machte.

»Das ist Gary, der Nachbar, von dem ich euch erzählt habe. Ganz versessen auf Astronomie. Gary, vor dir steht die Elite der SAS.«

Dickie hatte schon erwähnt, dass er Mitglied der Sunderland Astronomical Society war, und ich wollte schon lange unbedingt an einem ihrer Treffen teilnehmen. Die beiden sagten freundlich Hallo, und Don Smith, mit etwa 60 Jahren der ältere der zwei, bot mir an, einen Blick durch sein Teleskop zu werfen. Nervös schlich ich hinüber, hocherfreut, in diesen Kreis aufgenommen worden zu sein, aber auch voller Angst, mich zum Deppen zu machen. Ich besah mir das Okular, um die Vergrößerung zu ermitteln. »Ah, 50-fache Vergrößerung, hübsch.« Ich hörte Dickie kichern, und wir lächelten beide. Ich lernte dazu.

Mir fiel auf, dass sie ein paar Haarföhne dabeihatten, was mir etwas merkwürdig vorkam. Ich fragte Don, und er antwortete, die brauche man wegen des Taus. Nichts ärgert Amateurastronomen häufiger als Luftfeuchtigkeit, die sich an Linsen oder Okularen niederschlägt. Don hatte an seinem Teleskop Gummiabdeckungen angebracht, die dabei halfen, einen ungehinderten Blick auf die Sterne zu behalten, aber wenn alles andere nichts nutzte, ging nichts über einen Föhn.

Wir befanden uns auf dem Millshield-Picknickplatz neben dem Derwent-Stausee in den Vorbergen des County

Durham, inmitten einer weiten Kiesfläche, begrenzt von Bäumen, die uns vor Wind und Streulicht schützten. Wir waren völlig von der Welt abgeschieden; über unsere Köpfe hinweg zogen ein paar Vögel, ein paar Enten landeten im Wasser, das war's. Absolute Stille, abgesehen vom Plätschern des Stausees und dem Schnattern der Enten. Hinter uns spiegelten sich die Sterne glitzernd im Wasser, die Kronen der Bäume wiegten sich im Wind. Bei jeder Bö wurden neue Sterne sichtbar, während andere verschwanden. Und dann waren da noch die Umrisse mehrerer Menschen, die neben ihren Teleskopen standen und schweigend in die endlose Weite des Universums blickten. Es herrschte eine ruhige, fast schon meditative Atmosphäre, eine andächtige Stille wie in einer Kathedrale, nur dass wir da oben nicht Buntglasfenster und Deckengemälde bewunderten, sondern etwas noch Schöneres: Sterne, die zu uns herunterzublicken schienen. Ich wusste, dass ich mich an einem ganz besonderen Ort befand.

Die nächsten Stunden vergingen unvorstellbar schnell, und plötzlich war es vier Uhr morgens. Don und seine Freunde behandelten mich wie einen der Ihren, sie beantworteten mir jede Frage und zeigten mir alles, vom durchdringend orange-gelben Licht Jupiters bis hin zur Milchstraße, deren Band ich noch nie so scharf abgezeichnet gesehen hatte. Alle Sterne leuchteten so viel heller als im heimischen Garten. Don konnte es gar nicht abwarten, mir alles zu erzählen, was er wusste, und seine Begeisterung mit mir zu teilen – sie war ansteckend. Ich erfuhr, dass Don von Beruf Physiklehrer war, doch wie bei den meisten Hobbyastronomen galt seine größte Leidenschaft dem Nachthimmel. Er arbeitete gerade an neuen Konzepten, wie man Kindern und Erwachsenen die Sterne näherbringen konnte. Ich mochte ihn auf Anhieb; er war geduldig, nicht hochnäsig und ein echter Gentleman. Er hatte sein Teleskop sogar selbst gebaut, was ihn in meinen Augen zum echten Helden machte.

In jener Nacht unter einem sternenübersäten Himmel gewann ich zwar viele neue Freunde, sah aber keine Aurora – zumindest nicht freiäugig. Doch die Mitglieder der SAS gaben mir ein paar nützliche Tipps. Der erste bezog sich auf Wolken. Wenn stinknormale Wolken am Himmel hängen, verdecken sie das Licht der dahinter liegenden Sterne vollständig, das wusste selbst ich. Nichts hassen Astronomen mehr als bedeckte Nachthimmel. Doch durch Nordlichter scheint das Licht der Sterne hindurch. Don und Dickie erzählten mir das, weil man auf mittleren Breitengraden (wie etwa am Derwent-Stausee) Nordlichter leicht mit Wolken verwechseln kann.* Die entscheidende Frage lautet: Kann man Sterne durch die Wolken scheinen sehen? Wenn ja, dann sind die Wolken vielleicht der Anfang einer schwachen Aurora.

Kurz vor Ende dieser Nacht stieß ich tatsächlich auf umschleierte Sterne, die durch einen staubigen Dunst zu blinken schienen. Ich rief Don und Dickie, die sofort mit einer Spiegelreflexkamera herbeieilten. Wir machten eine Aufnahme mit einer Belichtungszeit von 20 bis 30 Sekunden. Damals waren die Kameras noch analog, deshalb mussten wir warten, bis der Film entwickelt war, doch mit

*   In Alaska oder Nordeuropa ist der Unterschied leichter erkennbar.

ein bisschen Glück würden wir auf dem Bild die hellen Farben einer Aurora sehen können. Die Jungs erklärten mir, dass die Optik einer Kamera ganz anders funktioniert als das menschliche Auge: Der Mensch macht eine unablässige Reihe von Aufnahmen, die unser Hirn aber nicht zu einem Bild zusammenfügen kann. Die Kamera hingegen macht nur eine einzige Aufnahme über einen längeren Zeitraum hinweg. Dabei können atemberaubende Bilder entstehen, die – insbesondere bei so flüchtigen Erscheinungen wie einem Nordlicht – bei Weitem alles übertreffen, was wir mit bloßem Auge sehen.

»Alles schön und gut, aber nur weil ich ein Foto von einer Kuh mache, bin ich noch lange kein Bauer«, sagte Don Simpson, der Vorstand der SAS, der die Aufregung mitbekommen hatte und herbeigeschlendert war, um seinen Senf dazuzugeben.

Ich musste laut lachen. Don Simpson war ein großer stolzer Mann, den ich nie ohne seine USS *Nimitz*-Baseballkappe sah. Er begrüßte mich herzlich und hielt mir sogleich einen Vortrag darüber, was seiner Meinung nach einen wahren Astronomen ausmachte. Wie sich herausstellte, teilte sich unsere Gruppe an jenem Abend, wie die Amateurastronomie überhaupt, in zwei Lager: die Fotografen und die Beobachter. Die Fotografen interessierten sich hauptsächlich für Astrofotografie und spektakuläre Bilder, während die Beobachter es spannender fanden, mit dem Teleskop den Himmel abzusuchen und Objekte sowie das Weltall selbst zu betrachten. Die Rivalität zwischen den Lagern ist eher spielerisch und ähnelt ein wenig der Rivalität zwischen zwei Gangs. Die Beobachter ziehen die Fotografen auf, sie seien keine echten Astronomen – und umgekehrt. In diesem Sinne war auch Dons Kommentar zu verstehen: nicht ganz ernst gemeint. Einige der Fotografen waren Computerwissenschaftler. Mannomann, hatten die eine Ausrüstung! Mit den Rechnern und Instrumenten, über die sie verfügten, konnten sie hochauflösende Bilder der entferntesten Galaxien machen.*

Nach nur wenigen Stunden mit den beiden Dons und den anderen wusste ich, dass ich auch zu dieser Gruppe gehören wollte. Meine neuen Kumpels waren zugegebenermaßen exzentrisch und ein bisschen nerdig, aber sie hatten ihren Spaß, träumten von Entdeckungen im Weltall – und brannten ebenfalls vor Lokalpatriotismus. Ehrfürchtig erzählte Don Simpson mir von Beda Venerabilis (Beda, dem Ehrwürdigen), einem Mönch und Gelehrten des 8. Jahrhunderts aus Sunderland. Beda war nicht nur ein hoch angesehener Theologe und Historiker, sondern auch einer der ersten Astronomen seiner Zeit. In den kleinen Klöstern Wearmouth und Jarrow schrieb er, dass die Welt eine Kugel sei und der Mond die Gezeiten auslöse. Er war der erste Gelehrte, der diese Theorien schriftlich festhielt, Hunderte Jahre vor der Entdeckung der Schwerkraft. Don erwähnte auch Thomas Backhouse, einen Astronomen und Meteorologen, der ebenfalls aus Sunderland stammte und 1901 den ersten neuen Stern im 20. Jahr-

---

* Seit Aufkommen der Digitalkameras Mitte der Neunzigerjahre des vorigen Jahrhunderts erlebt die Astrofotografie einen Boom. Heute lassen sich mit digitalen Spiegelreflexkameras extrem professionelle Bilder machen.

hundert entdeckte. Dabei handelte es sich um ein großes Ereignis für die örtliche Gemeinschaft; Backhouse diskutierte seine Schlussfolgerungen ausführlich mit anderen örtlichen Astronomen und machte Entdeckungen, welche die Welt der Wissenschaft erschüttern sollten.

An dieser großen Tradition wollte ich ebenfalls teilhaben. Ich hing buchstäblich an der Angel. Kurz nach dem Ausflug schloss ich mich der Sunderland Astronomical Society an und begann regelmäßig zu den Sonntagstreffen im Quaker-Haus an der Strandpromenade zu gehen. Die Treffen in dem zugigen Zimmer markierten den Höhepunkt meiner Woche. Ich plauderte mit anderen, lernte neue Leute kennen oder plante den nächsten nächtlichen Ausflug. Für ein paar Stunden konnte ich meine Arbeit auf dem Bau vollkommen vergessen. Die Mitglieder unterschieden sich von Alter und Bildung her ganz erheblich voneinander, doch die Gruppe war gut organisiert, mit Leidenschaft dabei und offen für Neuzugänge. In den ersten Jahren versuchte ich bei so vielen Ausflügen dabei zu sein, wie sich nur irgend bewerkstelligen ließ, und bald mischte ich auch bei der Organisation von Spendenkampagnen und Star Camps mit. Drei SAS-Mitglieder wurden mir bald zu sehr engen Freunden: Don Smith, Jack Newton und Jürgen Schmoll. Unsere Freundschaft begann während eines Ausflugs in einen dunklen Wald, den die Astronomen noch nicht für sich entdeckt hatten. Daraus sollte sich der nächste Schritt auf meiner Reise in die Astronomie ergeben.

*

»Newton, du Sauhund!«

Ich hörte einen schmerzhaften Aufprall und wusste sofort, irgendjemand in der Nähe war gestolpert und hingefallen. Ich schwankte kurz, ob ich lachen oder dem Gestürzten aufhelfen sollte. Ich war so müde, dass ich kaum mehr klar denken konnte. Im Dunkeln erkannte ich eine hagere Person, die sich mit fliegenden Armen den Staub abklopfte. Ich hörte unterdrückte Flüche in einer fremden Sprache. Das konnte nur einer sein: Jürgen Schmoll, der mit Pferdeschwanz und Brille aussah wie ein deutscher Robin Williams – und tatsächlich der Komiker unseres Star Camps war.

Jürgen war nach einer langen Sterngucker-Nacht auf dem Weg zu seinem Zelt in eine Mulde gestiegen und hingefallen. Jetzt fluchte er über Newton und seine blöde Schwerkraft. Ich half ihm auf und führte ihn vorsichtig zu seinem Zelt.

»Gary, magst du eine blubbernde Hefe?«, fragte Jürgen. Sein Atem bildete eine Wolke.

»Eine was?«

Er zog ein eiskaltes Bier aus dem Sixpack, das vor seinem Zelt stand, und warf es mir zu. Ich liebte diesen Kerl. Wir tranken noch ein paar blubbernde Hefen, bevor er sich schlafen legte.

Ich musste noch ein wenig länger wach bleiben, weil ich als Mitveranstalter Dienst hatte. Absolute Stille lag über dem Camp, abgesehen vom Rufen einer Eule. Weißer Reif überzog das Gras und knirschte bei jedem Schritt. Ich blickte wieder hinauf, wie ich es in dieser Nacht schon tausendmal getan hatte, und war wieder hingerissen. Der

Himmel war viel dunkler und klarer als am Derwent-Stausee. So etwas hatte ich noch nie erlebt. Ich hatte das Gefühl, ich könnte hinaufgreifen und den Himmel berühren. Die Sternbilder ließen sich nur schwer ausmachen, so viele Sterne blinkten dort oben. Sie verschwanden in einem Schwarm gleißender Punkte. Ich wusste kaum, wo ich hinblicken sollte, so viel gab es zu sehen. Schließlich ging die Sonne im Osten auf, der Himmel verblasste, und ich durfte ins Bett. Der Weg zu meinem Zelt führte mich an Jürgens Platz vorbei. Dort bemerkte ich, dass etwas aus seinem Zelt herausstand. Verblüfft hielt ich inne. Ich konnte es nicht glauben. Draußen waren es sicher fünf Grad unter null, und hier ragten seine bestrumpften Füße aus dem Zelt.

»Jürgen, bei dir alles okay?«, flüsterte ich.

»Ja, Gary, alles klar«, murmelte Jürgen.

»Kumpel, deine Füße liegen im Freien.«

»Kein Wunder. Mein Teleskop macht sich so breit.«

Jetzt hörte ich, wie er zitterte. Sein Zelt war winzig, vielleicht drei mal anderthalb Meter, und so vollgestopft mit Ausrüstung, dass er selbst kaum noch Platz zum Schlafen fand.

»Willst du in meinem Zelt schlafen, bevor du dir hier den Tod holst? Bei mir passen sechs Leute rein.« Er nahm das Angebot dankend an, und wir blieben noch ein paar Stunden wach und plauderten. Mir dämmerte, dass es hier nicht mehr nur um Astronomie und Physik ging, sondern um Freundschaft.

*

Zu meiner großen Erleichterung wurde das erste Star Camp in Kielder ein großer Erfolg. Zu dem zweitägigen Treffen Ende September waren etwa einhundert Leute gekommen. Auf dem Zeltplatz wuselte es nur so, von außen muss er gewirkt haben wie eine Raumstation auf einem fernen Planeten: Zelte, in denen rote Lampen leuchteten, gedämpfte Stimmen aus dunklen Ecken, im Hintergrund das Summen von Teleskopmotoren.

Don Smith hatte mich zu diesem Camp inspiriert. Einige Jahre zuvor, kurz nachdem ich der SAS beigetreten war, hatte er einen Ausflug zu einer Blockhütte organisiert, wo die Nacht noch dunkler war als am Derwent-Stausee. Kielder Forest war eine große Brachfläche gewesen, auf der während der industriellen Revolution Bäume gepflanzt wurden, deren Holz später die Stahlwerke von Teesside befeuern sollte. Hier befindet sich der größte vom Menschen angelegte Wald Europas. Er besteht hauptsächlich aus Sitka-Fichten und einem Stausee. Die anderthalbstündige Fahrt von Sunderland versetzte einen in echte Wildnis, in einen Teil Englands, der wie Skandinavien wirkte. Aufgrund der abgeschiedenen Lage gab es in Kielder so gut wie keine Lichtverschmutzung, und der Wald lag so weit nördlich, dass man gute Chancen hatte, Nordlichter zu beobachten.

Wir wussten, dass die Zahl der Hobbyastronomen überall im Land zunahm. Dann erfuhren wir von einem Astronomie-Treffen auf dem Dower-House-Campingplatz im Thetford Forest, Norwich. Bei diesem »Star Camp« konnten gleich gesinnte Astronomen Zelte aufstellen und ein paar Tage unter besten Bedingungen in den Himmel gucken.

Ich fuhr mit Dickie, Jack und ein paar anderen hin. Wir verbrachten ein tolles Wochenende voller Veranstaltungen und Gespräche, doch eine Sache beschäftigte mich dort unablässig. Auf der Heimreise sprach ich sie gegenüber Dickie und Jack an.

»Der Himmel über Kielder ist dunkler als dort. Viel dunkler. Dort konnten wir die Milchstraße anschauen, was toll ist, aber über Kielder sieht man sie so viel klarer.« Die Jungs ahnten schon, worauf ich hinauswollte. »Sollen wir mal was Ähnliches in Kielder veranstalten?«

»Nö, das würde nicht klappen«, meinte Dickie.

»Ich hab so meine Zweifel, Gaz«, sagte Jack. »Kielder liegt zu weit nördlich, niemand möchte so weit fahren.«

»Ich weiß nicht. Ich glaube, die anderen sind genau solche eingefleischten Fans wie wir. Wäre es nicht einen Versuch wert?« Mein Verstand raste, und schnell nahm der Plan von einem Star Camp in Kielder Forest Gestalt an. Damals ahnte ich natürlich nicht, dass man das Camp nur fünf Jahre später zu einem der zehn besten Star Camps der Welt wählen würde, in einer Liga mit der Texas Star Party, die mit ihrem »kohlschwarzen« Nachthimmel wirbt.

Schon bei der Rückkehr war ich fest davon überzeugt, dass das Ganze klappen könnte. Wenn ich eines konnte, dann war es richtig anpacken. Das war mir beim jahrelangen Malochen auf Baustellen in Fleisch und Blut übergegangen. Nichts im Leben hatte mich je so begeistert wie dieses Projekt. Ich erzählte überall davon, und bald sprach sich herum, dass ein Maurer und Sterngucker in Kielder etwas plante.

Etwa um diese Zeit lernte ich Pippa Kirkham kennen, eine Aufseherin im Kielder Water and Forest Park. Pippa hatte von meinen Plänen gehört, und wir vereinbarten ein Treffen. Ich mochte Pippa auf Anhieb. Sie war sympathisch und freundlich und erzählte mir von den Gespensternächten, die sie auf Kielder Castle organisierte, einem gruseligen Kasten mitten im Wald, der direkt über einer 5000 Jahre alten Grabstätte errichtet worden war. Das Jagdschloss aus dem 18. Jahrhundert war vollständig renoviert worden und wurde sporadisch für solche Themenabende genutzt, doch die Parkverwaltung hätte das Spektrum der Angebote gern ausgeweitet. Pippa setzte sich dafür ein, die Gäste nicht mehr nur mit Geschichten über ein umherspukendes Dienstmädchen zu erschrecken, das nachts auf der Treppe ihr Unwesen trieb, sondern auch auf Hobbyastronomen zu setzen. Ob ich wohl einen Vortrag über Astronomie halten würde? Schlimmer als ein Geisterjäger konnte ich ja nicht sein.

Zuerst stand ich völlig verdattert da. Ausgerechnet ich sollte einen Vortrag halten? Das traute ich mir nicht zu. Ich fühlte mich ja selbst noch als Anfänger, auch wenn ich mein Leben lang Physikbücher gelesen hatte und inzwischen ein ganz passabler Beobachter war. Ich hatte doch nie gelernt, vor Publikum zu reden – das Einzige, was ich konnte, war meinen Kollegen auf der Baustelle Befehle zubrüllen.

Glücklicherweise erklärte sich Richard Darn, Pressesprecher der Forstverwaltung und selbst Hobbyastronom, bereit, mir ein wenig unter die Arme zu greifen. Schließlich kam der Abend, die Wettervorhersage war günstig, und so standen wir nervös vor der Burg, die Teleskope bereit. Was um Himmels willen sollte ich nur sagen? Und wenn die Leute mich nicht mochten? Wenn sie mich für einen Schaumschläger hielten? Pippa führte die Gruppe zu uns. Alles verstummte, als sie mich vorstellte. Sie blickte den Besuchern in die Augen, hielt einen Moment inne und sagte: »Das ist Gary. Er ist Astronom.«

Bei diesen Worten verflogen alle Zweifel. Astronom. Wie das klang! Voller Energie stürzte ich mich in den Vortrag. In jener Nacht zeigte ich meinen Gästen den Polarstern und einige Satelliten, welche die Erde umkreisen. Ich erzählte ihnen von Nordlichtern und von jenem ersten Mal, als ich sie gemeinsam mit meinem Vater beobachtet hatte. Ich redete ganz offen und ungezwungen, und mein Publikum ging mit. Ich fühlte mich herrlich.

Sechs Monate und einige Vorträge am Jagdschloss später fand das erste Kielder Forest Star Camp statt. Der Zeltplatz lag wenige Fußminuten von Kielder Castle und dem Angler's Arms entfernt, einem Pub, in dem man sich stärken konnte. Pippa, Richard und die Forstverwaltung hatten mir bei der Organisation des Treffens geholfen. Über einhundert Besucher waren gekommen, hochkarätige Redner hatten Vorträge gehalten und Fachhändler modernste Ausrüstungsgegenstände vorgestellt. Am Morgen des letzten Tages waren meine Augen aufgrund von Schlafmangel noch ganz verquollen, doch die Aufregung trieb mich schon wieder hinaus. Als Jürgen, Jack und ich zu den Duschen schlenderten, hörten wir Gäste von der letzten Nacht schwärmen: »Die Galaxie leuchtete so hell … So hell habe ich sie in ganz Großbritannien noch nicht gesehen.« Wir lächelten uns zufrieden an. So etwas hört man gerne. Offenbar hatten wir einen Nerv getroffen, und ich dachte schon weiter. Was, wenn wir ein dauerhafteres Camp einrichteten?

Gerade als ich meiner Fantasie freien Lauf ließ, kam Richard herüber, mit einem breiten Lächeln im Gesicht. »Gary, ein Kamerateam von BBC ist da. Sie machen für *Look North* einen Außendreh für die Wettervorhersage und wollen dich interviewen.«

Mein Magen zog sich zusammen, die Welt schien einen Moment stillzustehen. Ich erinnerte mich an ein Einstein-Zitat: »Eine Stunde mit einem hübschen Mädchen vergeht wie eine Minute, aber eine Minute auf einem heißen Ofen scheint eine Stunde zu dauern. Das ist Relativität.« Ich wusste instinktiv, welche Folgen ein Live-Fernsehauftritt für mich haben würde. Es winkten nicht Ruhm und Reichtum, schließlich handelte es sich nur um Lokalfernsehen. Doch danach würde wirklich jeder Bescheid wissen. Meine Fußballkumpels und überhaupt alle Bekannten, denen ich meine Leidenschaft für Astronomie bislang verschwiegen hatte. War ich bereit für die Fragen? War ich bereit, der »Curly Watts«* von Sunderland zu werden? Während des Interviews legte ich mich voll ins Zeug; es war wie eine Befreiung. Es schien, als würde ein letztes Gewicht von meinen Schultern genommen. Ich kam mir zwar immer noch vor wie ein Hochstapler – schließlich hatte ich nie Astronomie studiert –, doch an jenem Abend outete ich mich. Jetzt gab es kein Zurück mehr. Meine Zukunft lag buchstäblich in den Sternen.

---

* Eine Figur der äußerst beliebten Seifenoper *Coronation Street*, ein Hobby-astronom und Versager in Beziehungsdingen.

Der Nachthimmel im Mai/Juni

*Löwe – Jungfrau – Bärenhüter –
Herkules – Venus*

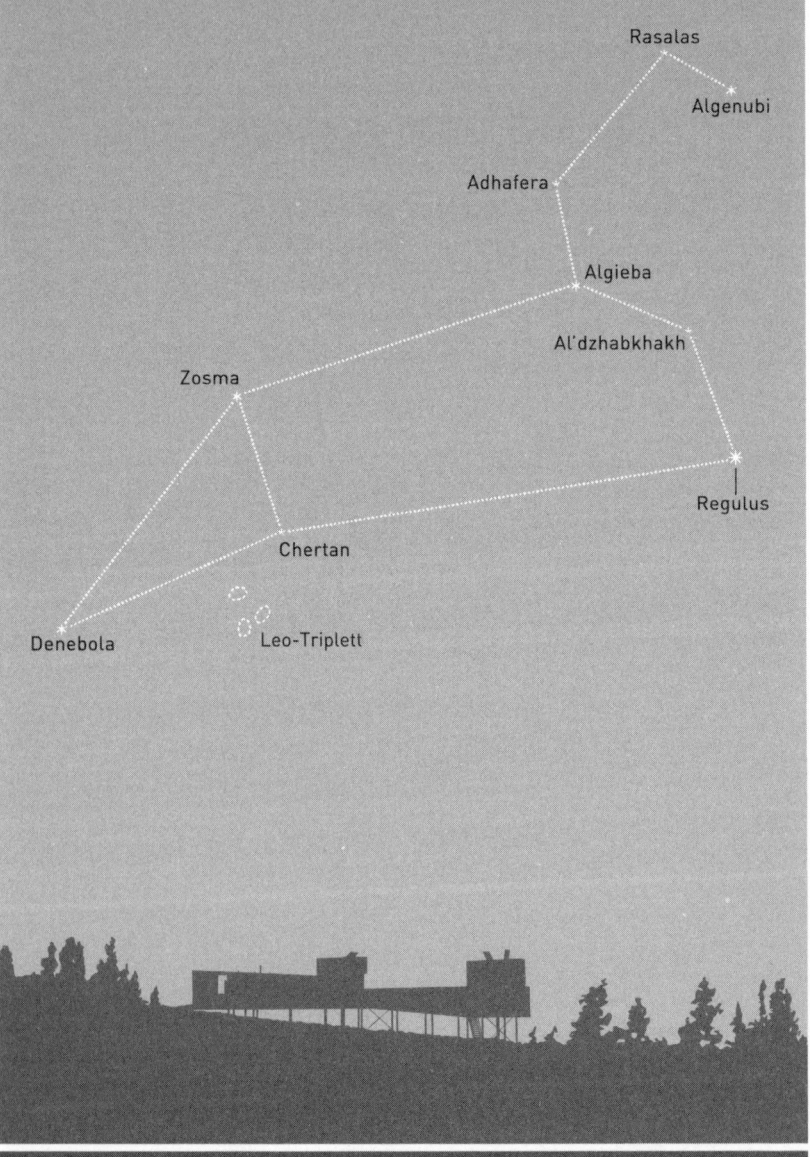

LÖWE (LEO)

Im Sommer (Juni) westlich von Kielder

Rasalas

Algenubi

Adhafera

Algieba

Al'dzhabkhakh

Zosma

Regulus

Chertan

Denebola

Leo-Triplett

Sterne   Mag 0 ✳   Mag 1 ✶   Mag 2 ✷   Mag 3 ⋆   Mag 4 ·   Mag 5 ·   Sternhaufen ⁛   Nebel ☐

Wie durch die anderen elf Tierkreiszeichen verläuft die Ekliptik auch durch Leo. Traditionell gilt er als Frühlings-Sternbild, und Anfang Mai steht er gegen 21 Uhr genau südlich, unter dem Fuß des Großen Bären. Ende Juni geht er Richtung Westen unter.

Viele Sternbilder lassen sich nur mit viel Fantasie als das erkennen, was sie darstellen sollen. Der Löwe gehört allerdings zu den naturgetreuesten Bildern; seine Sterne formen eine ägyptische Sphinx mit ausgestreckten Vorderpfoten. Am auffälligsten sind die Sterne an Kopf und Brust des Löwen: Sie bilden eine Sichel in Form eines spiegelverkehrten Fragezeichens. Den Punkt unter dem Fragezeichen bildet der hellste Stern des Sternbildes, Regulus. Schon mit einem Feldstecher sollten Sie erkennen können, dass es sich um einen Doppelstern handelt. Es heißt, eine Konjunktion von Regulus, dem König der Sterne, und Jupiter, dem König der Planeten, habe den drei Königen aus dem Morgenland als Stern von Bethlehem den Weg zum neugeborenen Heiland gewiesen.

Geht man von Regulus den Bauch des Löwen entlang, stößt man auf Chertan (θ Leo) und weiter hinten am Schwanz auf Denebola (β Leo). Der Schwanz hängt bei Zosma (δ Leo) am Körper, der Rücken verläuft entlang der Linie zwischen Zosma und Algieba (γ Leo).

Von diesen Sternen eingerahmt, findet man eine Schatztruhe ferner Galaxien. Gehen Sie von Denebola im Schwanz des Löwen zu Chertan und biegen Sie dort 90 Grad im Uhrzeigersinn ab. Wenn Sie auf η Leo

(Magnitude 5,3) treffen, biegen Sie erneut rechtwinklig ab und erreichen nach knapp einem Grad das berühmte Leo-Triplett – drei sehr eng beieinanderliegende Galaxien. Von η Leo kommend, stoßen Sie zuerst auf M65, sogleich gefolgt von M66. Die zwei Galaxien sind über ein gemeinsames Schwerefeld mit der dritten Galaxie im Leo-Triplett verbunden, NGC 3628. Sie findet man, indem man auf halber Strecke zwischen den beiden anderen Galaxien ein kurzes Stück zurück Richtung Löwenbauch geht.

Von den drei Galaxien ist M66 mit ihren kräftig leuchtenden Spiralarmen wohl die spektakulärste. Vermutlich hat das gemeinsame Schwerefeld die Sternenbildung innerhalb der Galaxien angeregt – bei M66 aber offenbar deutlich stärker als bei M65, deren schwächere Arme im Vergleich deutlich abfallen. Diese zwei Galaxien sehen wir von oben, NGC 3628 nur von der Seite, weshalb ihre Struktur schwerer auszumachen ist. Da alle drei Galaxien eine Magnitude von etwa zehn haben, braucht man schon ein besseres Teleskop, um sie gut sehen zu können. Ausmachen lassen sie sich aber schon mit dem Fernglas – eine knifflige Reifeprüfung für erfahrene Hobbyastronomen.

Doch unsere Jagd nach Galaxien ist noch nicht vorbei. Geht man von Chertan Richtung Regulus, findet man kurz vor der Streckenmitte den Stern κ Leo (auch bekannt als Al Minliar al Asad, 5,5 mag). Biegen Sie wieder rechtwinklig ab (aus dem Sternbild hinaus) und gehen Sie in gerader Linie nach unten, bis Sie den Stern HIP 52683 erreichen. Setzen Sie die Reise um fast die gleiche Entfernung fort, bis Sie zu M96 gelangen. Diese Galaxie hat ungefähr die gleiche Größe und Masse wie unsere Milchstraße, ist aber sehr asymmetrisch – vermutlich aufgrund der Schwerkrafteinflüsse aus den Nachbargalaxien. Eine dieser Galaxien, M95, liegt nur ein halbes Grad entfernt (oberhalb und leicht rechts). Wegen ihrer geringen scheinbaren Helligkeit (11,4 mag) ist sie aber schwerer auszumachen.

Wenn Sie sich M95 als die rechte Ecke eines auf den Kopf gestellten Dreiecks mit M96 an der Spitze vorstellen, sitzt die Galaxie M105 an der dazugehörigen linken Ecke. Bei M105 handelt es sich um eine elliptische Galaxie, die eher einem Rugby-Ei ähnelt als einer Scheibe. Man geht davon aus, dass elliptische Galaxien, wenn überhaupt, erheblich langsamer rotieren als ihre Spiral-Cousins. Auf jeden Fall ist es schwer zu überprüfen.

JUNGFRAU (VIRGO)

Im Spätfrühjahr (Mai) südlich von Kielder

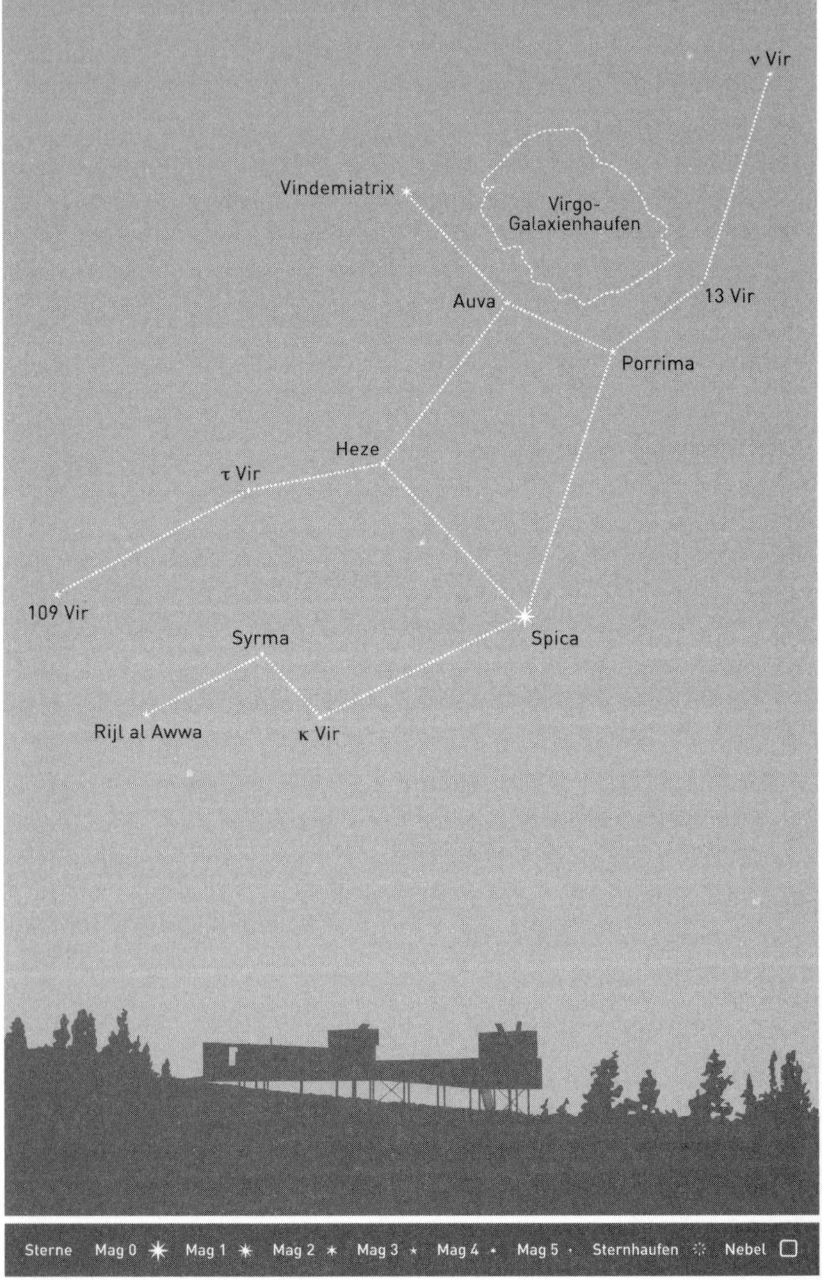

ν Vir

Vindemiatrix

Virgo-
Galaxienhaufen

Auva

13 Vir

Porrima

Heze

τ Vir

109 Vir

Spica

Syrma

Rijl al Awwa

κ Vir

Sterne Mag 0 ✳ Mag 1 ✳ Mag 2 ✳ Mag 3 ⋆ Mag 4 · Mag 5 · Sternhaufen ⁖ Nebel ☐

Das Sternbild Virgo wird als Jungfrau mit einem Bündel Weizen in der Hand dargestellt. Das Bündel wird von Spica symbolisiert, seinem hellsten Stern und dem besten Orientierungspunkt für die Navigation in diesem raumgreifenden Sternbild (es handelt sich um das zweitgrößte am Nachthimmel hinter der deutlich schwächeren Hydra). Spica finden Sie, indem Sie von Zosma im Löwen Richtung Denebola und darüber hinaus wandern. Oder Sie orientieren sich, wie die meisten Astronomen, am Großen Wagen im Großen Bären und an Arktur im Bärenhüter (mehr dazu im folgenden Sternbild).

Oberhalb von Spica liegt Heze (ζ Vir) im Bein der Jungfrau. Biegt man dort im rechten Winkel ab, gelangt man zu Auva (δ Vir) in der Mitte ihrer Brust. Rechts und links davon liegen die Arm-Sterne mit den hübschen Namen Vindemiatrix (ε Vir) und Porrima (γ Vir). Der zweithellste Stern der Jungfrau, Zavijah (was für ein fantastischer Name!), befindet sich unmittelbar rechts vom Kopf der Jungfrau, etwa auf halber Strecke zwischen Spica und Regulus.

Im Sternbild liegt der gewaltige Virgo-Galaxienhaufen. So wie Planeten sich in Sonnensystemen sammeln und Sterne in Galaxien, ballen sich auch Galaxien zusammen, von der Schwerkraft zueinander hingezogen. Unsere heimische Milchstraße gehört zu einer Gruppe von Galaxien, die man Lokale Gruppe nennt. Und Galaxienhaufen wiederum ballen sich zu Superhaufen zusammen. Aus solchen Superhaufen besteht das Universum. Sowohl die Lokale Gruppe als auch der Virgo-Galaxienhaufen gehören zum gewaltigen Virgo-Superhaufen. Nur zum Vergleich: Unsere Lokale Gruppe enthält etwa 60 Galaxien, der Virgo-Galaxienhaufen mindestens 1300. Die hellsten von ihnen kann man im Sternbild Virgo sehen.

Die elliptische Riesengalaxie M87 ist mit der doppelten Masse unserer Milchstraße ein besonders großes Trumm. Zu ihr gehören über 12 000 Kugelsternhaufen (unsere Galaxie kommt auf mickrige 150). Man glaubt, dass alle Galaxien ein Schwarzes Loch in ihrer Mitte haben und dass das Schwarze Loch unserer Galaxie vier Millionen Mal schwerer ist als die Sonne. Doch M87 schlägt das locker: Ihr Schwarzes Loch hat gewaltige sieben Milliarden Sonnenmassen. Astronomen haben einen riesigen kosmischen Jet (Gasstrom) beobachtet, der aus dem Zentrum von M87 ausgestoßen wird und vermutlich mit dem Schwarzen Loch zu tun hat.

Sie finden M87 im nördlichen Teil der Jungfrau, auf etwa einem Drittel der Strecke von Vindemiatrix zu Denebola im Löwen, direkt oberhalb des Sterns HIP 61135. In diesem Bereich liegt eine Vielzahl weiterer Galaxien. Sie haben die Wahl zwischen M49, M58, M59, M60, M61, M84, M86, M89 und M90 – spiralförmige, elliptische und linsenförmige Galaxien. Mit einem Feldstecher sind sie nur schwer zu erhaschen, aber schon in einem mittelgroßen Teleskop atemberaubend.

Die unter Hobbyastronomen berühmteste Galaxie der Jungfrau, M104, gehört allerdings nicht zu diesem Galaxienhaufen. Die Sombrerogalaxie sieht tatsächlich aus wie ein mexikanischer Hut; es handelt sich um eine Spiralgalaxie, die wir genau von der Seite betrachten. Biegen

Sie auf halber Strecke zwischen Porrima und Spica rechtwinklig Richtung Algorab (δ Cor) im Sternbild Rabe ab.
Bevor Sie Algorab erreichen, treffen Sie auf den Stern
HIP 61656, den obersten von drei in einer Linie stehenden Sternen. Springen Sie die Sterne hinunter und gehen
Sie in der gleichen Richtung weiter, bis der Sombrero auf-
taucht. Das Schwarze Loch in der Mitte dieser Galaxie wiegt
eine Milliarde Mal so viel wie unsere Sonne und ist damit
eines der größten Schwarzen Löcher im lokalen Universum.

BÄRENHÜTER (BOOTES)

Im Frühsommer (Juni) südlich von Kielder

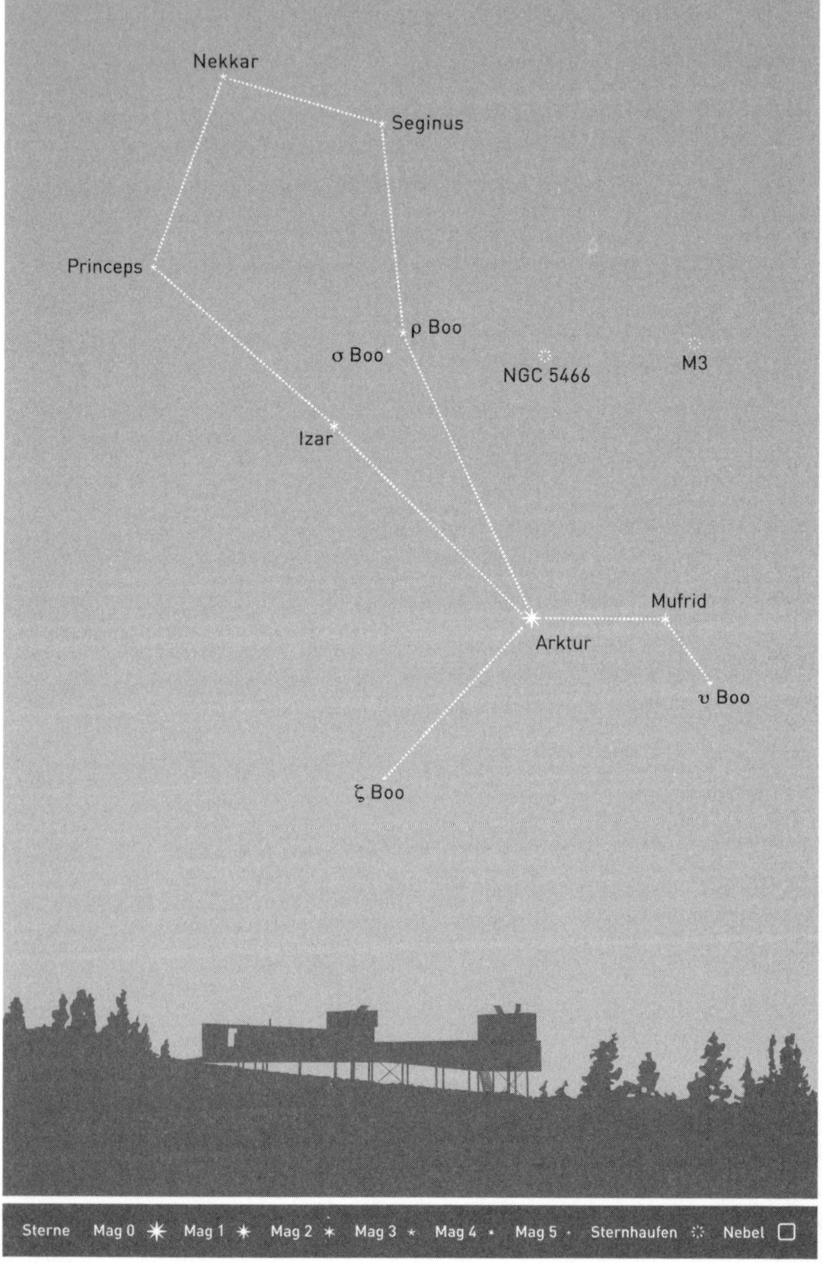

Nekkar

Seginus

Princeps

ρ Boo

σ Boo

NGC 5466

M3

Izar

Mufrid

Arktur

υ Boo

ζ Boo

Sterne   Mag 0 ✸   Mag 1 ✴   Mag 2 ✶   Mag 3 ✦   Mag 4 ·   Mag 5 ·   Sternhaufen ⁘   Nebel ☐

Das Sternbild Bärenhüter heißt deswegen so, weil es dem Großen Bären über den Himmel zu folgen scheint. Einige sagen, es handele sich um Arkas, dessen Mutter in das Sternbild des Großen Bären verwandelt wurde. Vielleicht passt er als guter Sohn einfach auf seine Mutter auf.

Der unverwechselbare rote Stern Arktur ist das Juwel dieses Sternbilds. Mit einer scheinbaren Helligkeit von –0,05 mag ist er der zweithellste Stern am Himmel über der Nordhalbkugel (und der vierthellste überhaupt). Er scheint aus zwei Gründen so hell: Erstens ist er tatsächlich leuchtstark, und zweitens liegt er relativ erdnah. Üblicherweise findet man ihn, indem man dem Bogen der Deichsel des Großen Wagens (im Großen Bären) folgt, bis man auf Arktur trifft. Bewegt man sich im gleichen Bogen weiter, gelangt man bald zu Spica im Sternbild Jungfrau. Arktur liegt am Schwanzende eines unverkennbaren Winddrachens, der den Körper des Hüters darstellt. Geht man nach links oben, gelangt man zu Izar (ε Boo) und Princeps (δ Boo), bevor man bei Nekkar (β Boo) die Spitze des Drachens erreicht. Wandert man auf der anderen Seite wieder herunter, gelangt man über Seginus (γ Boo) zu Hemelein Prima (ρ Boo). Der Stern Mufrid (η Boo) liegt rechts unter Arktur und bildet das Bein des Bärenhüters.

In Bootes finden sich etliche Doppelsterne. Izar ist ein besonders schönes Beispiel, allerdings liegen die Sterne des Systems ziemlich nahe beieinander, weshalb man sie erst mit einer Apertur von mindestens drei Zoll visuell trennen kann. Als Belohnung sehen Sie dann ein Duo mit sehr hübsch kontrastierenden Farben. Weitere Doppelsternsysteme, nach denen Sie in dieser Region Ausschau halten können, sind π Boo und ξ Boo.

Neben Doppelsternen hat Bootes aber nicht viel zu bieten; es gibt kaum Deep-Sky-Objekte, die man mit einer Amateurausrüstung betrachten könnte. Das kommt daher, dass das Sternbild weit entfernt liegt vom dichten Band der Milchstraße. Es gibt einen Kugelsternhaufen zu jagen, doch wer kugelförmige Ansammlungen sehr vieler Sterne betrachten möchte, der sollte besser in Herkules suchen, unserem nächsten Sternbild.

Der Kugelsternhaufen im Bärenhüter, NGC 5466, leuchtet eher schwach (9,1 mag), weil er relativ weit entfernt ist – mehr als 50 000 Lichtjahre – und die Sterne nicht so dicht gepackt sind wie in anderen Kugelsternhaufen. Mit einem Feldstecher geraten Sie hier absolut an die Grenze. In einem größeren Teleskop findet man das Objekt, indem man von Hemelein Prima (ρ Boo) in gerader Linie zu HIP 68103 (5,0 mag) geht.

Ein paar Galaxien gibt es auch, aber längst nichts so Spektakuläres wie in Leo oder Virgo. Mit einer scheinbaren Helligkeit von 11 mag ist NGC 5248 die hellere der beiden; man findet sie, wenn man eine Linie von Izar über Arktur hinaus Richtung Virgo zieht. Die schwächere NGC 5676 über Bootes in Richtung der Deichsel des Großen Wagens könnte aber interessanter sein. Zum einen scheint sie kein klares Band von hellen Sternen (einen »Balken«) zu haben, wie es unsere eigene Milchstraße aufweist. Zum anderen wirken ihre Spiralarme ungeordnet und fragmentiert. Astronomen nennen solche chaotischen Galaxien »flokkulent«.

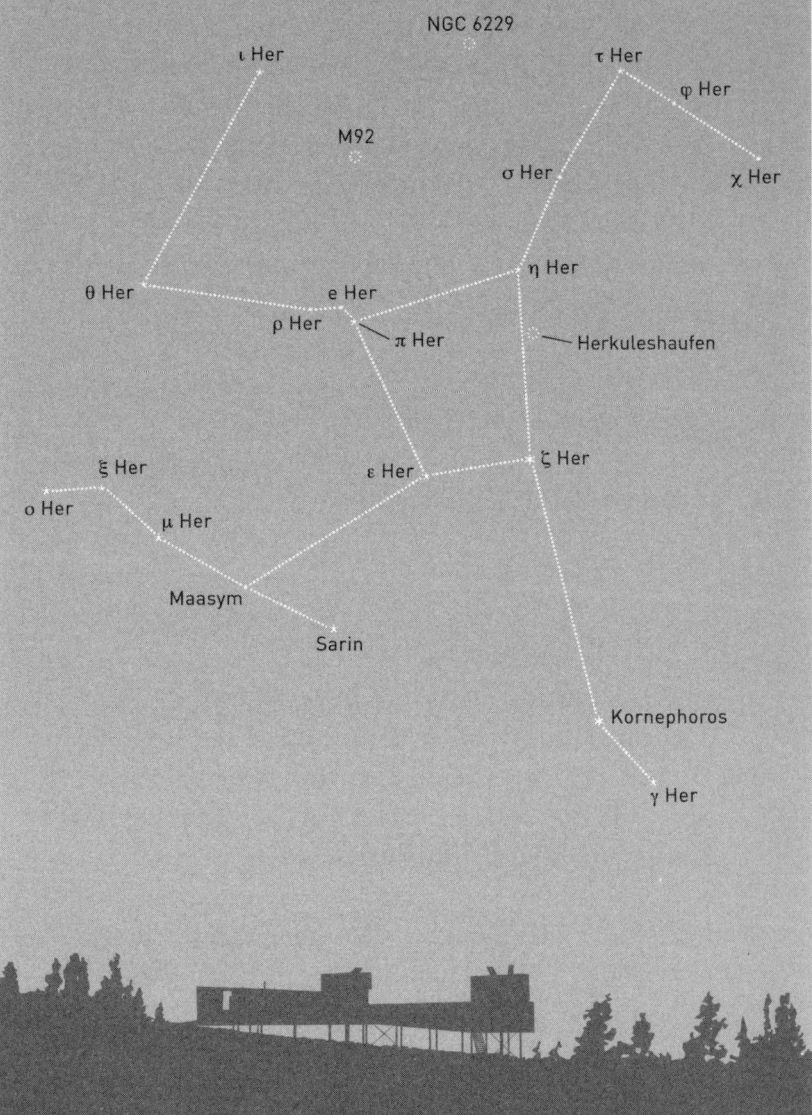

HERKULES

Im Sommer (Juni) südöstlich von Kielder

ι Her

NGC 6229

τ Her

φ Her

M92

σ Her

χ Her

θ Her

e Her

η Her

ρ Her

π Her

Herkuleshaufen

ξ Her

ε Her

ζ Her

o Her

μ Her

Maasym

Sarin

Kornephoros

γ Her

Sterne   Mag 0 ✸   Mag 1 ✶   Mag 2 ✦   Mag 3 ⋆   Mag 4 ·   Mag 5 ·   Sternhaufen ⁙   Nebel ☐

Wieder einmal begegnen wir einem unehelichen Sohn des Zeus. Anfang Mai geht Herkules, der Kraftprotz der griechischen Mythologie, bei Sonnenuntergang im Osten auf. Ende Juni liegt er um Mitternacht fast genau südlich, direkt links neben Bootes. Erstaunlicherweise hat der berühmte Halbgott keine besonders hellen Sterne (der ersten oder zweiten Größenklasse) abbekommen, die gesamte Himmelsregion wirkt auf den ersten Blick eher unscheinbar. Am auffälligsten ist noch der Asterismus Keystone, der den Körper des Helden darstellt. Die vier Sterne bilden ein etwas eingedrücktes Quadrat, das am ehesten an einen Reagenzglasstopfen erinnert. Unten rechts im Quadrat liegt der ansonsten namenlose ζ Her. Gehen Sie die Unterseite des Quadrats entlang bis Cujam (ε Her), dann an der linken Seite nach oben bis π Her und anschließend rechts zu η Her.

Von den vier Ecken des Keystone-Asterismus gehen die Arme und Beine ab (beachten Sie, dass Herkules von der nördlichen Hemisphäre aus betrachtet auf dem Kopf steht; die Beine liegen oben, die Arme unten). Die beiden hellsten Sterne des Sternbilds befinden sich in dem Arm, der von ζ Her abgeht. Am Ende dieses Arms liegt Kornephoros (β Her). Rasalgethi (α Her) befindet sich direkt unter seinem Kopf, nahe dem hellen Stern Rasalhague (α Oph) im benachbarten Schlangenträger (Ophiuchus). In Widerspruch zu den Bayer-Bezeichnungen ist Kornephoros heller als Rasalgethi – das kommt gelegentlich vor. Schon durch ein kleines Teleskop sieht man gleich, dass es sich bei Letzterem um ein Doppelsternsystem mit einer roten und einer blauen Komponente handelt.

Ebenfalls in Herkules liegt M13, der hellste Kugelsternhaufen am Nordhimmel. Er befindet sich etwa auf zwei Dritteln der Strecke von ζ Her zu η Her, rechts vom Körper des Herkules. Mit einer scheinbaren Helligkeit von 5,8 mag ist er unter idealen Bedingungen gerade noch freiäugig zu sehen. Mit einem Feldstecher sollten Sie ihn problemlos finden können, mit einem kleinen Teleskop lassen sich schon einige der 300 000 Sterne einzeln auflösen. Im Jahr 1974 schickten Astronomen die sogenannte Arecibo-Nachricht Richtung M13. Darin erzählen wir eventuell dort lebenden Außerirdischen davon, wer wir sind und wo wir in der Milchstraße leben. Allerdings liegt der Kugelsternhaufen 25 000 Lichtjahre von der Erde entfernt, das Signal ist also längst noch nicht angekommen.

Ein weniger bekannter Kugelsternhaufen, M92, befindet sich zwischen den Sternen HIP 83947 und HIP 84850, knapp oberhalb von Keystone. Er scheint mit 6,3 mag etwas dunkler als seine Nachbarn, liegt aber auch etwas weiter von der Erde entfernt. Er setzt sich aus einigen der ältesten bekannten Sterne zusammen, die fast so alt sind wie das Universum. Der Kugelsternhaufen liegt in dem Kreis, den die Rotationsachse der Erde im Lauf der Präzession am Nordhimmel beschreibt. Vor etwa 10 000 Jahren befand sich M92 dort, wo jetzt Polaris steht. Damals hatten die Menschen einen Nordhaufen statt eines Nordsterns. M92 wäre eindeutig der schönste Kugelsternhaufen an unserem Himmel – wenn es denn seinen Nachbarn M13 nicht gäbe.

Venus

Die Venus kann man nicht übersehen. Sie strahlt mit einer scheinbaren Helligkeit von bis zu −5,0 mag und ist damit nach Sonne und Mond das dritthellste natürliche Objekt am Himmel. Das liegt erstens daran, dass die Venus der erdnächste Planet ist, und zweitens an ihrer dichten, stark reflektierenden Atmosphäre. Venus-Wolken bestehen fast ausschließlich aus Kohlendioxid und werfen etwa 75 Prozent des einfallenden Lichts zurück. Zum Vergleich: Die Erde strahlt nur 30 Prozent des eintreffenden Sonnenlichts wieder in den Weltraum ab.

Als zweitinnerster Planet unseres Sonnensystems entfernt sich die Venus, von der Erde aus gesehen, nie weit von der Sonne. Das bedeutet, dass wir sie immer nur ein paar Stunden um Sonnenauf- und -untergang sehen können. Deswegen nennt man sie auch Morgen- oder Abendstern. Ihre maximale Elongation (scheinbarer Abstand von der Sonne) beträgt 47 Grad, immerhin schon deutlich mehr als bei Merkur, der nie weiter als 28 Grad von der Sonne weicht. Je nachdem, ob die Venus östlich oder westlich der Sonne liegt, erscheint sie am Abend- bzw. am Morgenhimmel.

Beobachtet man die Venus über mehrere Wochen hinweg, stellt man fest, dass sie Phasen durchläuft wie der Mond. Das liegt daran, dass sie die Sonne enger umkreist als die Erde und deshalb unterschiedlich viel Sonnenlicht auf uns reflektiert. Als der italienische Astronom Galileo Galilei diesen Umstand bemerkte, war das der erste Sargnagel für die Vorstellung, die Erde sei das Zentrum des Sonnensystems. Nur mit der Sonne im Mittelpunkt und den um sie kreisenden Planeten lässt sich erklären, warum die Venus aus unserer Sicht Phasen durchläuft.

Am besten kann man die Venusphasen beobachten, wenn sie sich zwischen maximaler östlicher Elongation und unterer Konjunktion bewegt (sich also zwischen Erde und Sonne befindet). Anfangs ist sie etwa zur Hälfte beleuchtet, schrumpft aber im Verlauf von etwa zehn Wochen zu einer schmalen Sichel, bis sie ganz aus dem Blick verschwindet, weil sie nahe an der Sonne vorbeigeht. Anschließend erscheint sie erneut am Morgenhimmel und wächst wieder, während sie sich in Richtung maximaler westlicher Elongation bewegt.

Die nachfolgende Tabelle zeigt, wann die Venus in den nächsten Jahren diese Punkte in ihrer Umlaufbahn erreicht:

Größte östliche Elongation	Untere Konjunktion	Größte westliche Elongation
12. Januar 2017	25. März 2017	3. Juni 2017
17. August 2018	26. Oktober 2018	6. Januar 2019
24. März 2020	3. Juni 2020	13. August 2020

Weil die Umlaufbahnen von Erde und Venus unterschiedlich geneigt sind, scheint die Venus bei den meisten unteren Konjunktionen über oder unter der Sonnenscheibe hindurchzulaufen. Doch gelegentlich zieht die Venus direkt zwischen uns und der Sonne durch. Dieses unglaublich seltene Ereignis heißt Venusdurchgang. Den letzten gab es 2012, der nächste findet erst 2117 statt.

4

Mutterschiff

»Hatschi!« Mein Niesen hallt durch die Stille des halb fertigen Vortragsraums und wirbelt Sägespäne auf. Es ist ein Freitagabend Ende April 2008, und der Mond geht auf. Ich bin müde von einem Arbeitstag auf dem Bau, aber wie immer glücklich, in Kielder zu sein. Draußen höre ich die Bäume im Wind knarzen, der Geruch nach Bauholz und Maschinen steigt mir angenehm in die Nase – Baustellengeruch.

Ich bin alleine, die Sägespäne dämpfen jeden meiner Schritte. Ein Jahr zuvor haben wir für unsere Sternwarte den tollen Entwurf des Londoner Architekten Charles Barclay ausgewählt. Die Inneneinrichtung – Computer, Stühle, Teleskope und der Holzofen – fehlt noch, doch der großzügige Raum, der ausreichend Platz für 40 Gäste bieten wird, ist schon weitgehend fertig. Wie das restliche Observatorium besteht auch dieser Raum vollständig aus Holz und hat keine Fenster, lediglich eine Öffnung im Dach. Den Himmel kann man nur betrachten, indem man durch ein Teleskop ins Universum hinausblickt.

Nur noch ein paar Latten fehlen. Wir haben uns für Sibirische Lärche aus nachhaltiger Waldwirtschaft entschieden, ein langlebiges Holz, fest wie Eiche. Es sollte auch in 20 Jahren noch gut aussehen, die Wände sollten noch fest stehen, wenn ich schon nicht mehr da bin. Obwohl ich so lang auf dem Bau gearbeitet habe, bin ich doch kein Zimmermann, sodass ich diesmal glücklicherweise nicht mitarbeiten musste. Vor zwei Tagen noch habe ich staunend mit angesehen, wie die fünf Zimmerer den Bau Balken um Balken hochzogen. Mit gebeugten Schultern und festem Blick rissen sie in schneidendem Wind und eisigem Regen eine Zehn-Stunden-Schicht runter. Ich war beeindruckt von der Zähigkeit der Handwerker – echte Arbeitstiere! –, aber auch von ihrem Können, das fast schon an Kunstfertigkeit grenzte. Wände, Dach, Boden – alles war wunderbar glatt und fugenfrei. Es wirkte beinahe, als wäre der Bau organisch gewachsen. Genau das hatte uns an dem Entwurf so fasziniert: dass der Holzbau sich einerseits so natürlich in seine Umgebung einfügte, andererseits aber auch wirkte wie ein außerirdisches Raumschiff, das auf einem Hügel ruhte, bereit, in die Nacht hinauszusegeln.

Als ich an diesem Abend auf das kleine Eingangstor am Ende der Zufahrtsstraße zufuhr, fragte ich mich, wie oft ich diesen Weg in den folgenden Jahren nehmen würde. Der modernistische, flache Bau erhob sich vor mir, mit seinen Stelzen wirkte er wie ein Pier an Land. Die Stelzen werden Richtung Süden immer länger, um das Gefälle des Hügels auszugleichen, der den Kielder Water and Forest Park dominiert. Der Bau besteht aus einem Vortragsraum und zwei Türmen für die Teleskope, voneinander getrennt durch die Aussichtsplattform. Die quadratischen Türme sind für ein Observatorium ungewöhnlich; mit ihren strengen geraden Linien verweisen sie auf eine wissenschaftliche Nutzung, verraten aber den wahren Zweck des Observatoriums nicht. Tagsüber ist die Aussichtsplattform für die Öffentlichkeit zugänglich, und wir haben uns gegen weiße oder silberne Kuppeln entschieden, wie die meisten Observatorien sie haben, um das Landschaftsbild nicht zu stören.

Ich gehe auf die Aussichtsplattform und blicke hinaus in die halbdunkle Landschaft. Um mich herum herrscht Stille, abgesehen vom Surren der Windturbine, die Strom für unsere Computer liefern soll (daneben gibt es noch Sonnenkollektoren und einen Generator). Stehen die drei Rotorblätter still, kann man auf ihnen die Zeilen eines eigens für das Observatorium verfassten kreisförmigen Gedichts aus der Feder des Poeten Alec Finlay lesen:

space arcs
light eclipses
time bends

(Das All wölbt sich
Licht wird verdunkelt
Zeit gebeugt)

Die Schrift wird wohl irgendwann einmal verwittern, doch die Bedeutung der Worte wird bleiben. Während ich das Gedicht in meinem Kopf kreisen lasse, blicke ich nach Süden, in Richtung Stausee und Tal. Das Observatorium steht auf dem Black Fell, einer der höchsten Erhebungen im Kielder Park, 330 Meter über dem Meer, und gewährt in alle Richtungen einen freien Blick auf den Horizont. Die erhöhte Lage hat einen weiteren Vorteil: Unten im Tal bildet sich über dem Stausee schnell einmal Nebel, doch hier herauf steigt kaum Feuchtigkeit, die sich auf den Linsen unserer Teleskope niederschlagen könnte. Wegen der Höhenlage fallen auch die störenden Effekte unserer Atmosphäre geringer aus; das Sternenlicht schwankt weniger und ist leichter zu sehen. Kurz: Der Blick von hier oben ist einfach wunderschön.

Umgeben ist das Observatorium von mehr als 600 Quadratkilometern ungezähmter Wildnis. Hier gibt es keinen Strom und kaum Menschen, auf den sanft geschwungenen Hügeln wachsen elegante Sitka-Fichten und wildes Gestrüpp. Die nächsten Nachbarn in dieser Gegend sind vermutlich die unzähligen hin und her huschenden braunen Eichhörnchen. Auch herumziehende Herden von Wild und Ziegen sind zu dieser stillen Party gekommen, über ihnen ziehen Bussarde ihre Kreise, gelegentlich auch ein Habicht.

Noch immer auf der Aussichtsplattform stehend, wende ich meinen Blick dem stillen Blau des Kielder-Stausees zu. Wer nicht aus der Gegend stammt, würde nicht ahnen, dass unter dem Wasser ein Dorf liegt: Mitte der 1970er mussten 40 Familien ihre Habseligkeiten packen und ihre Häuser verlassen, damit das Tal geflutet werden konnte. 1982 durchschnitt die Königin das Band zur feierlichen Eröffnung des Kielder-Stausees mit den Worten, es handele sich um den größten künstlichen See in Großbritannien.

Leider erwies sich das Projekt, das eigentlich die brummenden Fabriken und wachsenden Städte des Nordens mit Strom versorgen sollte, als kompletter Fehlschlag. Anfang der 1980er dümpelte die Wirtschaft nur noch dahin, die Zechen schlossen, die Schwerindustrie ging kaputt. Der Stausee blieb gefüllt, aber weitgehend ungenutzt, obwohl er angeblich genug Wasser enthielt, um jede Toilette auf dieser Welt einmal zu spülen. Das würde ich gerne mal sehen. Vielleicht rechne ich die Behauptung irgendwann mal nach. Nun gut, der See mag zwar nutzlos sein, doch mir gefällt, wie er der wilden, zerklüfteten Topografie des Tals einen Mittelpunkt verleiht.

Draußen wird es ziemlich frisch, und ich gehe hinein, um die quadratischen Türme zu inspizieren, in denen später die Teleskope montiert werden. Die Teleskope werden jeweils in der Mitte des Raumes sitzen, auf Betonstützen und -sockeln, die möglichst alle Vibrationen schlucken und einen guten, klaren Blick ermöglichen sollen. Um Kielders dunklen Himmel voll nutzen zu können, haben wir entschieden, zwei Teleskope dauerhaft zu installieren. Eines würde ein Meade-Teleskop mit 14 Zoll werden, ein Allrounder, mit dem man nahe Objekte – die Planeten, den Mond und nahe gelegene Sterne – beobachten, aber auch tief in den Weltraum blicken kann. Zur Vereinfachung der Bedienung würde es ein GPS-System bekommen. Das zweite Teleskop würde eine Apertur von 20 Zoll haben und es uns ermöglichen, weiter entfernte Objekte mit höherer Auflösung zu sehen. Dieses große Instrument würde uns nie gekannte Ausblicke eröffnen – und hoffentlich Hobbyastronomen und interessierte Laien aus nah und fern zu uns locken. Wo sonst wurden ein derart schwarzer Himmel und so gute Chancen geboten, Polarlichter zu sehen?

Nun, etwa ein Jahr nach Beginn der ersten Arbeiten am Fundament, nimmt das Observatorium schnell Gestalt an. Ich inspiziere die vier neu installierten Klappen im Turm, die sich von innen öffnen lassen und den Blick auf einen Teil des Himmels freigeben. Beide Montierungen lassen sich um 360 Grad drehen, sodass jeder Punkt des Himmels ansteuerbar ist. Da Kielder nicht am Stromnetz hängt, kam es nicht infrage, die Teleskope mit Stellmotoren zu bewegen. Blieb nur eine Alternative – Muskelschmalz. Der obere Teil der beiden quadratischen Türme sitzt auf einem Metallring mit einer Kurbel und einem Untersetzungsgetriebe. Man dreht an der Kurbel, die Rädchen im Getriebe setzen sich in Bewegung und übertragen die Kraft auf den Ring, wodurch sich der ganze Turm dreht. Der präzise gefertigte Mechanismus bietet nur geringen Widerstand, sodass das Kurbeln sogar Spaß macht. Angesichts der ganzen komplizierten Technik, die im Observatorium zusammenspielen muss, finde ich es irgendwie tröstlich, dass es letztlich einer Handkurbel und eines großen Rades bedarf, damit alles funktioniert.

Ich setze mich auf den Boden und stelle mir vor, wie es sein wird, wenn die Sternwarte einmal eröffnet ist. Ich sehe mich unter einem Teleskop sitzen, auf der Musikanlage läuft Pink Floyd, ich gieße mir einen Single-Malt-Whisky ein und beobachte bis zum Morgengrauen unentdeckte Sternhaufen … bis plötzlich das Geräusch eines Autos meine Träumerei unterbricht.

Steve Mersh ist gekommen, unser Bauleiter. Steve ist eher schmächtig, verfügt aber über einen eisernen Willen und eine bewundernswerte Entschlossenheit. Genau solche Typen erwartet man auf Baustellen anzutreffen. Er und sein Team mussten während des strengen Winters hier wirklich die Zähne zusammenbeißen. Ich kann kaum glauben, dass sie tatsächlich durchgearbeitet haben und wir jetzt kurz vor dem Ziel stehen.

Ich rufe Steve einen Gruß zu und sehe, dass er einen seiner Arbeiter mitgebracht hat, Gavin, einen stämmigen Typen aus der Gegend. Ein paar Monate zuvor kam ich einmal dazu, als er gerade den Verbindungsgang fertigstellte. Er saß mit seiner Handkreissäge vornübergebeugt auf einer Bank, und die Sägespäne flogen nur so.

»Hallo, Gavin. Alles okay?«, brüllte ich ihm zu.

»Ich muss nur in Bewegung bleiben, Gary. Sonst friere ich ein.«

Als ich jenen Abend jetzt noch einmal erwähne, verzieht Gavin das Gesicht. Gottlob sind die eiskalten Nächte fast vorbei.

Ein paar Minuten später stehe ich mit Steve draußen, als mir plötzlich hinter seiner Schulter etwas auffällt. Die Mondsichel ist inzwischen aufgegangen, ihr Licht kämpft sich durch unsere staubige Atmosphäre und taucht alles in Gelb. Der Mond liegt genau im Osten, und ich kann die Krater auf seiner Oberfläche sehen. Drum herum leuchten immer mehr Sterne auf, wie kleine Glühbirnen. Sie breiten sich in alle Richtungen aus und zeichnen Formen an den Himmel. Nachdem sich meine Augen angepasst haben, erkenne ich einen auffallend hellen Stern, der über den

Himmel zu flitzen scheint. Dabei handelt es sich gar nicht um einen Stern, sondern um das coolste Labor, das der Mensch je gebaut hat: die internationale Raumstation ISS.

Gebannt starre ich nach oben und versuche mir auszumalen, was die Besatzung – einige der besten Wissenschaftler und Astronauten der Menschheit – sich beim Blick hinunter auf die Erde wohl denkt. Deswegen bin ich eigentlich hergekommen: Nicht, um auf der Baustelle nach dem Rechten zu sehen, sondern um mal wieder im Kosmos vorbeizuschauen. Dafür haben wir jahrelang so schwer geschuftet, Geld gesammelt und diesen Traum verwirklicht: um staunend nach oben blicken zu können. Ein Gedanke durchzuckt mich: So wird es ab jetzt sein. Ein Schauder läuft mir den Rücken hinunter. Und das ist nur ein Vorgeschmack darauf, wie sternklare Nächte über Kielder tatsächlich sein können. Es ist Ehrfurcht gebietend, im buchstäblichen Sinne. Und wir stehen erst am Anfang. Bin ich bereit dafür?

*

Der Weg, der letztlich zum Bau der Sternwarte in Kielder führte, nahm eigentlich in einem Pub seinen Anfang. Seit dem ersten Star Camp in Kielder war ich entschlossen, dort etwas Dauerhaftes zu bauen. Nach zwei Jahren waren sowohl die Star Camps in Kielder als auch die Vorträge in Kielder Castle zu festen Einrichtungen geworden, und die große Resonanz beim Publikum spornte mich an. Zu jener Zeit baute ich gerade das Cygnus-Observatorium für die SAS. Es dauerte nicht lange, bis sich die Kunde von meinem großen Projekt herumsprach und einige Menschen aufhorchten. Doch angesichts der Abgeschiedenheit des Waldes schienen die Hürden für den Bau einer Sternwarte unüberwindlich.

Anfangs sprach ich mit ein paar Leuten darüber, etwa 1500 Pfund aufzutreiben, einen einfachen Ziegelbau hinzustellen und einfach wieder eine moosige Plastikkuppel draufzusetzen, die wir geschenkt bekommen hatten. Doch dann traf ich eines Tages in einem alten Pub in Millshield – einem Ort ganz in der Nähe des Derwent-Stausees, wo ich meinen ersten dunklen Himmel erlebt hatte – Peter Sharpe, den Kurator für Kunst und Architektur in Kielder. Peter schlug ein viel ehrgeizigeres Projekt vor: Sollte das Observatorium in Kielder nicht auch architektonisch ein Glanzlicht sein?

Die Verwaltung des Kielder Water and Forest Park hatte seit der Jahrtausendwende Kunst und Skulpturen zu wichtigen Elementen des Parks gemacht. Der kristallklare See und die Vielfalt des Waldes hatten einige der besten Künstler der Welt inspiriert. Fast 40 Skulpturen und Kunstwerke wurden in Auftrag gegeben und öffentlich ausgestellt, darunter der futuristische Belvedere-Unterstand, in dessen Edelstahlblechen sich Bäume und Licht der Umgebung spiegeln, die Kielder-Säule, ein gedrechselter Kamin aus rosa Sandstein, der sich in den Himmel reckt wie ein Gaudí'scher Turm, und Silvas Capitalis, auch bekannt als der »riesige Waldkopf«, den man durch dessen erstaunt offen stehenden Mund betreten und durch dessen Stammesaugen man in den Wald hinausblicken kann.

Auch wenn er es anfangs nicht zugab, hätte Peter das Observatorium am liebsten in der Nähe der berühmtesten

»Skulptur« von Kielder errichtet. Skyspace, im Jahr 2000 von dem kalifornischen Künstler James Turrell geschaffen, liegt am Cat Cairn, einer Felsnase mit Blick über das Tal. Es handelt sich um eine runde, zur Hälfte unterirdisch liegende Kammer aus Trockenmauerwerk, die man über einen kurzen Tunnel durch die Flanke des Hügels erreicht. Im Innern sind die Wände geweißelt, man kann sich auf die Bank setzen oder legen, die sich drinnen um die gesamte Wand zieht. Von dort blickt man durch das Opaion (eine elliptische Öffnung im Dach und die einzige Lichtquelle des Raumes) in den Himmel, als befände man sich in einem frühen Vorfahren des römischen Pantheons. Tagsüber sieht man durch dieses Guckloch mal blauen Himmel, mal die gleißende Sonne, mal dahinziehende Northumberlander Wolken. Nachts öffnet sich ein Portal zu den Sternen. Die Wahrnehmung wird radikal geschärft, wenn man sich auf einen so kleinen Ausschnitt des Himmels konzentriert: das Gefühl für die Geschwindigkeit, in der die Sterne vorbeiziehen, die Achtsamkeit auf Farbunterschiede und Details. Man fühlt sich unendlich weit entfernt von der Zivilisation, und jedes Jahr kommen Tausende Touristen, um hier einen Augenblick der Besinnung zu erleben.

Peter, ein liebenswürdiger und redegewandter Mann, erklärte mir seine Ideen freundlich und geduldig. Er erkundigte sich bei mir, ob die Ortsansässigen sich für Astronomie interessierten, und ich konnte ihm erzählen, dass das Interesse stetig wachse. Peter wollte unbedingt ein großes Werk schaffen, das etwas verändern würde, und ich spürte, dass seine Leidenschaft für Kunst ebenso groß war wie meine Leidenschaft für die Sterne. Den Großteil des Abends plauderten wir ganz allgemein, doch als wir uns verabschiedeten, fragte Peter, wie viel die Teleskope denn ungefähr kosten würden. Ich antwortete: »Ein paar Tausender.« Darauf sagte er: »Dann sollten wir für den Bau und die Teleskope insgesamt so 150 000 Pfund ansetzen.«

Mir fielen fast die Augen aus dem Kopf. Wie sollten wir diese Summe denn zusammenbekommen? Doch auf dem Heimweg konnte ich meine Begeisterung kaum mehr zügeln. Wie würde es aussehen? Wann könnten wir es bauen? Am nächsten Tag klingelte das Telefon, während ich auf der Arbeit war. Es war Peter, und er hinterließ eine Nachricht:

»Hallo, Gary, ich wollte mich nur kurz für gestern Abend bedanken. Hat mich gefreut, dich endlich persönlich kennenzulernen. Was ich gestern nicht gefragt habe: Hättest du Lust, der Hauptastronom und Projektverantwortliche zu sein?« Ich zögerte keine Sekunde.

Schon wenige Monate nach unserem ersten Treffen hatte sich unsere bierselige Idee zu einem Projekt mit Lenkungsausschuss und konkreten Plänen zur Geldbeschaffung entwickelt. Mit der unverwüstlichen Begeisterung von Anfängern – fast jeder Schritt auf dieser Reise fand auf für uns unbekanntem Terrain statt – planten wir Spendenkampagnen und organisierten weitere Veranstaltungen in Kielder Castle, um unser Projekt bekannter zu machen. Wir umwarben Banken, Unternehmen, Ratsversammlungen und sogar den Europäischen Entwicklungsfonds, während die Forstverwaltung uns bei der Suche nach einem geeigneten Standort half.

Mir schwebte von Anfang an ein behaglicher Ort vor, an dem Jung und Alt, einfache und gebildete Menschen das All erkunden könnten – keine professionelle Sternwarte für Forscher und Akademiker. Ein kleines Team von Astronomen sollte unter meiner Federführung vier bis sechs Veranstaltungen pro Jahr organisieren, auf denen interessierte Laien etwas über Astronomie und Sternbilder erfahren könnten.

Gemeinsam mit Graham Gill von der Forstverwaltung, einem Schotten und leidenschaftlichen Hobbyastronomen, legten wir uns auf Black Fell fest, einen kahlen Buckel in der Wildnis, eine halbe Meile Forststraße von James Turrells Skyspace entfernt. Wir wussten, dass das Observatorium nach Süden ausgerichtet sein musste. Die Rotation der Erde führt dazu, dass Sterne aus unserer Sicht im Osten aufgehen und im Westen untergehen. Auf ihrem Weg über unseren Himmel erreichen sie einen natürlichen Höchststand. Zieht man eine imaginäre Linie vom Nord- zum Südpol, erhält man den sogenannten Meridian. Alle Sterne erreichen ihren höchsten Punkt im südlichen Himmel am Meridian, weshalb das Observatorium nach Süden blickt. Doch von der Ausrichtung einmal abgesehen, hatten wir keine Ahnung, wie die Sternwarte einmal aussehen sollte.

Peter Sharpe hatte die Idee, gemeinsam mit dem Royal Institute of British Architects (RIBA) einen Architektenwettbewerb zu veranstalten, an dem Büros aus aller Welt teilnehmen konnten. Wegen unserer ungewöhnlichen Vorgaben hofften wir auf ein paar fantasievolle Einsendungen: Der Entwurf mitten in Kielder Forest sollte zwei

Türme für Teleskope und eine »warme Stube« haben, groß genug, dass Erwachsene darin sitzen, stehen und arbeiten könnten.

Zu unserer großen Überraschung wurden wir schier zugeschüttet mit Entwürfen: Insgesamt kamen mehr als 260 Einsendungen aus allen Teilen der Welt. Unser Hauptquartier quoll schier über vor Aktenordnern. An einen ganz besonderen Entwurf kann ich mich noch erinnern: Die Teleskope saßen in zwei durchsichtigen Kuppeln, zwischen denen eine gläserne Röhre verlief, dazu gab es eine Plattform auf Stelzen. Das Design erinnerte mich an Roald Dahls Kinderbuchklassiker *Charlie und die Schokoladenfabrik*, wo Augustus Gloop durch eine Röhre gesaugt wird. Die warme Stube hatte offene Kamine und war der höchste Raum im ganzen Gebäude. Vom Erdgeschoss sollte sie über eine Art Lift oder Röhre erreichbar sein, über die man scheinbar nach oben gesaugt wurde. Als ich mir den Entwurf genauer ansah, merkte ich zu meiner Enttäuschung, dass es keine Saugvorrichtung gab – ich hatte schon gehofft, jemand hätte Anti-Schwerkraft-Röhren entworfen. Also lehnten wir diesen Vorschlag ab.

Ein anderer Entwurf stellte ein Baumhaus dar, komplett mit Seilen und Winden – ebenfalls abgelehnt. Ein praktischerer Entwurf sah eine coole Konstruktion aus schwarzem Stahl vor, mit in den Himmel ragenden diagonalen Blechen. Er gefiel mir sehr gut. Es sollte sogar eine Sauna in der guten Stube geben. Wie bitte? Ja, tatsächlich, ich hatte mich nicht getäuscht: Die Skizze zeigte eindeutig eine Person mit nacktem Oberkörper und Handtuch um die Hüfte. Und vor dem Modell des Gebäudes stand eine merkwürdige Plastikfigur mit flacher Mütze. Nun habe ich ja nichts gegen Klischees vom »hohen Norden« Englands, aber einen Alibi-Kohlekumpel vor der Sternwarte fand ich dann doch etwas übertrieben. Trotzdem schaffte es der Entwurf unter die letzten sechs.

Die Architekturbüros, die es in die engere Wahl geschafft hatten – ein holländisches, ein deutsches und vier britische –, durften ihre Entwürfe an einem sehr langen Tag in Newcastle persönlich vorstellen. Alle Konzepte überzeugten uns, doch nach stundenlanger Prüfung kürten wir einen Sieger. Und nein, es war nicht der Entwurf mit dem sinnierenden Kohlekumpel. In meinen Augen überragte ein Entwurf alle anderen; nur ein Architekturbüro hatte es genau getroffen.

*

25. April 2008

»Gary, ist das gut genug?«

Ich lächle Charles schief an. Charles ist während des Projekts wahrscheinlich ebenso gealtert wie ich. Über die letzten zwei Jahre mussten Tausende Details abgestimmt, Hürden überwunden und Telefonate geführt werden. Doch ich habe die klaren Linien und Flächen des Entwurfs von Anfang an geliebt. Unser Budget liegt mittlerweile bei knapp einer halben Million Pfund, viel mehr, als wir uns je erträumt hätten. Jetzt ist der Bau endlich fertig. Seine Schönheit überwältigt uns.

Für die Eröffnungszeremonie muss ich Hemd und Krawatte anziehen und mich in Kielder Castle mit den versammelten Lokalpolitikern treffen, von denen es jede Menge zu geben scheint. Im Saal herrscht ein Gedränge wie in einer Sardinenbüchse, ich kenne jedoch kaum jemanden. Ich plaudere mit Unbekannten, mache Small Talk, fühle mich aber fehl am Platze. Mich zieht es nur zum Observatorium. All die Energie, die dort wartet ... mein persönliches Portal zu den Sternen ... warum in aller Welt quatsche ich hier noch blöde herum? Von denen kennt doch kaum jemand den Unterschied zwischen Asteroiden und Hämorrhoiden. Doch ich denke das nur aus reinem Selbstschutz, denn ich bin nervös. Und ich möchte endlich loslegen mit unserem Astronomieprogramm für die breite Öffentlichkeit.

Nach dem offiziellen Festakt geht es hinüber zur Sternwarte, wo ein ganz anderes Publikum auf mich wartet: Manche Gäste sind schon vor Stunden gekommen, in Fleecejacken und warmen Mänteln, mit Thermosflaschen und Sternkarten, manche mit eigenen Feldstechern oder Teleskopen. Einige haben die letzte halbe Stunde auf der Beobachtungsplattform verbracht, sich über das hölzerne Geländer gebeugt und ins Tal hinuntergeblickt. Viele Familien aus der Region sind da und genießen die grenzenlose Weite der Natur. Manche Enthusiasten sind von weither gekommen und sehen auf ihren Sternkarten nach, was es heute zu sehen geben wird. Ein Pärchen hofft sogar, eine Aurora zu Gesicht zu bekommen, auch wenn die Chancen heute schlecht stehen. Ich halte nach einer Abordnung der SAS Ausschau, doch heute schafft es keiner meiner Freunde hierher. Ein andermal, bald. Auch für meine Kinder ist es zu spät. Ein andermal, bald.

Um 20 Uhr ist es so weit. Ich blicke mich im Vortragssaal um, atme durch und trete ans Rednerpult.

»Guten Abend, meine sehr verehrten Damen und Herren. Ich weiß nicht ganz, was heute Nacht passieren wird, aber willkommen zur Eröffnung des Kielder-Observatoriums.«

Applaus, vereinzeltes Gelächter. Überall lächelnde Gesichter – heute scheint jeder entschlossen, sich zu amüsieren. In dieser ersten Nacht habe ich meinen Freund und Mithobbyastronomen Richard Darn gebeten, mir zur Seite zu stehen. Wir haben schon unzählige Male zusammengearbeitet, und ich weiß, dass er notfalls einspringt, wenn ich stecken bleibe. Wir lächeln uns nervös an, während wir die 40 Gäste begrüßen. Das Sprechen fällt mir schwer. Mein Mund ist trocken, mir steckt ein Kloß im Hals. Ein großer Monitor hinter mir zeigt den Orionnebel. Die Wettervorhersage für heute Abend – geschlossene Wolkendecke – liegt mir schwer im Magen. Ich fürchte sehr, unsere Gäste könnten enttäuscht sein, wenn sie nichts sehen. Doch aus dem Augenwinkel sehe ich Richard, der gerade den Kopf durch den Notausgang nach draußen gereckt hat. Ich höre ihn leise, aber vernehmlich jubeln. Und weiß, dass jetzt alles gut wird. Offenbar reißt die Wolkendecke auf. Unsere Regenabwehrtänze haben gewirkt.

Nach meinem Einführungsvortrag zum Thema »Das große Universum« führe ich die Gruppe zu den schimmernden neuen Teleskopen. Die wenigen Kinder, die ihre Eltern begleitet haben, springen vorneweg. Die Erwachsenen sehen zwar lächelnd zu, doch ich weiß, dass auch sie möglichst schnell an die Instrumente wollen. Ich schalte das rote Licht an, und mit vor Aufregung leuchtenden Augen untersuchen die Kinder ihre Umgebung. Sie versuchen alles zu erfassen. Ein magisches Gefühl. Bald richten sich alle Augen auf das vollautomatische 14-Zoll-Teleskop, das stolz in der Mitte des Raumes auf seiner stählernen Montierung thront. Erstaunlicherweise warten die Kinder auf meine Anweisungen. Ich zeige ihnen, wie man den Strom einschaltet, und mit einem Surren erwacht die Montierung zum Leben. Ein wildes Schnurren und Piepsen zeigt an, dass beide Achsen funktionieren. Kichern erfüllt den Raum. »Klingt wie R2-D2«, ruft einer der Jungs belustigt. Und er hat recht, es klingt tatsächlich wie der putzige Roboter aus George Lucas' *Krieg der Sterne*.

Dann endet das Piepsen: Das Teleskop ist einsatzbereit. Aber die Kinder weisen mich gleich darauf hin, dass das Dach noch geschlossen ist. Bevor wir uns darum kümmern, müssen wir den Computer hochfahren, der in der Ecke auf einem Tisch steht. Die Kinder laufen hin und starten ihn, ich muss sie nicht zweimal bitten. Wir öffnen ein Programm, und der Schirm erwacht zum Leben. Die Umrisse der im Halbdunkel dicht zusammenstehenden Kinder zeichnen sich gegen den hellen Schirm ab. Wir klicken auf »Connect«, und ein paar weitere leise Pieptöne bestätigen, dass die Verbindung steht. Wir sind fast bereit.

Auf meine nächste Frage hebt sich ein Meer von Händen: »Wer mag den Turm drehen?« In einer kalten Nacht wie heute ist das die beste Methode, sich warm zu halten, doch für die Kinder ist das Drehen der Stahlkurbel vor allem ein lustiges Spiel. Sie machen einen Wettbewerb daraus, wer den Turm am schnellsten drehen kann. Ich beteilige mich auch daran – und merke, dass der Mechanismus zu einer ganz eigenen Attraktion werden könnte.

»Und, Kinder, was sollen wir uns ansehen?«, frage ich. Stille.

»Den Mond«, ruft eine Stimme aus dem Dunklen.

»Ja, genau, den Mann im Mond!«, schreit ein anderer.

»Sorry, aber der Mann und sein Mond sind noch nicht aufgestanden … aber den riesigen Planeten Jupiter gäbe es zu sehen.«

»Ja, ja!«

»Also Jupiter.«

Ich weise den Computer an, den größten Planeten in unserem Sonnensystem anzusteuern. Ich erkläre den Kindern, dass Jupiter ein Gasriese ist, 300-mal so schwer wie unsere Erde, obwohl er hauptsächlich aus Wasserstoff und wilden Stürmen besteht. Vom Volumen her würden sogar 1300 Erden in den Jupiter passen. Diese letzte Information überwältigt die Kids – ehrlich gesagt, kann ich selbst diesen Umstand kaum fassen.

»Einen Moment mal«, sage ich.

Die Kinder sehen mich erwartungsvoll an.

»Wo ist der Himmel?« Das Dach über dem Turm ist ja noch geschlossen. »Wir müssen das Dach so schnell wie möglich öffnen. Wer hilft mir?«

Vier graue Metalltore versperren den Blick auf den Himmel. Sie lassen sich mit elektronisch gesteuerten Stahlarmen öffnen. Die Schaltzentrale befindet sich in einem Wandschrank und verfügt über einen Zündschlüssel. Ich bitte ein paar Kinder, zum Schrank zu gehen und den Schlüssel umzudrehen. Langsam beginnen die vier Tore sich zu öffnen. Der Vorgang dauert einige Augenblicke, und die Kinder bestaunen, wie der Himmel sich langsam über ihnen ausbreitet.

»Schaut!«, rufe ich und zeige auf einen tief dunkelvioletten Himmelsabschnitt mit Feenglanzsternen. »Könnt ihr den ganz hellen Stern sehen?«

Die kleinen Köpfe blicken in den Nachthimmel, und ein Kind nach dem anderen bestätigt, ihn gefunden zu haben.

»Nun, das ist gar kein Stern, sondern ein Planet – der Jupiter.«

Die Tore sind jetzt vollständig geöffnet. Es wird ernst. Ich montiere das Okular und überprüfe die Schärfe. Alles ist korrekt eingestellt und bereit. Ich fordere ein etwa neunjähriges Mädchen neben mir auf, als Erste hindurchzublicken. Sie steigt die kurze Leiter zum Teleskop empor und setzt sich auf den heißen Stuhl. Sie braucht ein paar Sekunden, bis sie sich zurechtgefunden hat – was anfangs auch gar nicht so einfach ist, weil man nicht weiß, ob man mit einem Auge hineinschauen soll oder mit beiden, außerdem ist zunächst einmal alles verschwommen (bis sich die Augen angepasst haben). Aber dann erkennt das Mädchen etwas: eine große weiße Lichtkugel mit zwei dunkleren Materiebändern zu beiden Seiten des Äquators. Sie ist begeistert und wirkt so stolz, als hätte sie höchstpersönlich den Planeten gerade erst entdeckt – was in gewisser Weise ja auch stimmt: Sie hat ihn soeben für sich entdeckt.

Der Große Rote Fleck gefällt ihr am besten, das Auge in Jupiters Sturm. Sie fordert ihre Freunde auf, zu ihr zu kommen und ihn selbst zu suchen. Ein Kind nach dem anderen steigt die kurze Leiter hinauf und schaut: auf einen gut 600 Millionen Kilometer entfernten Planeten. Kleine Hände drehen am Rädchen zum Scharfstellen des Bildes. Ich könnte vor Stolz platzen. Die Energie der Kinder versetzt mir einen ungeheuren Adrenalinschub. Spätestens jetzt weiß ich, dass sich all unser Einsatz für Kielder gelohnt hat.

Ich hatte mir das Observatorium immer als Mutterschiff für alle Hobbyastronomen vorgestellt: für erfahrene Amateure, Lehnstuhl-Astronomen und interessierte Laien. Als Leuchtturm der Neugierde sollte es in einen pechschwarzen Himmel ragen. Doch jetzt wurde mir klar, was ich eigentlich immer hatte bauen wollen: ein Zuhause, einen geschützten Raum, von dem aus jedermann den Himmel erkunden konnte. Als ich in jener Nacht um drei Uhr morgens die letzten Besucher verabschiedete und das Tor schloss, wusste ich, dass dieser Ort immer ein Refugium sein würde, ein Zuhause fernab von Zuhause.

Der Nachthimmel im Juli/August

Leier – Schwan – Adler –
Fuchs, Pfeil und Delfin – Die Perseiden

LEIER (LYRA)
Im August direkt über Kielder

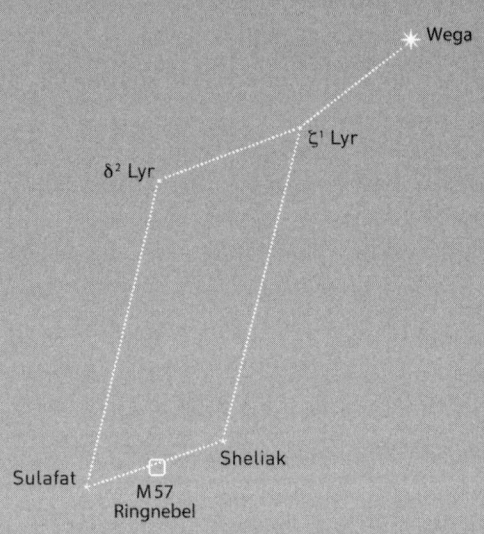

Wega

ζ¹ Lyr

δ² Lyr

Sulafat

M57
Ringnebel

Sheliak

Sterne   Mag 0 ✳   Mag 1 ✳   Mag 2 ✶   Mag 3 ⋆   Mag 4 ·   Mag 5 ·   Sternhaufen ⁘   Nebel ☐

Die Leier (Lyra) ist nach dem berühmten Instrument des griechischen Sängers Orpheus benannt, mit dem er sogar unbelebte Dinge wie Flüsse und Bäume verzaubern konnte. Dieses Sternbild hat für mich eine ganz besondere Bedeutung; ich habe sogar meinen Border-Collie-Welpen Lyra genannt, meinen knabbernden Gesellen während der Arbeit an diesem Buch. Die Leier liegt links von Herkules und ist hübsch, aber klein – auf der Liste der 88 Sternbilder rangiert sie von der Größe her nur auf Platz 52. Dank der Wega, dem hellsten Stern des Sternbilds und dem fünfthellsten am Nachthimmel, ist sie aber leicht zu finden. Wenn Sie schon ins Glossar geblickt haben, wissen Sie, dass die Wega als Nullpunkt der Skala zur Messung der scheinbaren Helligkeit definiert wurde, mit einer Magnitude von *null*. Wie Thuban im Sternbild Drache liegt sie auf dem Pfad der Präzession des nördlichen Himmelspols und war vor 14 000 Jahren unser Nordstern und wird es in 12 000 Jahren wieder sein. Die Wega war der erste Stern nach der Sonne, der fotografiert wurde. Ende Juli liegt sie etwa um 22.30 Uhr genau südlich. Zusammen mit den Sternen Deneb (im Schwan) und Altair (im Adler) bildet sie einen bekannten Asterismus, das sogenannte Sommerdreieck. Die meisten Abbildungen von Lyra zeigen Wega oben, verbunden mit einem darunter liegenden Parallelogramm aus vier Sternen, die den Körper des Instruments bilden. Zuerst trifft man auf ζ^1 Lyr (ein Doppelsternsystem), dann im Uhrzeigersinn auf δ^2 Lyr (einen weiteren Doppelstern), Sulafat (γ Lyr) und Sheliak (β Lyr). Sheliak heißt auf Arabisch »Schildkröte«, ein Verweis darauf, dass Orpheus' Leier aus dem

Panzer einer Schildkröte gefertigt wurde. Weit vom Instrument entfernt, schon nahe der Grenze zum benachbarten Schwan, liegt der berühmte pulsationsveränderliche Stern RR Lyrae. An Sternen wie diesen orientieren sich Astronomen bei der Berechnung von Entfernungen im All.

Das mit Abstand berühmteste Deep-Sky-Objekt in Lyra ist der Ringnebel M57. Auch hier handelt es sich wieder um einen planetarischen Nebel – die Trümmer eines Sterns wie unserer Sonne. M57 war der zweite planetarische Nebel, der entdeckt wurde (nach dem Hantel- oder Dumbbellnebel im Sternbild Fuchs; mehr dazu später). Sie finden dieses ganz besonders prächtige Exemplar am unteren Rand von Lyra, etwa auf halber Strecke zwischen Sulafat und Sheliak.

Da man direkt von oben draufblickt, sieht der Nebel durch ein Amateurteleskop aus wie ein Rauchring am Nachthimmel. Auf Fotos mit langer Belichtungszeit kommen seine knalligen Farben richtig zur Geltung. Während sich die vom Stern abgestoßene Gashülle in den Weltraum ausdehnt, kühlt sie ab. In der Nähe des Zentrums ist das Gas noch relativ heiß und strahlt blau. Geht man von dort nach außen, durchläuft man das ganze Spektrum der Regenbogenfarben bis hin zum deutlich kühleren roten Material. Auf einer berühmten Aufnahme des Weltraumteleskops Hubble sieht man diese Farben wunderbar, ebenso ein sternenähnliches Objekt im Zentrum. Dabei handelt es sich um einen Weißen Zwergstern, den übrig gebliebenen Rest des toten Sterns. Er ist etwa so groß wie unsere Erde und enthält ungefähr die Hälfte der ursprünglichen Sternenmasse.

Erfahrene Hobbyastronomen mit guten Teleskopen können sich auch auf die Suche nach einem weiteren Messier-Objekt machen, M56. Dieser Kugelsternhaufen liegt etwa auf halber Strecke zwischen Sulafat und Albireo (β Cyg) im Sternbild Schwan. Mit einem Feldstecher lassen sich keine einzelnen Sterne auflösen, vielleicht sehen Sie aber einen einzelnen, etwas unscharfen hellen Fleck.

Mit einer scheinbaren Helligkeit von mehr als 13,0 mag ist NGC 6745, ein Trio kollidierender Galaxien, ein echter Härtetest. Gehen Sie von Sheliak zu δ² Lyr und dann etwa noch einmal die gleiche Entfernung in derselben Richtung weiter.

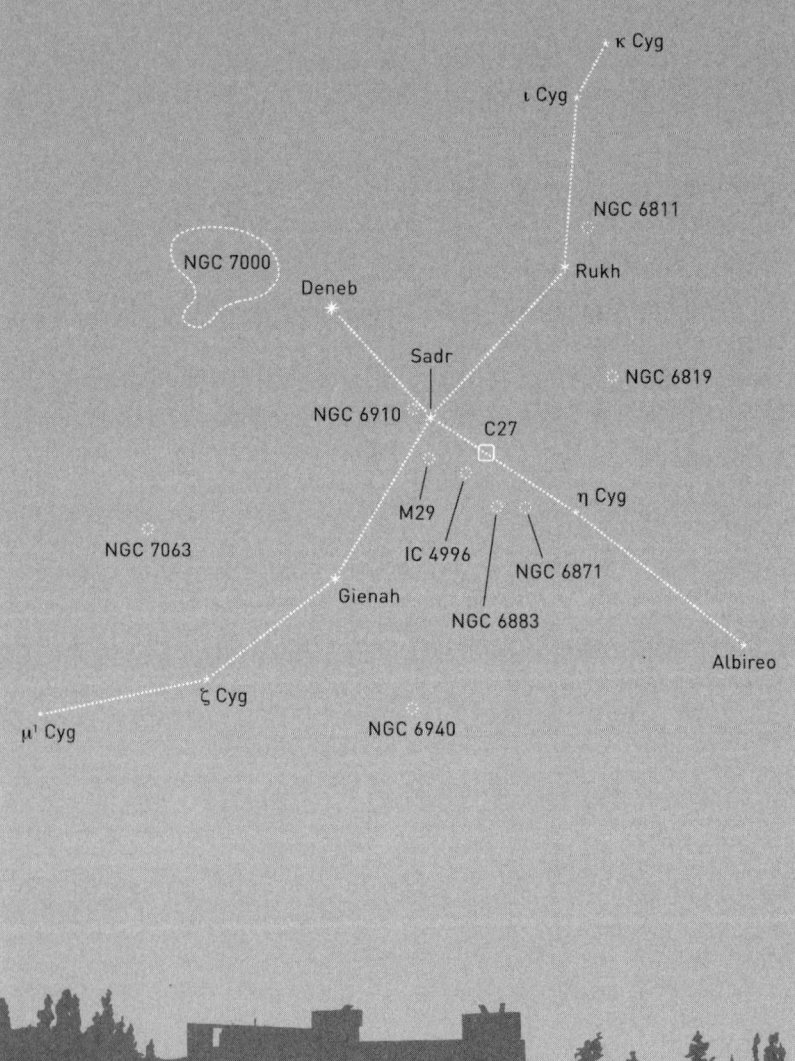

SCHWAN (CYGNUS)

Im Sommer (August) direkt über Kielder

κ Cyg

ι Cyg

NGC 6811

Rukh

NGC 7000

Deneb

NGC 6819

Sadr

NGC 6910

C27

M29

η Cyg

NGC 7063

IC 4996

NGC 6871

NGC 6883

Gienah

Albireo

ζ Cyg

μ¹ Cyg

NGC 6940

Sterne   Mag 0 ✸   Mag 1 ✦   Mag 2 ★   Mag 3 ⋆   Mag 4 ·   Mag 5 ·   Sternhaufen ⁘   Nebel ☐

Der Schwan (Cygnus) gehört zu den markanteren Sternbildern, der lange Hals des Tieres erstreckt sich auffällig durch das Band der Milchstraße, auch der Schwanz und die geschwungenen Flügel fallen gleich ins Auge. Wegen seiner Form heißt das Sternbild auch Kreuz des Nordens (als Gegenstück zum sehr auffälligen, aber viel kleineren Kreuz des Südens).

Der hellste Stern im Schwan, Deneb, liegt am Schwanz des Vogels und bildet die obere linke Ecke des Sommerdreiecks. Die drei Sterne des Dreiecks – Deneb, Altair und Wega – wirken auf uns etwa gleich hell, dabei liegt Deneb aber etwa hundert Mal weiter weg von uns als die Wega. Sie können sich also vorstellen, wie hell dieser Überriese tatsächlich leuchtet.

Bewegt man sich von Deneb ins Sommerdreieck, erreicht man Sadr (γ Cyg), wo die Flügel des Schwans ansetzen, nach links durch Gienah (ε Cyg), ζ Cyg und μ^1 Cyg, nach rechts durch Rukh (δ Cyg), ι Cyg und κ Cyg. Doch der spektakulärste Stern liegt am Schnabel des Schwans: Albireo (β Cyg) wird auch »Juwel des Sommerhimmels« genannt, weil es der schönste Doppelstern am Nordhimmel ist. Die beiden Sterne des Systems haben einen erheblichen Abstand zueinander, man braucht also gar keine starke Vergrößerung, um die beiden aufzulösen. Ein guter Feldstecher sollte schon genügen. Der Doppelstern ist wegen seiner kontrastierenden Farben so hübsch: ein goldgelber Überriese und sein stahlblauer Begleiter.

Es gibt noch zahlreiche weitere, allerdings weniger spektakuläre Doppelsterne in diesem Sternbild: 61 Cygni liegt links unterhalb von Deneb, knapp unter der Linie zwischen τ Cyg und ν Cyg. Dies war der erste Stern, dessen Entfernung bestimmt wurde. Dieser Erfolg gelang Friedrich Wilhelm Bessel im Jahr 1838 durch Messung der Parallaxe. Der Stern an der linken Flügelspitze (μ^1 Cyg) ist ebenfalls ein Doppelstern mit einer scheinbaren Helligkeit von 4,8 bzw. 6,2 mag.

Da der Schwan durch die Milchstraße geht, wimmelt es in ihm von Deep-Sky-Objekten. Der offene Sternhaufen M39 (5,5 mag) liegt an der absoluten Grenze dessen, was das bloße Auge noch erkennen kann, doch mit einem Feldstecher lässt sich das Objekt leicht ausmachen. Sie finden den Sternhaufen, indem Sie eine Linie von Albireo durch Deneb ziehen und noch einmal die gleiche Strecke in derselben Richtung weitergehen, auf die Sternbilder Eidechse (Lacerta) und Kepheus (Cepheus) zu. Im Schwanz des Schwans, knapp oberhalb von Sadr, auf dem Weg zu Deneb, liegt der offene Sternhaufen Rocking Horse (NGC 6910). Durch einen Feldstecher erscheint er als nicht weiter bemerkenswerte Ansammlung von Sternen, erst ab einer 50-fachen Vergrößerung erkennt man, woher der Sternhaufen seinen Namen hat.

Der vielleicht berühmteste Nebel in Cygnus ist der Nordamerikanebel (NGC 7000). Er bedeckt eine Fläche von vier Vollmonden und sitzt knapp links oberhalb von Deneb. Seinen Namen verdankt er dem Umstand, dass er aussieht wie eine Landkarte des nordamerikanischen Kontinents. Noch ein wenig näher an Deneb, fast genau zwischen den Sternen 57 Cyg und 56 Cyg, liegt der Pelikannebel.

Die zwei Gaswolken werden von einem dunklen Staubband getrennt. Bei sehr guten Sichtverhältnissen ist der Pelikannebel gerade eben noch zu erkennen, als heller Schein am Himmel.

Wandert man den Schwanz des Schwans zurück zu Sadr und auf den (von uns aus gesehen) rechten Flügel des Tiers, kommt man ganz nahe am Stern θ Cyg vorbei. Springen Sie von dort ein kurzes Stück zum Doppelstern 16 Cygni. Jetzt sind Sie ganz in der Nähe des Blinking-Planetary-Nebels. Sein Zentralstern ist so hell, dass er die umgebende Gaswolke überstrahlt, wenn man direkt daraufblickt. Betrachtet man den Nebel aber aus dem Augenwinkel, sieht man seine äußeren Schichten. Blickt man ihn abwechselnd direkt und aus dem Augenwinkel an, scheint er zu blinken – daher der Name.

Es kommen noch weitere Nebel, etwa der Cirrusnebel. Diesen 5000 Jahre alten Überrest einer Supernova finden Sie unmittelbar unterhalb der Verbindungslinie zwischen Gienah (ε Cyg) und ζ Cyg am linken Flügel des Schwans. Man möchte meinen, mit einer Gesamthelligkeit von 7,0 mag wäre der Nebel gut sichtbar, doch wegen seiner großen Ausdehnung ist er für Hobbyastronomen nicht leicht zu beobachten. Aber versuchen Sie sich ruhig einmal an dieser Herausforderung; es wirkt grandios, wie der hellere Teil des Nebels am Stern 52 Cygni vorbeizudriften scheint.

ADLER (AQUILA)

Im Sommer (August) südlich von Kielder

Deneb el Okab
Borealis

Deneb el Okab
Australis

NGC 6709

Tarazed

Altair

NGC 6755

Alschain

δ Aql

η Aql

θ Aql

Al Thalimain Prior

Sterne   Mag 0 ✹   Mag 1 ✸   Mag 2 ✦   Mag 3 ★   Mag 4 ·   Mag 5 ·   Sternhaufen ⁘   Nebel ☐

Der Mythologie zufolge war Aquila der erste Donnervogel. Der rachsüchtige Zeus bediente sich eines Adlers, um Blitze gegen Feinde auszusenden und wieder einzusammeln.

Altair ist mit einer Magnitude von 1 der hellste Stern im Adler und bildet die untere Ecke des Sommerdreiecks. Er liegt nur 17 Lichtjahre von der Erde entfernt und gehört damit zu den erdnächsten Sternen. Zusammen mit Alschain (β Aql) und Tarazed (γ Aql) rechts und links bildet er den Adlerkopf. Der Körper des Vogels erstreckt sich über δ Aql, wo die Flügel nach links Richtung Bezek (η Aql) und θ Aql und nach rechts Richtung ζ Aql und ε Aql abgehen, bis zur Schwanzspitze, Al Thalimain Prior (λ Aql).

Bezek ist deshalb bemerkenswert, weil er einer der hellsten pulsationsveränderlichen Sterne am Nachthimmel ist. Wie der Name schon andeutet, schwankt die scheinbare Helligkeit solcher Sterne periodisch. Bei Bezek macht der Unterschied im Verlauf einer Woche fast eine ganze Magnitude aus (zwischen 3,5 mag und 4,4 mag). Da eine Magnitude Differenz einen Helligkeitsunterschied von 250 Prozent bedeutet, können Sie die Veränderung wahrscheinlich sogar selbst erkennen.

Cepheiden-Veränderliche sind für Astronomen besonders wertvoll, weil sich mit ihrer Hilfe Entfernungen im All berechnen lassen. Es gibt einen bekannten Zusammenhang zwischen der Länge der Schwankungsperiode und der tatsächlichen (»absoluten«) Helligkeit eines Sterns. Da das Sternenlicht auf seinem Weg zur Erde immer schwächer wird, sehen wir alle Sterne weniger hell, als sie tatsächlich sind. Aus dem Unterschied zwischen wahrgenommener und absoluter Helligkeit eines Cepheiden können Astronomen seine Entfernung zur Erde berechnen.

Etwa fünf Grad südwestlich von ζ Aql liegt der offene Sternhaufen NGC 6709. Dank seiner scheinbaren Helligkeit von 6,7 mag können Sie ihn auch mit einem Feldstecher erkennen, mit einem Teleskop lassen sich einige seiner 40 Sterne auflösen. Im Gegensatz dazu sehen Sie im Nebel B 143-4 keinerlei Sterne, weil eine dunkle Wolke uns die Sicht versperrt. Diese mehr als ein Grad breite Region ohne jeden Stern fällt schon beim Blick durch einen Feldstecher auf. Sie liegt drei Grad nordwestlich von Altair.

Ehrgeizige Sterngucker mit gutem Gerät können versuchen, den planetarischen Nebel NGC 6781 aufzuspüren, der auf knapp der halben Strecke zwischen δ Aql und ζ Aql liegt. Viele Hobbyastronomen vergleichen diese Wolke mit dem Eulennebel im Großen Bären. Auch ein Kugelsternhaufen ist hier im Angebot: NGC 6760 mit Magnitude 9,0. Suchen Sie unmittelbar rechts von der Verbindungslinie zwischen δ Aql und Al Thalimain Prior (λ Aql) den Stern 23 Aql. Gehen Sie dann zum Stern 21 Aql weiter. NGC 6760 liegt unterhalb dieses Paars, mit dem er ein fast gleichseitiges Dreieck bildet.

FUCHS (VULPECULA),
PFEIL (SAGITTA)
UND DELFIN (DELPHINUS)

Im Sommer (August) südlich von Kielder

NGC 6885

15 Vul

VULPECULA

NGC 6834

Lukida

NGC 6830

M27

NGC 6823

η Sge

SAGITTA

γ Sge

δ Sge

M71

Sham

β Sge

DELPHINUS

γ² Del

Sualocin

δ Del

Rotaner

Deneb Dulfim

Sterne   Mag 0 ✳   Mag 1 ✶   Mag 2 ✶   Mag 3 ✶   Mag 4 ·   Mag 5 ·   Sternhaufen ✳   Nebel ☐

Dieses Sternzeichen-Trio mag winzig sein, doch in Sachen Deep-Sky-Objekte haben diese Sternbilder es echt in sich. Nur mit einem mythologischen Hintergrund kann der Fuchs nicht aufwarten – das Sternbild wurde erst im 17. Jahrhundert eingeführt. Das liegt auch daran, dass es in dieser Region nur wenige helle Sterne gibt – aber eben eine Reihe toller Deep-Sky-Objekte. Der Fuchs liegt vollständig innerhalb des Sommerdreiecks, direkt unterhalb des Sterns Albireo im Sternbild Schwan. Sein hellster Stern heißt Anser (4,4 mag) und ist ein Doppelstern, den man mit dem Feldstecher gut erkennen kann. Ein noch besseres Feldstecher-Objekt ist Collinder 399 (Brocchis Haufen). Sie finden es, indem Sie die Linie von Albireo durch Anser noch einmal um gut dieselbe Strecke weitergehen. Dann stoßen Sie auf eine Reihe von Sternen, aus deren Mitte sich ein Haken erhebt (daher auch der englische Name »Coathanger cluster«, Kleiderhakenhaufen).

Bewegen Sie sich nun in Richtung des unteren Flügels im Schwan. Halten Sie nach etwa einem Drittel der Strecke Ausschau nach den Sternen 12 Vul, 13 Vul und 14 Vul, die ein gleichseitiges Dreieck bilden. Direkt unterhalb von 14 Vul befindet sich das berühmteste Deep-Sky-Objekt des Sternbilds: der Hantelnebel (M27). Er leuchtet mit Magnitude 8,1 und ist der erste planetarische Nebel, der je entdeckt wurde. Mit dem Feldstecher kann man ihn so gerade eben noch ausmachen, durch das Teleskop erkennt man eine Sanduhrform.

Auch der erste (1967) entdeckte Pulsar ist im Sternbild Fuchs zu Hause. Diese winzigen, dichten und schnell rotierenden Objekte, auch Neutronensterne genannt, sind die Überreste von Supernoven, gewaltigen Sternenexplosionen. Pulsare haben oft nur einen Durchmesser von einigen Dutzend Kilometern, in denen sich aber der Großteil der Masse des ehemaligen Sterns ballt. Ihre Dichte ist also buchstäblich astronomisch hoch. Ein einziger Teelöffel Pulsar-Materie wiegt so viel wie alle Menschen auf der Erde zusammen.

Pulsare haben ein sehr starkes Magnetfeld und emittieren von ihren Polen Wellen im Radiofrequenzbereich. Diese Signale fangen wir mit unseren Radioteleskopen auf – daher auch der Name Pulsar, ein aus der englischen Bezeichnung »Pulsating Source of Radio Emission« (pulsierende Radioquelle) gebildetes Kunstwort. Diese Signale wiederholen sich so regelmäßig, dass ihre Entdecker, die englischen Astronomen Jocelyn Bell-Burnell und Antony Hewish, das Objekt anfangs LGM-1 nannten – »Little Green Men«, kleine grüne Männchen. Und tatsächlich konnte man bei so schöner Regelmäßigkeit schon glauben, hier wäre eine außerirdische Zivilisation am Werk. Heute nennen wir den Pulsar ganz langweilig PSR B1919+21.

Zwischen Fuchs und Altair im Adler liegt das ebenso unscheinbare Sternbild Pfeil (Sagitta). Dabei handelt es sich um das drittkleinste Sternbild überhaupt, nach dem Kreuz (Crux) und dem Füllen (Equuleus). Die Mythologie gibt bei diesem Sternbild nicht viel her; einer Version zufolge handelt es sich bei Sagitta um den Pfeil, mit dem Herkules den Adler tötete. Wie auch immer; die Pfeilspitze findet man bei η Sge, der Schaft geht durch γ Sge, bei δ Sge beginnt die Befiederung, gebildet durch Sham (α Sge) und β Sge.

Die Hauptattraktion im Sternbild ist M71, ein sehr lockerer Kugelsternhaufen, der auf den ersten Blick wie ein offener Sternhaufen wirkt. Bei sehr dunklem Himmel ist das Objekt (6,1 mag) mit bloßem Auge erkennbar, ansonsten genügt ein Feldstecher.

Das letzte unserer drei Ministernbilder, Delfin, liegt direkt außerhalb des Sommerdreiecks, links von Altair. Den Kopf des Tieres bildet ein rautenförmiges Gebilde, das im Englischen »Job's Coffin« heißt, Hiobs Sarg. Es besteht aus den vier hellsten Sternen der Konstellation, mit α Del rechts oben. Geht man gegen den Uhrzeigersinn die Raute entlang, kommt man zuerst zu β Del, dann zu δ Del und schließlich zu γ Del, einem unter Hobbyastronomen sehr beliebten Doppelstern. Der Körper des Delfins erstreckt sich von β Del hinunter zu ε Del.

Die Namen der zwei hellsten Sterne im Delfin – Sualocin (α Del) und Rotanev (β Del) fallen sofort als ungewöhnlich auf. Vielleicht haben Sie inzwischen gemerkt, dass Astronomen sich bei der Benennung neu entdeckter Objekte an strikte Regeln halten. Insbesondere ist es verboten, Sterne nach sich selbst zu benennen. Überhaupt sind nur wenige Sterne nach Menschen benannt, und diese Namen wurden – von anderen Astronomen! – ehrenhalber verliehen. Nun heißt niemand Sualocin oder Rotanev. Liest man die Namen aber rückwärts, bekommt man Nicolaus Venator, die latinisierte Form von Niccolò Cacciatore, des Leiters der Sternwarte Palermo. Er veröffentlichte die Namen 1814 in einem Sternenkatalog, und es dauerte 45 Jahre, bis ihm jemand auf die Schliche kam. Aber da war es schon zu spät, und so bleibt Cacciatore der einzige Mensch, der Sterne nach sich selbst benannt hat.

Neben dieser schönen Namensgeschichte hat Delphinus ein schönes Deep-Sky-Objekt zu bieten: den Kugelsternhaufen NGC 6934 (8,8 mag) hinter Deneb Dulfim (ε Del) am Schwanz des Delfins.

Die Perseiden

Im August findet eines der berühmtesten Ereignisse im astronomischen Kalender statt: ein jährlich wiederkehrender Meteorschauer. Genau genommen geht das Spektakel über mehr als fünf Wochen, von Mitte Juli bis Ende August. Doch seinen spektakulären Höhepunkt erreicht es jedes Jahr um den 12. August, wenn die Perseiden im Minutentakt vom Himmel regnen.

Eigentlich sollte man dabei nicht von »Sternschnuppen« sprechen – bei den Meteoren handelt es sich um Kometenstaub, der in der Erdatmosphäre verglüht. Viele Kometen – uralte kosmische Eisberge – ziehen ihre Bahnen durch das Sonnensystem. Das berühmteste Beispiel ist der Halleysche Komet, der immer wieder mal am Nachthimmel auftauchte und sogar auf dem Teppich von Bayeux verewigt wurde. Doch erst der englische Astronom Edmond Halley, nach dem der Komet später benannt wurde, sagte seine Wiederkehr exakt voraus. Leider erlebte Halley es nicht mehr, dass seine Berechnungen sich als korrekt herausstellten.

Wenn ein Komet der Sonne nahe kommt, verdampft in der intensiven Sonnenhitze ein Teil seines Eises, wodurch

Staub freigesetzt wird. So hinterlassen Kometen nach Art von Hänsel und Gretel eine Spur aus Krumen auf ihrem Weg durch das Sonnensystem. Führt die Umlaufbahn der Erde durch diese Spur, erleben die Krumen ihr feuriges Ende. Der für die Perseiden verantwortliche Komet heißt Swift-Tuttle und umrundet die Sonne nur einmal alle 133 Jahre – es hat also viele Jahrmillionen gedauert, bis sich all der Staub angesammelt hatte, den wir jetzt verglühen sehen.

Meteorströme werden nach den Sternbildern benannt, aus denen sie zu kommen scheinen, in diesem Fall aus Perseus (siehe »Der Nachthimmel im September/Oktober«). Schauen Sie aber besser nicht auf das helle Sternbild, aus dem die Sternschnuppen zu kommen scheinen, sondern dorthin, wo sie hinwandern. Zum Höhepunkt des Spektakels liegt Perseus vor Mitternacht knapp über dem nordöstlichen Horizont. Suchen Sie in diesem Himmelsquadranten, dann werden Sie bestimmt Sternschnuppen sehen. Das Sternbild Kassiopeia bietet oft eine sehr gute Richtschnur, wo man hinsehen soll.

Auch für die Beobachtung von Meteoren gilt, sich möglichst von künstlichen und natürlichen Lichtquellen fernzuhalten. In Städten überstrahlt die Straßenbeleuchtung fast alle Sternschnuppen. Dort sieht man vielleicht alle fünf bis zehn Minuten eine. Auch der Mond stört mitunter gewaltig. Sein helles Licht wirkt ähnlich wie eine helle Straßenbeleuchtung, lassen Sie den Mond also untergehen, bevor Sie auf Sternschnuppenjagd gehen. Für die hellsten Meteore braucht man keinen Feldstecher, doch bei schwächer leuchtenden Meteoren hilft ein Fernglas definitiv. Man kann auch spektakuläre Fotos machen, wenn man eine Spiegelreflexkamera auf ein Stativ setzt und eine Langzeitbelichtung der Himmelsregion macht.

Die Perseiden sind zwar der atemberaubendste, mitnichten aber der einzige Meteorschauer des Jahres. Hier einige Alternativen, die ebenfalls einen Blick wert sind:

Name	Höhepunkt	Maximale Anzahl von Meteoren pro Stunde
Quadrantiden	3. Januar	120
Lyriden	22. April	18
Orioniden	21. Oktober	20
Leoniden	17. November	15
Geminiden	14. Dezember	120

Ich werde oft gefragt, was der Unterschied zwischen einem Meteor und einem Meteoriten ist. Alles hängt von der Position des fraglichen Objekts ab. Trümmerstücke, welche die Sonne umkreisen – etwa abgebrochene Teile eines Asteroiden oder Kometen –, heißen Meteoroiden. Sie haben einen Durchmesser von maximal einem Kilometer, sind meist aber erheblich kleiner. Tritt ein Meteoroid in die Erdatmosphäre ein, erwärmt er sich durch die Reibung an unserer Gashülle, und wir sehen ein helles Aufleuchten. Dieses Aufleuchten nennen wir Meteor oder umgangssprachlich Sternschnuppe. Nur wenn ein Meteoroid die Strapaze überlebt und es bis zum Boden schafft, nennt man ihn Meteorit. Jedes Jahr gelangen aus dem Weltall

40 000 Tonnen Material zur Erde. Ein Meteor ist also eine Sternschnuppe, ein Meteorit ein Gesteinsbrocken, der auf der Erde gelandet ist.

Die Meteoriten auf der Erde stammen aus drei Hauptquellen: aus dem Asteroidengürtel, vom Mond und, ganz selten, vom Mars. Bruchstücke von Mond und Mars entstehen, wenn andere Himmelskörper mit ihnen kollidieren, und manche Trümmer gelangen irgendwie bis zur Erde. Die Brocken aus dem Asteroidengürtel sind uralte Relikte aus einer Zeit, da die Erde und die anderen Planeten noch nicht existierten; sie helfen Forschern dabei, die Geschichte unseres Sonnensystems zusammenzufügen.

Betrachtet man den Mond durch einen Feldstecher oder ein Teleskop, sieht man unzählige Krater – die Folge von Asteroiden- und Kometeneinschlägen. Blickt man sich auf der Erde um, scheint es viel weniger solcher Krater zu geben. Man könnte folglich glauben, der Mond sei häufiger »bombardiert« worden. Tatsächlich aber wurde die Erde öfter getroffen, schließlich hat sie einen größeren Durchmesser und eine höhere Schwerkraft als der Mond. Nur wird sie von einer Atmosphäre beschützt, die kleinere Trümmer gar nicht bis zur Erdoberfläche durchlässt. Außerdem verwischen Wasser, Wetter, Erdbeben und Vulkane viele Spuren alter Einschläge.

Bei unseren Abenden im Observatorium werde ich oft gefragt, warum Kometen einen Schweif hinter sich herziehen. Genau genommen haben die meisten Kometen sogar zwei Schweife, die sich jeweils über viele Millionen Kilometer erstrecken können. Sie entstehen, wenn der Komet sich dem Perihel nähert, seinem sonnennächsten Punkt.

214

Hier verdampft unter der Energie der Sonne ein Teil seines Eises, und Staub wird freigesetzt. Der erste Schweif, auch Staubschweif genannt, besteht aus jenem Staub, der durch den Druck des Sonnenlichts vom Kometen weggeschoben wird. Da der Strahlungsdruck der Sonne vergleichsweise schwach ist, sind diese Schweife oft diffus und gekrümmt.

Der zweite Schweif, der Plasmaschweif, wird vom ultravioletten Licht der Sonne erzeugt. Dieses hochenergetische Licht reißt geladene Partikel aus dem Kometen. Diese wiederum interagieren mit den geladenen Partikeln im Sonnenwind und werden direkt hinter den Kometen gezogen, wo sie einen schmaleren, geraderen Schweif bilden als ihre staubigen Brüder.

In seltenen Fällen besitzen Kometen sogar einen schwachen dritten Schweif aus Natrium. Ein berühmtes Beispiel ist der Komet Hale-Bopp, der Mitte der Neunzigerjahre des vorigen Jahrhunderts entdeckt wurde und zu den hellsten Kometen des Jahrhunderts gehört.

5

Raumfahrt

Hier berühren sich Himmel und Erde. Rote Sandhügel wölben sich mehr als 2000 Meter über dem Meeresspiegel dem wolkenlosen Blau entgegen. Es gibt weder Bäume noch Sträucher – und auch keine Menschen. Hier lebt nichts, dafür ist es zu trocken. Mit ihren windzerzausten Dünen und den einzeln stehenden Felsen erinnert die Landschaft an den Mars oder an Luke Skywalkers Wüstenplaneten Tatooine. Der Kontrast zu Kielder mit seinen immergrünen Wäldern und seinen Schafen könnte nicht größer sein. Diese Ebene dürfte sich in den letzten eine Million Jahren kaum verändert haben.

Meine Kehle trocknet in der Wüstenluft aus. Ich greife nach der Wasserflasche, während Glenn mühsam aus der Beifahrertür steigt.

»Mir … fehlen die Worte«, stößt Glenn hervor.

Das muss auf dieser langen Reise das erste Mal sein, dass Glenn die Worte fehlen.

»Mir auch«, antworte ich, sehe mich lächelnd um und nehme alles in mich auf.

Wir lachen müde, schlurfen zum Heck unseres Wohnmobils und öffnen Adam die Tür. Die nächsten Minuten stehen wir zu dritt nebeneinander, Schulter an Schulter, und betrachten schweigend die Wüste und den endlosen Himmel. Außer uns keine Menschenseele. Wir wissen nicht, was noch gewaltiger ist: die Weite oder die Stille um uns.

Es ist der 14. Mai 2013, und wir hatten diese Reise über ein Jahr lang geplant: eine Pilgerfahrt, von der ich den Großteil meines Erwachsenenlebens geträumt hatte. Nach dem Langstreckenflug waren wir sieben Stunden durch einige der spektakulärsten Täler dieser Welt gefahren, flankiert von Bergketten und aktiven, schneebedeckten Vulkanen. Auf unserem Weg kommen wir durch keine nennenswerte Stadt oder Ansiedlung, die Straße führt endlos und schnurgerade durch die Wüste, nur ab und zu rumpelt ein Riesentruck durch den Sand. Doch ich spüre, dass diese öde Ebene zweifellos ein ganz besonderer Ort ist, überwölbt vom gewaltigsten aquamarinfarbenen Firmament.

Schließlich finden wir unseren Übernachtungsplatz, einen staubigen Feldweg, der in ein kleines Naturschutzgebiet führt. Wir parken unseren Camper, eine verbeulte Kiste mit drei Schlafplätzen, Dusche, Kochgelegenheit und Kühlschrank. Voller Vorfreude beobachte ich, wie die Nacht uns langsam umfängt. Ich habe einen Haufen Ausrüstung mitgebracht: mehrere Kameras und ein Stativ, außerdem ein Teleskop, um das Licht von Objekten einzufangen, die sich in die endlosen Weiten dieses pechschwarzen Nachthimmels schmiegen. Der Transport unserer Ausrüstung war ein Abenteuer für sich, am Check-in-Schalter wurde so manche Augenbraue gehoben. Doch ich war stolz, als ich den Leuten dort die Warnhinweise auf unseren Kisten vorlas: »Astronomische Instrumente. Vorsicht, zerbrechlich!« Ich fühlte mich wie auf einer wichtigen Mission. Ich fühlte mich wie ein Wissenschaftler.

Adam, unser Koch und Sommelier, kann es kaum erwarten, seine neueste Entdeckung zu entkorken, eine Flasche argentinischen Malbec. Natürlich ist auch er nicht (ausschließlich) zum Weintrinken hier, aber als Wüsten-Grillmeister und Mundschenk ist er unübertroffen. Da mir nur 90 Minuten Tageslicht übrig bleiben, lasse ich den Wein aber warten und mache mich daran, meine Ausrüstung aufzubauen. Anfangs bin ich noch nervös, weil ich fürchte, wichtige Komponenten könnten unterwegs beschädigt oder – noch schlimmer – daheim vergessen worden sein. Doch gottlob ist alles dabei und heil geblieben. Vorsichtig greife ich nach meinen Favoriten, meiner geliebte Canon 60Da und ihrer älteren Schwester, der 20Da, beide schon lange in Gebrauch, für die Reise aber auf Hochglanz poliert. Ich kann den Linsenreiniger noch riechen. Als Nächstes packe ich Ladegeräte und Kabel aus, ein verwickeltes chaotisches Knäuel. Zuletzt hole ich den AstroTrac heraus, die Kameramontierung, welche die Rotation der Erde ausgleicht. Als ich die Beine des Stativs auf den Boden setze, wird mir bewusst, wie sehr ich dieses Ritual liebe. Auch nach Hunderten Malen gibt es für mich kaum ein schöneres Gefühl, als nach dem Aufbau einen Schritt zurückzutreten und meine Ausrüstung zu betrachten, wie sie schimmernd darauf wartet, dass es losgeht. Noch mehr Spaß macht mir das Ganze, wenn die Vorhersage für die Nacht vielversprechend ist. Der Himmel leuchtet jetzt blau-rosa, während die Sonne langsam untergeht. In der Dämmerung essen wir schnell zu Abend: über dem offenen Feuer gegrilltes Huhn, dazu ein kaltes Bier. Dann fahre ich meinen Laptop hoch. Teleskop und Kameras antworten mit einem zufriedenstellenden Piepsen.

Wir lehnen uns zurück und warten. Und warten. Aus dem Dämmerlicht blinkt uns als Erstes Antares im Sternbild Skorpion entgegen, ein Riesending von einem Stern, der sein gelbes Licht Richtung Erde pumpt. Der Skorpion schlängelt sich durch die Mitte unserer Galaxie; eine gewundene Sternenkette zeigt an, wo der Stachel hängt. Es handelt sich um ein gewaltiges Sternbild, Staub- und Gaswolken mischen sich unter die Sterne. Langsam wird der Himmel dunkler, und wir können allmählich erkennen, wofür wir hergekommen sind. Ich weiß sehr gut, was uns erwartet – ich habe viel darüber gelesen. Von Kielder aus habe ich es sehr oft beobachtet, aber nie so gut gesehen wie jetzt an diesem Himmel, der so dunkel und freigiebig ist, dass Astronomen aus aller Welt hierherkommen. »Seht ihr es?«, frage ich meine Kumpels. Ich weise mit meinem Laserpointer in den Himmel und zeichne mit seinem grünen Strahl die Umrisse eines Himmelsobjekts nach. Noch nicht.

Die Nacht hält langsam Einzug, der Himmel verfärbt sich tintenschwarz. Etwa eine Stunde später schält es sich ganz deutlich heraus. Adam erkennt das Objekt auch ohne meinen Pointer, es bedeckt den ganzen Himmel.

»Was in aller Welt ist das?«, flüstert Adam. Nur kein lautes Geräusch machen, um es nicht zu verscheuchen! Glenn verschlägt es wieder die Sprache, es ist unbeschreiblich schön. Ich sehe zu den anderen hinüber.

»Das ist das Zentrum der Milchstraße, unserer Heimatgalaxie.«

Um die Milchstraße in all ihrer Pracht sehen zu können, braucht man einen stockdunklen Himmel, und nirgendwo auf der Welt erkennt man den Umriss unserer
Galaxie besser als in der Atacama-Wüste in Chile. Es gibt
weltweit viele Orte, an denen nachts tiefe Finsternis herrscht
und wo Lichtverschmutzung keine Plage ist. Im Vereinigten Königreich gehört Kielder zu den besten Orten für die
Himmelsbeobachtung, doch hoch gelegene Wüstenregio-
nen schlagen alles. Weil dort die Luftfeuchtigkeit geringer
ist und die Atmosphäre dünner, bietet sich dem Betrachter hier ein kristallklares Panorama des Kosmos wie sonst
kaum irgendwo auf der Erde.

Chile hat die dunkelsten und trockensten Himmels-
gegenden weltweit, weshalb einige der besten optischen
Teleskope hier aufgestellt wurden. Die meisten gehören
zum Paranal-Observatorium, das auf einem der höchsten
Berge in der Atacama-Wüste steht. Astronomen, Wissenschaftler und Forscher pilgern dorthin, um das berühmte,
aus vier Einzelteleskopen bestehende Großteleskop VLT
(Very Large Telescope) zu benutzen. Es liegt auf über 2000
Metern und damit oberhalb der Inversionsschicht, in der
Wolken entstehen. Die Luftfeuchtigkeit schwankt zwischen
5 und 15 Prozent, im Durchschnitt sind mehr als 350 Nächte
pro Jahr wolkenlos.

Am Tag nach unserem Grillabend packen wir in aller
Seelenruhe zusammen und machen uns auf die letzten
Kilometer. Als nach zwei Stunden Fahrt die Steigung nach-
lässt, weiß ich uns nahe am Ziel. Die Sternwarte, von der

ich jahrelang geträumt habe, liegt nur noch Minuten entfernt. »Licht abblenden«, mahnt ein Schild auf der Zufahrt. Die Räder des Wohnmobils drehen in Staub und Schotter gelegentlich durch, mein Magen hüpft voller Vorfreude. Eine lang gezogene Linkskurve, eine letzte Steigung – da! Ich juble laut auf, nehme den Gang heraus und ziehe die Handbremse an. Ich muss einfach aussteigen.

Ich stehe allein mitten auf der Straße, die Sonne wärmt mich, ein stetiger Wind umweht meine sonnenverbrannten Wangen und Lippen. Ich blicke nach vorn. Vor mir erheben sich vier stählerne Türme, die in der Hitze des Plateaus flimmern, von allen Observatorien auf der Welt mein liebstes. In ihrem futuristischen Minimalismus erinnert die Anlage an einen Weltraumbahnhof, nur die Teleskoptürme und ein paar Satellitengebäude stehen auf dem Berg, umgeben von nackten Hügeln und Sanddünen. Die wahre Attraktion liegt da oben: Lachend werfe ich den Kopf in den Nacken. Ich blicke auf das dunkelste Himmelsblau, das ich je gesehen habe. Ich kann mein Glück kaum fassen.

All das verdankte ich einer Zufallsbegegnung. Ein paar Jahre zuvor hatte ich an der Universität Durham David Murphy kennengelernt, der inzwischen als Postdoc hier in Chile forscht. Er hat uns uneingeschränkten Fünf-Sterne-Zugang zu allen großen Sternwarten Chiles besorgt. Glenn und Adam begleiten mich auf der Reise, um einen Dokumentarfilm zu drehen, an dem wir arbeiten: *Searching for Light* (Auf der Suche nach Licht). Nun, wir haben es fast gefunden.

Ein freundlicher Wachmann winkt uns durch das Tor, doch sein breites Lächeln darf uns nicht darüber hinwegtäuschen, dass jede unserer Bewegungen genau überwacht wird. Schließlich beherbergt diese Anlage einige der teuersten und modernsten Instrumente der Welt. Zur James-Bond-Atmosphäre trägt bei, dass uns heute Nacht ein Franzose namens Julien Girard betreuen wird, der aber glücklicherweise kein Superschurke ist, sondern ein freundlicher junger Astronom, der mir seine Zeit opfert. Als wir sein Büro betreten, fällt uns sofort der Geruch nach frischem Kaffee auf. Julien erklärt, die Nachtschichten im Observatorium seien sehr lang, oft zwölf Stunden, ohne Koffein halte man das nicht durch. Es entspinnt sich sofort ein angeregtes Gespräch, ich bombardiere ihn mit Fragen. Überrascht erfahre ich, dass nicht Wissenschaftler wie er die Teleskope im Observatorium bedienen, sondern Techniker. Er ist zuständig für Bildverarbeitung und Evaluierung der Daten. Auf Juliens Schreibtisch stehen drei Computerbildschirme: einer für das Teleskop und seinen Antrieb, einer zum Auffinden von Objekten und einer zur Aufzeichnung der Daten und zur Überwachung von Wetterparametern wie Luftfeuchte und Sichtweite.

Bevor es dunkel wird und die wissenschaftliche Arbeit beginnt, fragt Julien mich, ob ich Lust hätte, mit ihm auf das Deck hinauszugehen, um die Büromannschaft zu treffen. Klar, sage ich, warum nicht? Etwas verwirrt bin ich aber schon, schließlich dämmert es gerade erst. Ich wundere mich weiter, bis wir die Plattform betreten, auf der schon die anderen Wissenschaftler stehen. Mir fällt die Kinnlade herunter: Wo auf der Welt lassen Angestellte alles stehen und liegen, um rauszugehen und den Sonnenuntergang zu bewundern?

Ich weiß nicht, was ich sagen soll, wo ich hinblicken soll. Eine spirituelle Erfahrung. Wir stehen über der Welt, die Wolken unter uns leuchten goldgelb, der Himmel strahlt in Farben von Rosa über Lavendel bis zu Tiefblau. Ein heller orangeroter Ball sinkt langsam südwärts auf die Wolken zu. Stille senkt sich über uns, während wir warten und fast ungläubig staunen. Ich werde an die bemerkenswerte Kraft der Natur gemahnt: Wir können nur an ihr teilhaben, sie aber niemals kontrollieren oder besitzen – sie bloß ansehen, uns als ein Teil von ihr fühlen.

Als die Sonne schließlich untergeht, sieht man einen kurzen, sehr hellen Blitz – eine irdische Supernova. Danach verblassen die Farben, es wird dunkel, und die Wissenschaftler machen sich an die Arbeit. Ich bleibe noch ein wenig und beobachte, wie die Venus der Sonne folgt.

Da unterbricht mich Motorengeräusch. Die gewaltigen Kuppeln blinken, öffnen ihre Tore und richten ihre 8,2 Meter weiten Augen auf den Himmel, bereit, Lichtphotonen einzufangen – Photonen aus allerfernsten Lichtquellen, die vielleicht Milliarden Jahre durch den Kosmos unterwegs waren. Julien tippt mir auf die Schulter: Es wird Zeit hineinzugehen. Ich folge ihm mit Glenn und Adam in den Kontrollraum. Dort werden wir die nächsten Stunden verbringen, dazulernen und neue Daten über die Milchstraße sammeln.

*

Von ein paar kaum sichtbaren verschwommenen Galaxien einmal abgesehen, liegt jeder Stern, jede Lichtquelle, die Sie jemals am Nachthimmel sehen werden, innerhalb der Milchstraße, unserer Heimatgalaxie mit geschätzten 100 bis 300 Milliarden Sternen, von denen vermutlich wiederum viele eigene Planeten haben.

In klaren, mondlosen Nächten sieht man von Sternenparks wie Kielder aus die Milchstraße als weißen Lichtbogen, der sich über den Himmel erstreckt. Er leuchtet nur schwach, ist aber durchzogen von helleren Regionen. In der Einleitung schrieb ich, dass die Milchstraße von der Form her einer Frisbeescheibe ähnelt. Von oben betrachtet, sähe sie auch tatsächlich aus wie eine Scheibe – nur können wir sie natürlich nicht von außen betrachten. So, wie wir sie sehen, von der Seite, wirkt sie wie ein zur Mitte hin verdicktes Band (wie eine Frisbeescheibe im Profil).

Doch auch die Sterne am Nachthimmel, die nicht in diesem Band zu liegen scheinen, gehören sehr wohl dazu, sind uns aber einfach nur näher. Das mag jetzt verwirrend klingen, aber stellen Sie sich vor, Sie würden aus der Milchstraße herauszoomen. Dann würde das Sternenband langsam zu einem einzelnen Gebilde zusammenschnurren.

Bevor wir an jenem Abend am Paranal ins Freie gingen, um die Milchstraße mit eigenen Augen zu sehen, sprachen wir noch mit Julien über den aktuellen Forschungsstand, was das Zentrum unserer Milchstraße anging. Julien erklärte, unser Blick zur ausgebeulten Mitte der Scheibe (durch die Scheibe hindurch) werde durch eine Ansammlung gewaltiger molekularer Staubwolken getrübt. Diesen Effekt kennt jeder: Blickt man an einem schönen Sommertag senkrecht nach oben, sieht man nur wenige Wolken. Je weiter man aber den Blick Richtung Horizont senkt, desto mehr Wolken geraten ins Blickfeld – aber nicht, weil das Wetter sich plötzlich verschlechtern würde, sondern weil wir durch die Ebene unserer Atmosphäre blicken und relativ weit entfernte Wolken näher und dichter wirken. Das trübt unseren Blick. Analog verdecken uns interstellare Staubwolken die Aussicht auf diejenigen Sterne, die sich im Zentrum unserer Galaxie versammelt haben. Für das Auge werden sie so unsichtbar: Staubwolken absorbieren das sichtbare Licht von Sternen – doch sie reemittieren es im infraroten Spektrum. Deshalb kann eine Infrarotkamera erkennen, wo sich die bisher verdeckten Sterne befinden. Dank solcher Infrarotkameras, die an einem der gewaltigen Teleskope in Chile montiert sind, gelangen Wissenschaftlern wie Julien einige der wichtigsten wissenschaftlichen Entdeckungen seit Jahrzehnten.

In einem Hightech-Detektivspiel hat das Team am Paranal in den vergangenen elf Jahren die Bewegungen von Sternen in einer zentrumsnahen Region namens Sagittarius A* verfolgt, vor allem die Bewegung eines bestimmten Sterns, S2. Die Forscher stellten fest, dass S2 auf seiner Umlaufbahn jedes Mal erheblich schneller wurde, wenn er sich einem anderen Objekt näherte, um das er zu kreisen schien. Tatsächlich beschleunigte S2 zwischenzeitlich auf fast 5000 Kilometer pro Sekunde, immerhin ein Sechzigstel der Lichtgeschwindigkeit. Um ein derart schnelles Objekt auf einer Umlaufbahn halten zu können, musste das Gravitationszentrum – das die Wissenschaftler aber nicht sehen konnten – eine gewaltige Masse haben.

Aus der Beobachtung der Umlaufbahnen anderer Sterne um dieses unsichtbare Objekt konnte das Team anhand der Gravitationsgesetze errechnen, dass es 4,26 Millionen Sonnenmassen haben musste, also 4,26 *Millionen* Mal so schwer ist wie unsere Sonne.

Die Wissenschaftler hatten ein supermassives Schwarzes Loch entdeckt, dessen enorme Schwerkraft den Raum derartig krümmte, dass S2 um dieses Schwarze Loch herumflitzte, aber nie hineingesogen wurde, weil es dafür zu schnell war. Irgendwie gefiel mir die Ironie, dass an einem der finstersten Orte der Welt mit den besten Sichtbedingungen für das bloße Auge die größten wissenschaftlichen Fortschritte bei Objekten gemacht wurden, die nicht einmal mit optischen Hilfsmitteln sichtbar sind. Wir blieben noch ein wenig bei Julien, doch dann musste ich hinaus und mir die Milchstraße ganz altmodisch mit den Augen ansehen.

Die Milchstraße ist als Struktur gar nicht so leicht zu erkennen, doch erstaunlicherweise gibt es selbst im Westen viele Orte, von denen aus man sie gut sehen kann – solange man nur einen dunklen Himmel hat. Von Kielder oder der Atacama-Wüste aus gesehen, prangt das Band ganz deutlich am Himmel und bietet einen überwältigenden Anblick. Auf dem Weg zurück zum Beobachtungsdeck schwirrte mir noch der Verstand von unseren stundenlangen Fachgesprächen, doch in der kalten Luft wurde mein Kopf schnell wieder klar. Über mir wölbte sich sensationell die Milchstraße von Horizont zu Horizont. Sie erstreckte sich durch etliche Sternbilder, verwob sich mit ihnen, und ihre Sternfelder kontrastierten stark mit den dunklen, nebligen Knoten, die sich über den Himmel zogen. Sternhaufen glitzerten wie Diamanten, überstrahlt von gelb oder grellweiß brennenden Sternen mit obskuren Namen wie Antares und Sirius. Wenn ich nach Süden blickte, wurde die Milchstraße heller und breiter, und das Zentrum der Galaxie, in dem das supermassive Schwarze Loch liegt, an dem Julien und Kollegen diese Nacht arbeiteten, zog mich an. Ich glaubte hinaufgreifen und die Milchstraße berühren zu können. Sie kam mir dreidimensional vor – was sie natürlich auch ist. Schon von Kielder aus sieht die Milchstraße beeindruckend aus, doch hier lag sie direkt über uns, außerdem war die Sicht wegen der geringen Luftfeuchte und der großen Höhe viel klarer als daheim in England. Mir schien, als hätte sich der Nebel gelichtet und ich hätte einen alten Bekannten nach langer Zeit wiedergetroffen.

Ich holte Teleskop, Stativ und Kamera aus dem Wohnmobil und baute alles rasch auf. Die zwei Minuten Belichtungszeit des ersten Fotos schienen mir ewig, ebenso die Zeit, bis das Bild auf meinen Computer übertragen war. Als es dann endlich auf dem Schirm erschien, warf es mich um. Sternfelder, durchsetzt mit Sternhaufen, schwarzen Staubbahnen, die sich zwischen Milliarden ferner Sonnen hindurchschlängeln, deren Licht Tausende Jahre unterwegs war. Über das Bild gesprenkelt sah ich schimmernde rosafarbene Regionen – die verräterischen Anzeichen für ferne Gaswolken, in denen Sterne entstehen. Das war eines der besten Bilder, die ich je gesehen – geschweige denn selbst gemacht – hatte.

Dieser Abend, an dem ich von Chile aus ins Herz unserer Milchstraße blickte, erinnerte mich an das erste Mal, da ich diese Sterne als Kind gesehen hatte. Jene Nacht hat sich mir ebenfalls eingebrannt. Ich war acht Jahre alt und verbrachte die Ferien mit meinen Eltern, meinen zwei Brüdern, mit Onkel, Tante und Cousins in Devon (Südengland). Ich freute mich immer so auf die Ferien, auf Sonne und Strand. (Damals schmierte man noch Margarine auf verbrannte Schultern, Sonnencreme benutzte kein Mensch.) Doch am besten gefiel mir, dass wir alle beieinander waren. Am Ende eines herrlichen Tages spielten wir noch draußen Fangen; mein Vater kam hinzu, als wir schon nach Luft schnappten, und jagte uns ein letztes Mal. Ich erinnere mich noch, wie dunkel es war, ich erinnere mich noch, dass ich plötzlich anhielt und nach oben sah. Ich weiß nicht, was meine Aufmerksamkeit erregt hatte oder warum ich urplötzlich gen Himmel schaute, aber ich tat es. Dort sah ich überall Helligkeit, leuchtende Sterne. Mein Vater fragte mich: »Gary, was kannst du sehen? Was siehst du an?« Und ich deutete auf den Himmel und fragte: »Papa, was ist das?«

Er zeigte mir das Band der Milchstraße. Damals wird es im Vereinigten Königreich noch weniger Lichtverschmutzung gegeben haben, außerdem hatte ich junge Augen – ich muss also ziemlich viele Sterne gesehen haben. Jetzt, in der Atacama-Wüste, fühlte ich mich wieder wie ein Kind, das die Hand seines Vaters ergreift. Nur dass heute ich sein Mentor wäre. Er hätte solche Freude daran gehabt, mit mir unter den viele Milliarden teuren, modernsten Teleskopen der Welt zu stehen, mit denen die tollsten Entdeckungen der Astronomie gemacht werden. Man weiß nie, wohin einen die Reise des Lebens führt.

*

Die Astronomie hat mir das Privileg verschafft, auf meiner Suche nach Licht an einige der entlegensten und schönsten Orte der Welt zu reisen und einige der brillantesten Köpfe der Wissenschaft zu treffen. Bevor ich 2013 nach Chile flog, besuchte ich auch die Wüste von Arizona und die Caldera des Pico del Teide auf Teneriffa. Im folgenden Jahr hatte ich das Glück, zum Spacefest nach Pasadena reisen zu können, bei dem sich einige der wichtigsten Persönlichkeiten in der Geschichte der Weltraumerkundung eingefunden hatten. Ich spürte, dass jede dieser Reisen mich ein wenig klüger gemacht und ein wenig mehr inspiriert hatte, und ich versuchte, diese Geschichten und Erfahrungen auch unseren Gästen in Kielder zu vermitteln.

Ich traf einige ganz gewöhnliche Menschen, die Außerordentliches vollbracht hatten, zum Beispiel Thomas Bopp, einen Hobbyastronomen, der in einer Fabrik in Arizona arbeitete und 1995 seinen ersten Kometen entdeckte – den hellsten und beeindruckendsten Kometen seit Menschengedenken. Hale-Bopp, wie er heute genannt wird (nach Thomas Bopp und Alan Hale) zog fast 18 Monate lang eine gleißende Spur über den nördlichen Himmel, womit er für das menschliche Auge doppelt so lange sichtbar war wie der ehemalige Rekordhalter, der Große Komet von 1811. Was die Sache noch bemerkenswerter macht: Zum Zeitpunkt der Entdeckung besaß Bopp nicht einmal ein eigenes Teleskop. Er war mit ein paar Freunden losgezogen, um über Stanfield (Arizona) Sternhaufen zu beobachten, als er beim Blick durch das 17-Zoll-Teleskop eines Freundes (in Kielder haben wir auch nichts Größeres) ein helles Objekt ausmachte. Bopp ahnte, dass er etwas Neues entdeckt haben könnte, nachdem er auf seiner Sternkarte nachgesehen und festgestellt hatte, dass in der Gegend um M70 keine bekannten astronomischen Objekte verzeichnet waren. Er kontaktierte das Zentralbüro für astronomische Telegramme, das seine Vermutung bestätigte. Der Rest ist Geschichte.

Ich habe auch Menschen getroffen, die – einer schwerwiegenden Erkrankung zum Trotz – in geistigen Sphären denken, die nach Ansicht vieler Leute das menschliche Fassungsvermögen übersteigen.

Einen meiner Helden traf ich bei einer globalen Astronomie-Sause namens Starmus auf Teneriffa. Ich war eingeladen worden, um die Kunde von Kielder in der Fachwelt zu verbreiten, und betrat staunend das Foyer des prächtigen Hotels. Ich hielt nach meinem Helden Ausschau, als ich aus dem Augenwinkel jemand anderen erspähte. Ich erkannte ihn an den Haaren. Ich habe nun wirklich selbst genug davon auf dem Kopf, aber sogar aus dem Augenwinkel war die wilde, inzwischen silbern glänzende Lockenmähne unverkennbar. Da stand er, der Ausrichter der Veranstaltung, in einem übergroßen, knallbunten Hawaiihemd: Brian May, Exgitarrist von Queen und mittlerweile ernsthafter Astronom. Wer sagt denn, dass die Sternguckerei nur etwas für Nerds sei?

Erst als ich am nächsten Abend zum festlichen Dinner hinunterging (das passend zum Thema astronomisch teuer war), erblickte ich zum ersten Mal den Mann, dessen Arbeit ich mein ganzes Leben lang verfolgt habe. Ich habe seine Bücher schon oft gelesen und tue es immer wieder, um sie noch besser zu verstehen, um ein Konzept oder eine Gleichung nachzuschlagen. Für mich steht er auf einer Stufe mit Einstein – und wie Einstein nimmt auch er sich nicht allzu ernst. Meiner Meinung nach denken zu wenige theoretische Physiker über die Wahrscheinlichkeit von Universen nach, in denen der Mond aus Käse besteht. Ich bewundere den einzigartigen Sinn für Humor in seinen Büchern. Und da saß er, in Fleisch und Blut, mir gegenüber am Tisch, in seinem berühmten Rollstuhl, umringt von seinem Team. Natürlich fehlte mir anfangs der Mut, zu ihm hinüberzuspazieren und mich vorzustellen. Doch nach ein paar Gläsern Wein fasste ich mir ein Herz. Ich sprach kurz mit seiner Krankenschwester, die uns miteinander bekannt machte.

Es gab so viel, was ich Professor Hawking sagen wollte, aber nicht sagen konnte. Er hat so viele Menschen inspiriert, nicht nur durch seine Arbeit, auch durch seinen Kampf mit der Nervenkrankheit ALS, durch seine Lebensfreude und seine unstillbare Neugier. Ich murmelte ein paar Plattitüden und erzählte, was wir in Kielder vorhatten. Er sah mich lächelnd an, sagte aber kein Wort. Doch sein Blick drückte so viel aus. Ich wusste, dass hinter diesen Augen ein Gehirn mit unfassbaren Fähigkeiten arbeitete. Nach ein paar Minuten verabschiedete ich mich. Für einen Moment gefiel mir der Gedanke, dass er während unserer Begegnung in mir einen Seelenverwandten erkannt hatte, jemanden, der es ebenfalls liebt, über das Universum nachzudenken und darüber, was es zusammenhält.

Wenn ich eine Dinnerparty für Astronomen zusammenstellen dürfte, säße Professor Stephen Hawking am Kopfende des Tisches. Am gegenüberliegenden Ende würde ich

Sir Patrick Moore platzieren. Ohne seine unvergessliche Stimme und seine wunderbaren Auftritte in *The Sky at Night* während meiner prägenden Jahre hätten ich und viele Menschen meiner Generation nie den Weg zur Astronomie gefunden. Nach seinem Tod im Jahr 2012 tauften wir ihm zu Ehren den Turm mit unserem größten Teleskop »The Patrick Moore Observatory«. Seinen Einfluss kann man gar nicht überschätzen.

Am meisten bewegt hat mich auf meinen astronomischen Streifzügen allerdings die Begegnung mit einem der größten Raumfahrer des vergangenen Jahrhunderts. Ich begegnete ihm auf einer Reise an einen historischen Ort, an dem unser Wissen über das Universum erheblich befördert wurde. Der Ort hat mich und die Mission, die wir heute in Kielder verfolgen, außerordentlich stark geprägt.

*

15. März 1929

Im Mount-Wilson-Observatorium in Pasadena (Kalifornien) macht Edwin Hubble eine Entdeckung, die die wissenschaftliche Welt erschüttert. Aufgrund von Daten, die er mit dem 100-Zoll-Hooker-Teleskop gesammelt hat, stellt er eine Theorie auf, über welche die Wissenschaft noch Jahrzehnte diskutieren wird: Unser Universum dehnt sich aus.

13. Mai 2014. Wieder fahre ich eine kurvige Straße hinauf, diesmal ist sie gesäumt von Pinien, die in der Hitze verbrannt sind. Ich muss Rissen im Asphalt ausweichen, die durch die gewaltige Sonnenhitze entstanden sind. Im

Schatten des Berges erstreckt sich bis zum Horizont Los Angeles, der endlose Moloch, der Tausende menschlicher Sterne hervorgebracht hat. An meinem Aussichtspunkt geht mir die Zeile eines Songs von Neil Young durch den Kopf, über Junkies und untergehende Sonnen. Mir gefällt es hier oben.

Glenn ist wieder dabei, um einen weiteren kurzen Dokumentarfilm zu drehen. An manchen Tagen darf hier ein allgemeines Publikum durch die Teleskope blicken, und ein wenig geforscht wird auch noch, aber ihren Höhepunkt erlebte diese Sternwarte zweifellos zu Zeiten von Hubble. Das Observatorium, an dem einst bahnbrechende Entdeckungen gemacht wurden, dient heute vornehmlich als Museum. Ein rüstiger Hausmeister heißt uns willkommen und führt uns eine Treppe mit weiß getünchten Wänden hinauf. Mich verblüfft, wie klinisch sauber hier alles ist. Wir kommen um eine Ecke, und da steht es. Ich kenne es schon von einem berühmten Schwarz-Weiß-Foto, auf dem Albert Einstein durch das Okular blickt, während Edwin Hubble, Pfeife rauchend, zusieht. Aus der Nähe betrachtet ist das riesige blau lackierte Teleskop sehr hübsch, es verfügt über ein ganzes Arsenal von Knöpfen und Schaltern, alles wirkt antiquiert und wie aus einem Jules-Verne-Roman. Unter dem Teleskop steht ein wackliger Holzstuhl mit hoher geschwungener Rückenlehne, auf dem Hubble stundenlang saß und die Kurbeln und Motoren per Hand bediente, assistiert von seinem treuen Helfer Milton Humason. Ich würde mich zu gern draufsetzen und mir vorstellen, wie es wohl war, durch das Okular zu schauen und all diese Entdeckungen zu machen. Lawrence

Krauss, ein theoretischer Physiker und Zeitgenosse Hubbles, bezeichnete ihn einmal als »Leuchtturm für die Menschheit«. Hubble war Jurist, bevor er Astronom wurde. Ich frage mich, was er von meinem Werdegang halten würde. Doch der Hausmeister scheint meine Gedanken zu lesen und deutet auf das Schild: »Bitte nicht auf den Stuhl setzen.«

Eine halbe Stunde später klingelt mein Telefon, ein Verbindungsmann im Tagungszentrum ist dran. »Gary, Cernan ist hier. Er will mit dir sprechen. Komm her, so schnell du kannst!« Ich wende mich Glenn zu, der jedes Wort gehört hat, und er schnappt sich seine Tasche. Ich habe ihn noch nie so schnell seine Kamera abbauen sehen. Wir danken dem Hausmeister, zollen dem Hubble-Stuhl unseren Respekt und flitzen zu unserem Dodge. Eine halbe Stunde später sitze ich einem der zwölf Menschen gegenüber, die auf dem Mond gestanden haben.

»Träume das Unmögliche – und verwirkliche dann deine Träume«, so lautet das Motto von Eugene A. Cernan, dem letzten Menschen, der auf dem Mond stand. Am 7. Dezember 1972, nur 41 Monate nach Neil Armstrongs riesigem Sprung für die Menschheit, hob Apollo 17 vom Kennedy Space Center in Florida ab. Kommandant der Mission war Gene Cernan, ein ehemaliger Offizier der Navy und Kampfpilot. Es sollte der letzte Flug einer Saturn-V-Rakete werden, des prächtigen Streitwagens aus dem Apollo-Programm, und die letzte Mondlandung.

Ich treffe Cernan auf dem Spacefest, einem der weltweit größten Treffen von Weltraumfans. Er trägt ein gebügeltes blaues NASA-Hemd und sitzt mit durchgedrücktem Rücken da. Cernan – groß, dichter silberner Haarschopf,

kräftige, sehnige Arme – ist noch immer eine Respekt ein-
flößende Erscheinung. Man käme nie darauf, dass er 80 Jahre
alt ist. Cernan ist dreimal ins All geflogen: 1966 als Pilot
der Gemini-9A-Mission, 1969 als Pilot des Mondmoduls
von Apollo 10 und schließlich 1972 als Kommandant von
Apollo 17. Während dieser letzten Reise verbrachte er drei
Tage auf der Mondoberfläche. Er fuhr mehr als 35 Kilometer mit dem Lunar Roving Vehicle herum und verbrachte
viel Zeit mit seinem Kollegen Harrison Schmitt, dem ersten Geologen auf der Mondoberfläche. Gemeinsam sam-
melten sie Gesteinsproben und erkundeten unkartiertes
Gelände. Einer ihrer weniger bekannten Triumphe: Sie halten den offiziellen Geschwindigkeitsrekord auf der Mondoberfläche – mit dem Lunar Rover erreichten sie beeindruckende 18 Stundenkilometer.

Cernan erweist sich als äußerst gesprächig. Er ist gut
vorbereitet und hat eine Botschaft, die man fast schon po-
litisch nennen kann – 2010 sprach er sich gemeinsam mit
Neil Armstrong vor dem US-Kongress gegen Präsident
Barack Obamas Vorhaben aus, alle Pläne für bemannte
Raumflüge einzumotten. Cernan setzt sich leidenschaftlich dafür ein, dass kleine Jungs und Mädchen die Chance
bekommen, dorthin zu reisen, wohin er auch gereist ist –
und noch weiter.

Er fixiert mich mit seinem Blick und erklärt: »Neugier
macht den Menschen aus; wir wollen wissen, wir müssen
einfach wissen.« Er fährt fort: »Als ich dort oben war, im
Himmel, wie wir sagten, fühlte ich mich, als säße ich auf
der Veranda Gottes. Und als ich den Mond verließ und
auf meine Fußspuren blickte, wusste ich, dass ich nie wie-

der dorthin zurückkehren würde. Jemand anderes würde seinen Fuß auf den Mond setzen, aber nicht ich. Und ich sinnierte darüber, was wir, nicht nur Apollo 17, sondern wir als Generation mit den Flügen ins All erreicht haben. Was bedeuteten unsere Reisen? Wir haben den technischen Fortschritt vorangetrieben, klar. Aber als ich bei diesen letzten Schritten einen Blick über die Schulter warf und auf die Erde blickte, auf unsere Identität mit der Realität, auf die reale Welt, in der wir leben, erkannte ich, dass das Leben und die Liebe und die Familie dort waren. Ich wollte auf die Erde zurückkehren, um Ihnen und jedem, der mir zuhört, insbesondere jungen Leuten, mitzuteilen, wie es dort war. Ich wollte die Hand ausstrecken, die wunderschöne Erde nehmen, in meinen Raumanzug stecken und sagen: ›Hey, so sieht es aus, so ein Gefühl ist es.‹ Das war nicht möglich, und nach meiner Rückkehr war ich oft unzufrieden, weil man solche Fragen nicht in ein, zwei Sätzen beantworten kann. Es ist eine emotionale Erfahrung, dass man lernen muss, wie man ein solches Erlebnis anderen Menschen vermittelt.«

Unser Gespräch neigte sich dem Ende zu. Abschließend sagte Cernan, er habe erst Jahrzehnte später das Gefühl gehabt, die Menschen wirklich zu erreichen. Den Rest seines Lebens werde er damit zubringen, Menschen in aller Welt zu vermitteln, welche außergewöhnlichen Chancen uns die Raumfahrt biete und was wir aus seinen Erfahrungen lernen könnten. Mir dämmerte, dass das Vermächtnis der Apollo-Missionen aus einer überlebenswichtigen Botschaft besteht: Wir können Großes vollbringen, wenn wir es wagen, Dinge zu hinterfragen und Neues auszuprobieren. Auch wenn die meisten Menschen sich nur für die ersten Astronauten auf dem Mond, Armstrong und Aldrin, interessieren mögen, ist für mich der letzte Mensch auf dem Mond viel tiefgründiger und viel inspirierender. Vielleicht geht Cernans persönliche Erfahrung nach seinem Tod im Januar 2017 verloren, vielleicht vergisst die Menschheit in diesen Zeiten von Supercomputern und Hightech-Raumfahrt die Geschichten der Raumfahrtpioniere. Aber in mir brachten Cernans Worte eine Saite zum Schwingen.

Ich verließ Pasadena mit einer neuen Mission: der nachwachsenden Generation in Kielder die Geschichten jener Abenteurer zu erzählen, von ihrem Wagemut und ihren Erlebnissen zu berichten. Dem Mut und der Entschlossenheit dieser Menschen verdanken wir, dass wir als Rasse nach dem Kosmos gegriffen haben. Die Raumfahrt befeuert unsere Fantasie, und wenn man etwas nur leidenschaftlich genug will, dann findet sich auch ein Weg. Alles fängt damit an, dass man nach oben blickt und träumt, wie es da oben mitten unter den Sternen wohl wäre.

Der Nachthimmel im September/Oktober

Perseus – Kassiopeia –
Andromeda – Kepheus – Jupiter

PERSEUS

Im Herbst (September) südlich von Kielder

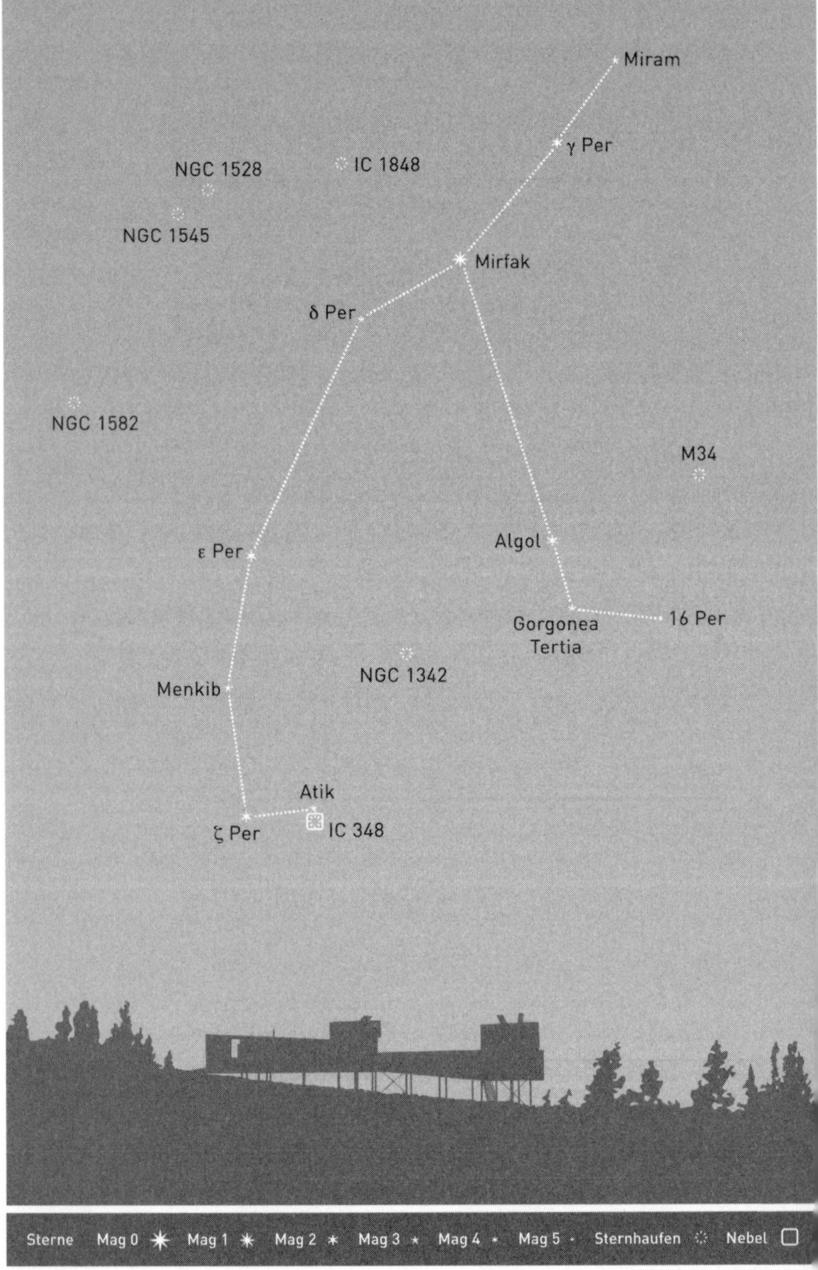

Miram

γ Per

NGC 1528   IC 1848

NGC 1545

Mirfak

δ Per

NGC 1582

M34

ε Per

Algol

16 Per

Gorgonea
Tertia

NGC 1342

Menkib

Atik

ζ Per   IC 348

Sterne   Mag 0 ✴   Mag 1 ✳   Mag 2 ✶   Mag 3 ✦   Mag 4 ·   Mag 5 ·   Sternhaufen ⁚ Nebel ☐

Perseus gehört neben Herkules zu den bekanntesten Helden der antiken Mythologie. Er schlug das Haupt der Medusa ab, jener Gorgone, die jeden mit einem einzigen Blick in Stein verwandeln konnte und rettete Andromeda vor einem Meerungeheuer.

Ende September sieht man bei Sonnenuntergang Perseus im Nordosten gerade aufgehen. Mirfak, der hellste Stern des Sternbildes, markiert den Nabel des Helden. Er liegt mitten im geschwungenen Band der Milchstraße, umgeben von etlichen schwächeren Sternen – ein tolles Ziel für alle Sterngucker mit Feldstecher.

Noch beliebter ist allerdings der zweithellste Stern in Perseus, Algol, auch Teufelsstern genannt. Er stellt das Auge im abgeschlagenen Kopf der Medusa dar, den Perseus in der rechten Hand hält. Der Stern, der im Arabischen Ras al-Ghul (*Batman*-Fans klingt der Name vielleicht vertraut) heißt, gehört zu den auffälligsten veränderlichen Sternen am Himmel. Im Verlauf von etwa 2,8 Tagen schwankt seine scheinbare Helligkeit zwischen 3,5 und 2,3 mag. Das kommt daher, dass es sich nicht um einen Stern handelt, sondern um ein Dreisternsystem, dessen Komponenten einander regelmäßig verdecken. Dadurch schwankt die für uns sichtbare Lichtmenge periodisch.

Die restlichen Sterne von Perseus finden Sie, indem Sie von Mirfak ausgehend durch seine Brust mit γ Per (2,9 mag) zum Kopf (Miram, η Per) steigen. Unterhalb von Mirfak befindet sich beim Doppelstern δ Per die Hüfte des Helden. Seine Beine werden gebildet von ε Per und Menkib (ξ Per), die Füße von ζ Per und o Per. Wenden Sie sich erneut dem Kopf der Medusa zu; dort finden Sie Gorgonea Tertia (ρ Per), wie sein Nachbar ein veränderlicher Stern.

In Perseus liegt auch der berühmte Double Cluster (Doppelsternhaufen) aus den offenen Sternhaufen NGC 869 und NGC 884, die sich so nahe beieinander befinden, dass sie in einem Gesichtsfeld liegen, wenn man sie durch Feldstecher oder kleine Teleskope betrachtet. Sie finden ihn jenseits von Miram an Perseus' Kopf. Der Doppelsternhaufen trägt auch die Bezeichnung Caldwell 14. Viele Hobbyastronomen bekommen es regelmäßig mit dem Caldwell-Katalog zu tun – erstellt von dem berühmten britischen Astronomen Sir Patrick Moore als Ergänzung zum lückenhaften Messier-Katalog. Da »M« schon vergeben war, entschied sich Moore für »Caldwell«, den (meist unterschlagenen) ersten Teil seines zweiteiligen Nachnamens.

Rechts von dem Doppelsternhaufen, nahe bei φ Per, finden Sie den planetarischen Nebel M76 (wegen seiner Ähnlichkeit zum Hantelnebel in Vulpecula auch Kleiner Hantelnebel genannt). Trotz einer Magnitude von 10,1 gilt er als eines der am schwersten auffindbaren Messier-Objekte. Der Kaliforniennebel, ein weiterer, ähnlich schwer fassbarer planetarischer Nebel, liegt im Bein des Perseus, sehr nahe bei Menkib. Aufgrund seiner geringen Oberflächenhelligkeit erweist er sich als wirklich harte Nuss.

Sollten Sie daran scheitern, diese Nebel zu finden, können Sie sich mit einem weiteren offenen Sternhaufen trösten, M34. Sie finden ihn nahe der Verbindungslinie zwischen Algol und Almaak im Sternbild Andromeda. Bei sehr dunklem Himmel können Sie das Objekt der Größe 5,5 frei-äugig sehen, ansonsten brauchen Sie einen Feldstecher.

Dort draußen gibt es auch einige Galaxien zu jagen. Die erste, NGC 1023, ist eine Balkenspiralgalaxie in der Nähe von M34, nahe der Grenze zu Andromeda. Sie ist 38 Millionen Lichtjahre von der Erde entfernt und hat eine scheinbare Helligkeit von 10,35 mag. Die lentikuläre Galaxie NGC 1260 liegt auf etwa drei Vierteln der Strecke zwischen v Per und Algol.

KASSIOPEIA

Im Herbst (Oktober) nordöstlich von Kielder

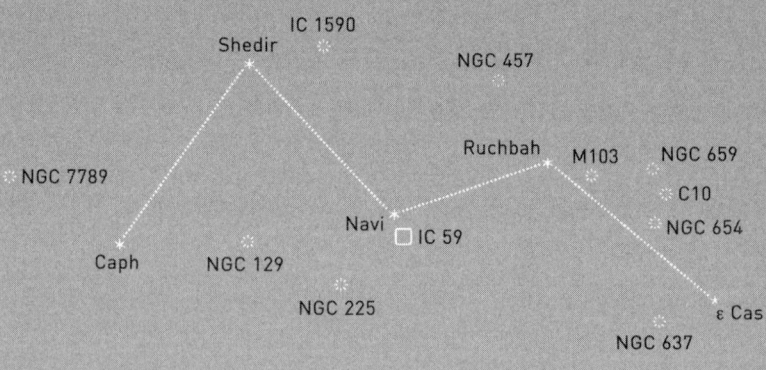

IC 1590

Shedir

NGC 457

NGC 7789

Ruchbah   M103   NGC 659

C10

Navi   IC 59   NGC 654

Caph   NGC 129

NGC 225   ε Cas

NGC 637

Sterne   Mag 0 ✻   Mag 1 ✴   Mag 2 ✦   Mag 3 ✴   Mag 4 ·   Mag 5 ·   Sternhaufen ✷   Nebel ☐

Der Mythologie zufolge war Kassiopeia eine afrikanische Königin, die sich ihrer außerordentlichen Schönheit rühmte. Während der Sommermonate bleibt Kassiopeia immer nahe am Horizont, weshalb man sie nur schlecht sieht. Doch im September geht sie im Nordosten auf. Ihre fünf Hauptsterne bilden ein auffälliges W am Himmel (auf der Sternkarte ein M, weil die Karte auf dem Kopf steht), weshalb das Sternbild zu den markantesten am ganzen Himmel gehört. In der Mitte des W liegt γ Cas. Die Schenkel des W bilden dann links Ruchbah (δ Cas) und ε Cas sowie rechts Shedir (α Cas) und Caph (β Cas).

Etwa fünf Grad von Caph entfernt liegt der Stern ρ Cas. Obwohl er aus unserer Sicht nicht besonders hell wirkt (4,5 mag), gehört er zu den hellsten Sternen der Milchstraße. Er strahlt mit der Helligkeit einer halben Million Sonnen, befände sich dieser Stern im Zentrum unseres Planetensystems, läge seine Oberfläche doppelt so weit draußen wie die Umlaufbahn der Erde, sprich die aktuelle Erdumlaufbahn befände sich im Innern dieses Sterns.

Die auffällige Form des Sternbilds kann auch dabei helfen, weitere bekannte Objekte jenseits der Grenzen von Kassiopeia zu finden. Fassen Sie dafür die drei Sterne Ruchbah, Cas und Shedir als Pfeil auf. Wenn Sie dem Pfeil folgen, gelangen Sie ganz in die Nähe von Polaris im Kleinen Bären – eine hervorragende Methode, um zu überprüfen, ob man den Polarstern richtig identifiziert hat. Folgt man hingegen dem Pfeil aus γ Cas, Shedir und Caph, bewegt man sich in die entgegengesetzte Richtung, hin zum Sternbild Andromeda und zur berühmten Andromeda-Galaxie.

Aufgrund ihrer Lage im Band der Milchstraße weist Kassiopeia viele Deep-Sky-Objekte auf. Den offenen Sternhaufen M52 finden Sie, indem Sie die Verbindungslinie von Shedir zu Caph noch einmal um gut die gleiche Strecke verlängern. Dank seiner scheinbaren Helligkeit von 5,0 mag ist er leichter auszumachen als der andere offene Sternhaufen aus dem Messier-Katalog im Sternbild Kassiopeia: Man braucht schon ein Fernglas, um M103 (7,4 mag) in der Nähe des Sterns Ruchbah zu finden. Hierbei handelt es sich um einen der entferntesten bekannten offenen Sternhaufen.

Zwei weitere offene Sternhaufen sind im Angebot: NGC 457 und NGC 663. In den Augen einiger Sterngucker erinnert NGC 457 an den Film-Alien E.T., daher der Spitzname ET-Cluster. Der hellste Stern des Sternhaufens – φ Cas – lässt sich freiäugig ausmachen. NGC 663 findet man just unterhalb der Mitte der Strecke zwischen Ruchbah und ε Cas.

Das Sternbild beherbergt auch zwei Trümmerfelder von Supernoven. Das erste hat zwar keinen Namen, entstand aber durch eine der berühmtesten Sternenexplosionen überhaupt: die von Tycho Brahe beobachtete Supernova von 1572. Sie gehört zu der Handvoll Supernoven unserer Geschichte, die so hell waren, dass sie mit bloßem Auge am Himmel erkennbar waren. Der dänische Astronom Brahe schrieb über das Ereignis eine Abhandlung mit dem hübschen Titel *Vom neuen und nie zuvor gesehenen Stern*. Brahe war ein außerordentlich exzentrischer Mensch und lebte in einer Burg auf einer Insel, die heute zwischen Dänemark und Schweden liegt. Berühmt ist er nicht nur für seine astronomischen Forschungen, sondern auch dafür, dass er sich 20-jährig wegen einer mathematischen Frage duellierte und dabei einen Teil seiner Nase einbüßte. Später betreute er Johannes Kepler als Mentor, wobei einige Historiker Kepler vorwerfen, den Ruhm für etliche Erkenntnisse Brahes abgesahnt zu haben. Die maximale scheinbare Helligkeit der damaligen Supernova lag bei geschätzt −4,0 mag, womit sie heller gewesen wäre, als der Jupiter jemals scheint. Leider liegt der Großteil des Lichts nicht mehr im sichtbaren Spektrum, weshalb man sich mit Amateurteleskopen schwertut.

Der andere Überrest einer Supernova, Cassiopeia A, lässt sich mit Zehnzöllern gerade noch ausmachen. Cassiopeia A ist aktuell die stärkste extrasolare Radioquelle am Himmel. Die Explosion muss vor etwa 300 Jahren auf der Erde sichtbar gewesen sein, doch es gibt keine Aufzeichnungen damaliger Astronomen über das Erscheinen eines hellen neuen Sterns.

Und schließlich hat Kassiopeia noch zwei elliptische Galaxien zu bieten: NGC 185 (9,2 mag) liegt in der Nähe zum Stern o Cas an der Grenze zu Andromeda, NGC 147 (9,3 mag) nur ein paar Grad entfernt.

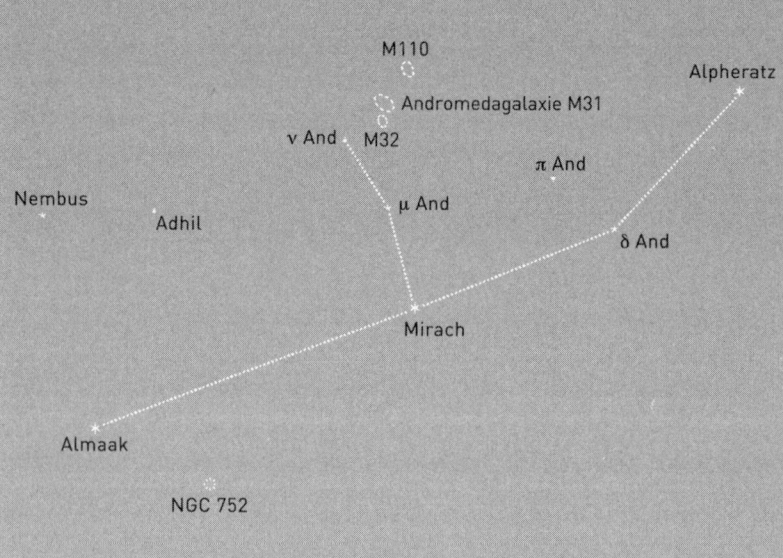

ANDROMEDA

Im Herbst (September) östlich von Kielder

M110

Andromedagalaxie M31

ν And   M32

π And

Alpheratz

Nembus

Adhil

μ And

δ And

Mirach

Almaak

NGC 752

Sterne   Mag 0 ✸   Mag 1 ✶   Mag 2 ✷   Mag 3 ✳   Mag 4 ·   Mag 5 ·   Sternhaufen ⊙   Nebel ▢

Kassiopeia war verdammt eitel, davon haben wir bereits gesprochen. Allerdings soll sie einer Version des Mythos' zufolge eingeräumt haben, dass ihre Tochter Andromeda das schönste irdische Wesen sei, nicht sie selbst. Die Sternbilder sind jedenfalls beide eine Augenweide. Am Himmel bilden die vier Hauptsterne Andromedas ihren Körper. Ihr Kopf bei Alpheratz (α And) stößt an das Sternbild Pegasus (siehe *Der Nachthimmel im November/Dezember*). Weiter unten bei δ And befindet sich ihre Schulter, bei Mirach (β And) ihre Hüfte, bei Almaak (γ And) ihr Fuß. Almaak ist ein hübscher Doppelstern und ein beliebtes Ziel für Sterngucker. Der Primärstern ist ein heller Riese, dessen gelbes Licht eine scheinbare Helligkeit von 2,3 mag aufweist, der Sekundärstern ein schwächerer blauer Stern (5,0 mag). Dank ihres ziemlich großen Winkelabstands von 9,7 Bogensekunden lassen sich die beiden leicht auflösen. Tatsächlich ist der blaue Stern selbst ein Doppelstern mit einem Sekundärstern der Magnitude 6,3.

Wenn Sie sich von Mirach über die Hüfte Andromedas bewegen, gelangen Sie zu μ And und, auf gleicher Linie weitergehend, zu ν And, den Ketten, mit denen Andromeda an einen Felsen gefesselt wurde (sie sollte einem Meeresungeheuer geopfert werden).

In der Region über Andromedas ausgestrecktem rechten Arm befindet sich ein Asterismus namens Friedrichs Ruhm, gebildet aus den Sternen ι And, κ And, λ And, o And und ψ And. Dieses Muster am Himmel wurde im Gedenken an den Preußenkönig Friedrich so benannt, schaffte es aber nicht in den offiziellen Katalog der Sternbilder.

Dass am Himmel auch sonst nichts unveränderlich ist, sieht man daran, dass Alpheratz früher zum benachbarten Sternbild Pegasus gehörte, mit der Bezeichnung δ Peg.

Andromeda beherbergt eines der berühmtesten Deep-Sky-Objekte überhaupt: die Andromedagalaxie (M31), den nächsten Nachbarn unserer Milchstraße. Mit einer Entfernung von 2,5 Millionen Lichtjahren liegt allerdings auch sie schon atemberaubend weit weg. Sie enthält mehr Sterne als unsere Milchstraße und ist doppelt so groß, doch wegen ihrer gewaltigen Entfernung sieht man freiäugig lediglich einen verschwommenen Fleck. Gehen Sie von Mirach zu μ And hinüber. M31 liegt dann direkt hinter dem nächsten Stern, ν And. Mit einer Ausdehnung von drei Bogenminuten wirkt M31 sechsmal breiter als ein Vollmond, mit einem Teleskop bekommt man nicht die ganze Galaxie in ein Gesichtsfeld. Deshalb nimmt man besser einen Feldstecher – dann aber werden Sie kaum mehr erkennen können als das helle Zentrum der Galaxie.

Halten wir an dieser Stelle kurz inne, um uns vorzustellen, wie lange das Licht von Andromeda bis zu uns unterwegs war. Die Photonen, die uns heute erreichen, sind vor 2,5 Millionen Jahren dort losgeflitzt und seitdem mit Lichtgeschwindigkeit durch das All gesaust. Als das jetzt sichtbare Licht sich auf den Weg machte, gab es auf der Erde noch keine Menschen. Unsere Vorfahren – sie gehörten noch einer Spezies namens Australopithecus an – fingen damals gerade an, aus Steinen Werkzeuge zu fertigen. Unsere gesamte menschliche Geschichte passt in die Zeitspanne, die das Licht für die Reise von Andromeda zur Erde braucht. Dieser Umstand allein macht M31 zu einem der spektakulärsten Anblicke am Himmel.

Und das Bild wird immer schärfer und beeindruckender, denn Andromeda und Milchstraße befinden sich auf Kollisionskurs – allerdings dauert es noch mindestens drei Milliarden Jahre, bis die beiden aufeinandertreffen.

An einer anderen Stelle des Sternbilds – nahe der Verbindungslinie von Almaak zu Mothallah (α Tri) im angrenzenden Sternbild Dreieck – findet man den offenen Sternhaufen NGC 752. Caroline Herschel entdeckte ihn 1786. Wenn M31 Ihren Appetit auf ferne Galaxien geweckt hat, könnte es sich auch lohnen, Andromeda zu verlassen und im Sternbild Dreieck nach dem Dreiecksnebel zu jagen. In pechschwarzen Nächten lässt er sich sogar freiäugig erkennen.

Das letzte bemerkenswerte Deep-Sky-Objekt in Andromeda ist der planetarische Nebel NGC 7662 mit dem Spitznamen Blauer Schneeball. In Amateurteleskopen mit einer Apertur von mindestens sechs Zoll sollte man den hellen, von einer bläulichen Scheibe umgebenen Zentralstern auflösen können.

KEPHEUS
Im Herbst (September) direkt über Kielder

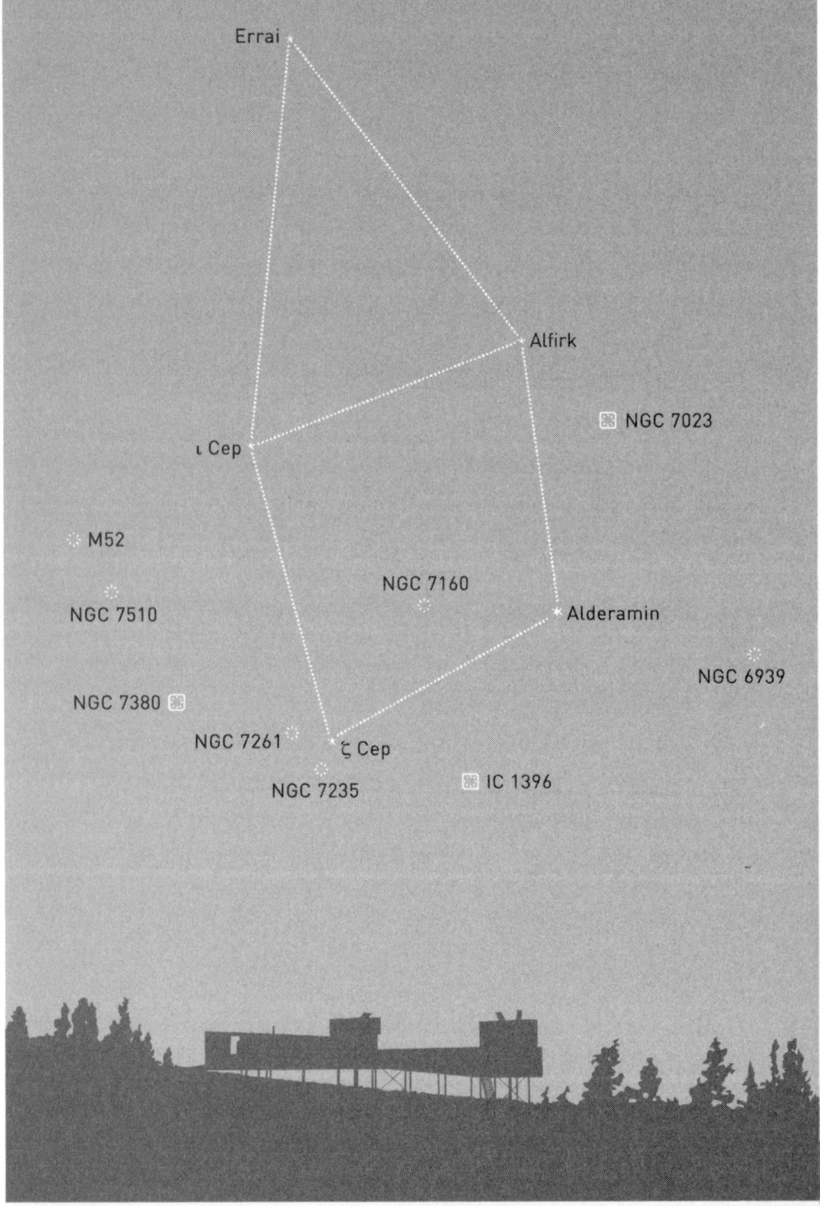

Errai

Alfirk

⊞ NGC 7023

ι Cep

✦ M52

NGC 7160

NGC 7510

Alderamin

NGC 6939

NGC 7380 ⊞

NGC 7261

ζ Cep

NGC 7235

⊞ IC 1396

Sterne   Mag 0 ✸   Mag 1 ✶   Mag 2 ✦   Mag 3 ✦   Mag 4 ·   Mag 5 ·   Sternhaufen ❋   Nebel ☐

Kepheus (lat.: Cepheus) war der griechischen Mythologie zufolge König von Äthiopien, der Gemahl von Kassiopeia und Vater von Andromeda. Am Himmel steht Kepheus hoch über Kassiopeia und Andromeda; das Sternbild, ein Dreieck auf einem Quadrat, sieht aus wie ein auf den Kopf gestelltes Haus. Beginnen Sie an einer unteren Hausecke mit dem hellsten Stern, Alderamin, gehen Sie hinunter zu Alfirk (β Cep), dann zur Spitze des Dreiecks (γ Cep) und bei ι Cep wieder zurück zum Quadrat. Sie beenden den Rundgang, indem Sie hoch zu ζ Cep gehen und zu Alderamin zurückkehren.

Der Stern δ Cep ist dafür berühmt, der erste pulsationsveränderliche Stern zu sein, der je entdeckt wurde – nach ihm sind die Cepheiden benannt, die bedeutendste Unterklasse der pulsationsveränderlichen Sterne, mit deren Hilfe Astronomen Entfernungen im All berechnen. Er liegt in der Nähe von ζ Cep und bildet mit diesem und ε Cep ein kleines Dreieck. Wie γ And ist auch δ Cep ein Doppelstern mit stark kontrastierenden gelben und blauen Komponenten. Knapp oberhalb der Verbindungslinie zwischen ζ Cep und Alderamin befindet sich ein weiterer veränderlicher Stern, der Granatstern (μ Cep). Er wurde von Wilhelm Herschel entdeckt und nach seiner intensiv granatroten Farbe benannt. Seine scheinbare Helligkeit schwankt über einen Zeitraum von etwa zwei Jahren zwischen 5,1 und 3,4 mag. Unweit von ι Cep liegt der Doppelstern o Cep, dessen Farben allerdings weniger poppig sind als bei anderen Doppelsternen.

In Kepheus gibt es zwar keine Messier-Objekte, aber ein paar interessante Deep-Sky-Schätze, nach denen es sich zu fahnden lohnt. NGC 188 ist der nächste Sternhaufen zum nördlichen Himmelspol, er liegt also weit entfernt vom Band der Milchstraße. Das erklärt sein besonders hohes Alter von fünf Milliarden Jahren. Normalerweise lösen sich Sternhaufen irgendwann unter der Masseanziehung unserer Galaxie auf, doch aufgrund seiner abgeschiedenen Lage konnte NGC 188 sich bisher halten. Sie finden den Sternhaufen fünf Grad vom nördlichen Himmelspol entfernt, nahe der Linie zwischen Errai und Polaris im Kleinen Bären.

Suchen Sie als Nächstes nach der Feuerwerksgalaxie (9,6 mag). Sie befindet sich in ungewöhnlicher Lage genau auf der Grenze zwischen zwei Sternbildern, Kepheus und Schwan. Allein in den letzten hundert Jahren wurden in dieser Spiralgalaxie, die wir direkt von oben sehen, neun Supernoven beobachtet – eine für eine Galaxie ungewöhnlich hohe Zahl. Gehen Sie von Alderamin Richtung η Cep. Ganz in der Nähe liegen die Sterne HIP 102216 und HIP 102011. Verlängert man die Linie zwischen den beiden vom Sternbild weg, stößt man direkt auf NGC 6946.

In Kepheus befindet sich auch der Elefantenrüsselnebel (IC 1396A), der wiederum zur deutlich größeren interstellaren Gaswolke IC 1396 direkt neben dem Granatstern gehört. Vermutlich entstehen in diesem Gebiet gerade viele neue Sterne. Mit dem Teleskop betrachtet, macht der Nebel nicht viel her, doch unter Astrofotografen ist er ein beliebtes Ziel; auf Bildern mit langer Belichtungszeit treten viele schöne Details zutage.

Auch wenn er für Amateurastronomen unsichtbar bleibt, sei hier doch der Quasar in Kepheus erwähnt, eine auffallend starke Strahlungsquelle, eine der kräftigsten im ganzen Universum. Die Strahlung entsteht, während Masse in ein fernes supermassives Schwarzes Loch gesogen wird. Es handelt sich um einen der leuchtkräftigsten bisher entdeckten Quasare, das Schwarze Loch in seiner Mitte wird auf 40 Milliarden Sonnenmassen geschätzt.

Jupiter

Jupiter ist neben der Venus der am einfachsten zu beobachtende Planet am Nachthimmel. Das liegt hauptsächlich an seiner enormen Größe: Die Erde würde 1300-mal in den Jupiter passen – und alle anderen Planeten im Sonnensystem könnte man ebenfalls noch dazupacken. Wegen seiner großen Oberfläche reflektiert er eine erhebliche Menge Sonnenlicht in unsere Richtung, deshalb scheint er auch so hell, obwohl er in fünfmal größerer Entfernung um die Sonne kreist wie die Erde. Bemerkenswerterweise wiegt der Jupiter nur 318-mal so viel wie die Erde; das liegt daran, dass er ein Gasriese ist und hauptsächlich aus den Gasen Wasserstoff und Helium besteht. Zu seinen Spitzenzeiten leuchtet Jupiter fast so hell wie die Venus, weshalb die beiden Planeten oft verwechselt werden. Beachten Sie immer die beiden Unterscheidungskriterien: Erstens ist die Venus selbst in ihren dunkelsten Phasen immer noch heller als der Jupiter in seinen hellsten, und zweitens steht sie wegen ihrer Nähe zur Sonne nachts niemals hoch am Himmel. (Wie bereits erklärt, entfernt sie sich nie weiter als 47 Grad von der Sonne.) Wenn Sie also die Venus entdeckt zu haben glauben, das fragliche Objekt aber hoch am Himmel steht, handelt es sich vielleicht doch um Jupiter.

Jupiter ist so riesig, dass man auch ohne starke Vergrößerung schon viele Details ausmachen kann. Selbst durch einen Feldstecher sieht man ihn als runde Scheibe, nicht nur als hellen Punkt. Schon durch ein kleines Teleskop erkennt man Strukturen auf der Scheibe. Als Erstes fallen Ihnen wahrscheinlich die deutlich sichtbaren orangefarbenen Streifen auf, die sogenannten Äquatorstreifen. Vielleicht können Sie auch den berühmten Großen Roten Fleck ausmachen, möglicherweise liegt er aber auch gerade auf der abgewandten Seite des Planeten. Glücklicherweise müssen Sie nicht lange warten, bis er wieder erscheint – dafür sorgt Jupiters Rotationsperiode von weniger als zehn Stunden. Damit dreht sich Jupiter schneller um sich selbst als jeder andere Planet unseres Sonnensystems.

Ein Feldstecher oder kleines Teleskop genügt außerdem, um bis zu vier helle sternenähnliche Objekte über Jupiters Äquator auszumachen. Dabei handelt es sich um die sogenannten Galileischen Monde, die größten der mindestens 63 natürlichen Satelliten des Planeten. Sie heißen Io, Europa, Ganymed und Kallisto und wurden im Jahr 1610 von Galileo Galilei entdeckt (siehe Kapitel 2). Nach Galileos Beobachtung, dass Monde den Jupiter umkreisen, war die Behauptung, unser Planet sei das Zentrum von allem, nicht mehr haltbar.

Das Schöne an den Galileischen Monden ist, dass sie Jupiter relativ schnell umkreisen. Io beispielsweise braucht etwa eineinhalb Tage für eine Runde. Selbst im Verlauf einer Woche kann sich die relative Position der Galileischen Monde also erheblich verändern. Monde tauchen auf oder verschwinden, je nachdem, ob sie gerade vor den Planeten treten oder dahinter. Gelegentlich werfen die Monde auch einen Schatten auf die Jupiteroberfläche. Dieses Ereignis – Transit genannt – lässt sich schon von Hobbyastronomen mit gutem Gerät beobachten.

6

Unendlich

»Wenn man heute eine Besucherattraktion erfinden müsste, was könnte da das Universum schlagen?«

Na gut, ich gebe es zu, diese prägnante Formulierung verwende ich gegenüber potenziellen Geldgebern und Journalisten gerne, wenn es darum geht, Spenden zu sammeln oder Werbung für unsere Sternwarte zu machen. Aber sie trifft eben auch zu.

Kielder, 19. März 2015. Morgen wird die letzte Sonnenfinsternis auf der Nordhalbkugel für mehr als ein Jahrzehnt stattfinden. Die abendliche Veranstaltung ist vorbei, ich räume mit meinem Team noch ein wenig auf. Wir plaudern angeregt über das bevorstehende Spektakel. Jedes Jahr finden auf der Erde mindestens zwei Sonnenfinsternisse statt, es können aber auch fünf werden.* Die letzte

---

* Berechnungen der NASA zufolge gab es in den letzten 5000 Jahren nur 25 Jahre mit fünf Sonnenfinsternissen. Das letzte Mal war 1935, das nächste Mal wird 2206 sein. Dann wird es im Dezember sogar zu zwei Sonnenfinsternissen kommen.

beeindruckende Sonnenfinsternis über dem Vereinigten Königreich hatte 1999 stattgefunden, doch der Tag war wolkig gewesen, und viele Menschen hatten kaum etwas mitbekommen. Dabei sind Sonnenfinsternisse etwas ganz Besonderes. Astronomisch gesehen, handelt es sich um glückliche Zufälle, Phänomene, die nur wegen eines Zufalls in der Geometrie unseres Sonnensystems auftreten. Warum verdeckt der Mond die Sonne während einer Finsternis vollständig? Einzig deswegen, weil die Sonne 400-mal größer ist als der Mond und 400-mal weiter entfernt. Von unserem Standpunkt auf der Erde aus ergibt sich aus diesem Zufall, dass sich zwei gleich große Scheiben annähern, bis die eine die andere genau überdeckt und wir eine Sonnenfinsternis erhalten.

Heute Nacht haben wir die Milchstraße am wolkenlosen Himmel über Kielder wieder wunderbar gesehen. Dan Monk gehört zu unseren jüngsten Mitarbeitern. Er hatte das Pech, früher neben mir zu wohnen. So lernten wir uns kennen, doch die Sterne beobachtet hatte er schon als Zehnjähriger. Nacht um Nacht hatte er im Garten verbracht und nach oben gesehen. Heute, 14 Jahre später, kennt er den Himmel über Kielder wie seine Westentasche. Mit verblüffender Treffsicherheit identifiziert er Sterne, Sternbilder und Objekte. Heute Abend sind wir mit Fragen zu der bevorstehenden Sonnenfinsternis geradezu bombardiert worden, und Dan hat wie immer jede einzelne gemeistert.

Stolz beobachtete ich, wie er einem älteren Herrn erklärte, dass der Mond sich aktuell mit einer Geschwindigkeit von 1,5 Zentimetern pro Jahr von der Erde entfernt, eine Folge der Gezeiten-Interaktion mit der Erde. Mit ausladenden Gesten erklärte Dan, wie die Gezeitenkräfte Reibung erzeugen, die wiederum die Umdrehungsgeschwindigkeit der Erde ganz allmählich verringern. Wegen der Beibehaltung des Drehimpulses beschleunigt der Mond und entfernt sich deshalb von uns. Dan beendete seinen Vortrag mit einem Ehrfurcht gebietenden Gedanken: Vor Milliarden Jahren stand der Mond viel größer am Himmel, in Milliarden Jahren wird er viel kleiner wirken. »Und denken Sie bitte daran, wenn Sie den Mond das nächste Mal ansehen«, fügte Dan, an den Besucher gewandt, hinzu, »dass wir ihm wahrscheinlich verdanken, dass es uns überhaupt gibt.« Gäbe es den Mond nicht, würde die Erde viel schneller rotieren, ein Erdentag würde etwa sieben Stunden dauern – ausgesprochen schlechte Lebensbedingungen für uns oder andere Säugetiere.

Auch der Rest des Teams ist noch da. Hayden Goodfellow, der gerade seinen Abschluss in Astrophysik gemacht hat, ist Nerd durch und durch – und stolz darauf. Er liebt Mathematik und wissenschaftliche Genauigkeit, weshalb ihm nicht der klitzekleinste Fehler entgeht. Außerdem verfügt er über das erstaunliche Talent, alles in Reichweite kaputt zu machen. Hayden gegenüber am Feuer sitzt Dr. Fred Stevenson, ein promovierter Hippie-Kosmologe jenseits der sechzig, der früher an der Universität Durham beschäftigt war. Fred ist völlig entspannt; er findet alles »cool«. Ich liebe Fred; jeder liebt Fred. Dann gibt es noch Dr. Sam James, einen Quantenphysiker mit unfassbarer Energie, der alles reparieren kann und einfach nicht von uns loskommt. Uns freut's! Was für eine tolle Kombination:

Hayden macht alles kaputt, und Sam richtet es wieder. Perfekt. Und schließlich gibt es noch Neill Sanders, einen unserer brillanten und unermüdlichen Freiwilligen und Technik-Gurus. Er wacht stets darüber, dass das Schiff Kielder in ruhigen Bahnen durch die himmlischen Wellen pflügt.

Gemeinsam gehen wir einige Fragen zur Sonnenfinsternis durch, die morgen aufkommen werden. Zum Beispiel zu den verschiedenen Typen von Eklipsen. Manchmal verdeckt der Mond nur einen Teil der Sonne, dann spricht man von einer partiellen Sonnenfinsternis. Ein andermal liegt der Mond direkt über der Sonne, sodass nur noch ein strahlender Ring am äußersten Rand sichtbar bleibt. Man spricht dann von einer ringförmigen Sonnenfinsternis. Und manchmal verdeckt der Mond die Sonne vollständig, dann bekommt man das Spektakel einer totalen Sonnenfinsternis zu sehen. Kurz bevor der Mond die Sonne vollständig überlappt, erreicht uns Sonnenlicht nur noch durch die Täler am Rand des Mondes, und wir bekommen sogenannte Baily'sche Perlen zu sehen oder den noch dramatischeren Diamantringeffekt. Dann wird es zappenduster. Die Totalität kann maximal sieben Minuten und vierzig Sekunden andauern, und an ihrem Ende haben wir erneut die Chance auf Perlen- oder Diamanteffekte. Während einer Totalität bietet sich die seltene Gelegenheit, die Korona der Sonne zu beobachten, jene dünne äußere Atmosphäre unseres Zentralgestirns, die in unser Sonnensystem hinausragt. Mit ein wenig Glück kann man am Sonnenrand rötliche Protuberanzen sehen. Auch sonnennahe Sterne, die sonst überstrahlt werden, lassen sich um die verdunkelte Sonne herum erkennen. Der englische

Astronom Arthur Eddington nutzte diesen Umstand bei einer Sonnenfinsternis im Jahr 1919, um anhand der Position jener Sterne die Richtigkeit von Einsteins allgemeiner Relativitätstheorie zu beweisen.

Das morgige Ereignis wird nur sehr weit nördlich eine totale Sonnenfinsternis sein, etwa vor der Küste der Färöer. Dort wird die Totalität fast drei Minuten dauern. Über Großbritannien werden wir nur eine kürzere und partielle Sonnenfinsternis erleben, die aber immer noch beeindruckend genug sein wird. Wir erwarten einen Bedeckungsgrad von gut 80 Prozent, der Himmel wird sich also merklich verfinstern, die Temperaturen werden sinken. In der Wildnis – etwa hier in Kielder – verstummt vielleicht die örtliche Tierwelt, weil sie irrtümlich annimmt, die Dämmerung breche herein.

Wir haben für die Sonnenfinsternis unsere ganz eigenen Pläne: Wir wollen möglichst vielen Leuten im ganzen Land ermöglichen, sie live zu erleben. Natürlich darf man nie mit ungeschützten Augen direkt in die Sonne schauen, nicht einmal während einer Finsternis, weil das Licht jederzeit wieder hervorbrechen könnte. Die einfachste und sicherste Methode, dieses Problem zu umgehen, besteht darin, sich eine Lochkamera zu bauen. Dafür pikst man mit einer Stecknadel ein Loch in ein Kartonstück und lässt das Abbild der Sonne auf ein zweites Kartonstück fallen. Alternativ kann man auch billige Sonnenfinsternisbrillen kaufen, die die schädliche Strahlung wegfiltern, oder, wie ich, eine spezielle Brille zur Sonnenbeobachtung mit eingebautem Schutzfilm. Da die morgige Finsternis aber nicht überall im Land zu sehen sein wird, haben wir riesige

Monitore angemietet und in etlichen Städten des Landes aufgebaut. Die Idee ist einfach: Wir übertragen Livebilder der Sonnenfinsternis vom Observatorium zu den Monitoren. So steht zum Beispiel eine riesige Leinwand im Zentrum von Newcastle. Idealerweise sollen sich hier Einheimische, Büroangestellte und Ladenbesucher treffen, um das Spektakel auf der Leinwand mitzuverfolgen. Wir werden sogar eine Reihe Liegestühle für unsere Gäste aufstellen – Strandfeeling und kosmisches Kino. Freiwillige Helfer der Sternwarte sowie Studenten aus Durham und Newcastle werden bereitstehen, um Fragen zur Finsternis zu beantworten. Insgesamt, so hoffen wir, werden unsere Videobilder etwa eine Million Menschen erreichen. Wir streamen sie ins Internet, zeigen sie auf Monitoren entlang der britischen Autobahnen und an Raststätten. Wir haben monatelang geplant und Tausende Pfund ausgegeben, um uns technisch darauf vorzubereiten, so vielen Menschen wie möglich die Sonnenfinsternis zu zeigen. Jetzt brauchen wir nur noch einen wolkenlosen, klaren Himmel.

Es ist schon nach Mitternacht, als wir die Campingbetten aufstellen – heute fährt niemand nach Hause –, ein letztes Mal die Wettervorhersage checken und unsere Pläne durchgehen. Plan A ist einfach: Bei klarem Himmel schicken wir unsere Bilder in die Welt hinaus. Für den Fall, dass Wolken uns die Sicht versperren, kommt der kompliziertere Plan B zum Einsatz. Er besteht darin, dass Neill mit dem Auto herumfährt, bis er irgendwo freie Sicht hat, die Sonnenfinsternis filmt und seine Bilder live ins Internet streamt. Neill hat eine clevere Methode erfunden, die Dateigröße der Bilder so weit zu reduzieren, dass er sie mit dem Handy fast in Echtzeit verschicken kann. Mit einer ausreichend hohen Bildwiederholrate sollte im ganzen Land ein Echtzeitvideo zu sehen sein. Genial! Wir hoffen und bangen. Am Morgen erwarten wir Fernseh- und Radioteams von BBC und ITV am Observatorium, außerdem eine volle Ladung Gäste, die dieses seltene, möglicherweise einmalige Ereignis live miterleben wollen. Ich ahne schon, dass ich heute Nacht nicht tief schlafen werde, wenn überhaupt.

Ich wache jede Stunde auf und checke sofort am Laptop die Wettervorhersage. Früh am Morgen steht fest: Es wird wolkig. Also tritt Plan B in Kraft. Neill muss sich aufmachen. Alle Mitarbeiter erwachen wie auf Kommando, als der erste seinen Kopf aus dem Schlafsack streckt. Eine Stunde später bauen wir, immer noch schlaftrunken, die Ausrüstung zusammen. Unter Neills Aufsicht überprüfen wir jede Kleinigkeit doppelt; gottlob funktioniert alles. Wir packen Teleskop und Kameras vorsichtig in Neills Auto und überlegen uns, wohin er fahren soll. Den örtlichen Prognosen zufolge scheinen die Chancen in östlicher Richtung am besten zu stehen. In diesem Moment trifft wie auf ein Stichwort das Kamerateam der BBC am Observatorium ein und schlägt eine Lösung vor: Neill könnte zum BBC-Büro in Newcastle fahren und sein Teleskop dort auf dem Dach aufstellen. Dort hätte er freie Sicht, außerdem könnte er das WLAN des Gebäudes nutzen. Bingo! Wir beschließen, es genau so zu machen. Ich winke Neill zum Abschied.

Neunzig Minuten vergehen. Kein Pieps von Neill. Wenn das hier schiefgeht, blamieren wir uns vor dem ganzen

Land. Tausende Menschen werden enttäuscht sein. Es schnürt mir die Kehle zu. Ich versuche Neill auf dem Handy zu erreichen, aber er nimmt nicht ab. Er hat wohl keinen Empfang. Wo steckt er nur? Ich habe aber nicht die Zeit, mir weiter Sorgen zu machen, denn trotz der Wolken bereiten wir hier alles vor, nur für den Fall. Dan und Matt wuseln herum, richten Teleskope und Kameras ein, Freiwillige bereiten den Vortrag im Veranstaltungsraum vor. Ich trage die Verantwortung für die Außenteams und die Monitore im ganzen Land. Mein Telefon klingelt, aber nicht Neill ist dran, sondern das Team im Zentrum von Newcastle. »Gary, wir haben kein Bild.« Hunderte Menschen haben sich eingefunden, über der riesigen Leinwand prangt das Logo von Kielder – doch man sieht nichts als weißes Rauschen. Mein Magen verkrampft sich. Wo steckt Neill?

»Sucht einen NASA-Stream, schnell!« Immer noch besser, wir zeigen fremde Bilder als gar nichts. Ich informiere Dan, und Sekunden später kommt er mit einigen Vorschlägen zurück. Ich sorge mich, dass Neill einen Unfall erlitten haben könnte, verdränge den Gedanken aber. Neill ist ebenso besessen wie ich. Irgendwie wird er noch eine Möglichkeit finden, das hier durchzuziehen. Er muss es schaffen … Wieder rufe ich bei der BBC in Newcastle an, doch er ist noch nicht eingetroffen. Ich bin schon nahe dran, mich in die Niederlage zu fügen. »Nur aus Neugier: Wie ist das Wetter bei euch?« Eine Pause. Dann die Antwort: »Das wird dir nicht gefallen, Gary. Hier ist es verdammt bedeckt.« Ich schweige. Vielleicht erwartet mein Gesprächspartner, dass ich jetzt fluche und schimpfe. Doch ganz im Gegenteil. An Neills Stelle wäre ich nicht nach Newcastle gefahren, wenn es dort auch bedeckt ist. Wahrscheinlich ist er immer noch unterwegs zu einem Wolkenloch. Aber er hat nicht angerufen, und es ist schon halb neun. Irgendetwas sagt mir, dass Neill einen Plan C verfolgt. Die Finsternis beginnt jetzt, erreicht ihren Höhepunkt etwa um halb zehn und endet gegen 10.40 Uhr. Uns läuft die Zeit davon.

*

Eineinhalb Stunden zuvor hatte Neill seinen Audi A4 mit einer tragbaren HEQ5-Montierung, einem Coronado-Sonnenteleskop, einer extrem lichtempfindlichen Watec 120N und verschiedensten Batterien und Kabeln beladen. Im Verlauf der Finsternis sollten mit dieser tollen mobilen Ausrüstung Details von der Sonne äußerst lebendig zutage treten, unter anderem Sonnenflecken, Filamente und Protuberanzen.

Auf dem Zufahrtsweg des Observatoriums hatte Neill Fernsehteams und Übertragungswagen ausweichen müssen, die ihm entgegenkamen. An der Hauptstraße angekommen, traf er eine folgenschwere Entscheidung. Er ahnte, dass es in Newcastle noch bedeckt sein würde, und bog auf einen Feldweg Richtung Osten ab, der ihn nördlich von Otterburn zur A 68 bringen würde. Der kurvenreiche und mit Schlaglöchern übersäte Forstweg war allerdings für allradgetriebene Fahrzeuge gedacht, nicht für Familienkutschen mit abgefahrenen Reifen. Neill brauchte 50 Minuten für 20 Kilometer. Es gab keinen Handyempfang, und außer dem Fahrer eines Holzlasters, hinter dem er kurz festsaß, sah er in der ganzen Zeit nicht eine Menschenseele. Wenn jetzt einem Reifen die Luft ausging, steckte er wirklich in Schwierigkeiten, doch Richtung Osten rissen die Wolken auf, weshalb er weiter hoffte. Kurz vor acht kam er wieder in die Reichweite von Funkmasten und rief sofort einen befreundeten Hobbyastronomen an, der im nahen Rothbury lebte. »Hier sieht es ganz vielversprechend aus. Komm nur her und bau deine Ausrüstung auf – wir veranstalten eine Sonnenfinsternis-Frühstücksparty.« Von klaren Himmeln und Speckbrötchen träumend, fuhr Neill ostwärts Richtung Küste. Doch die Zeit drängte.

Etwa 15 Minuten später kam Neill in Rothbury an. Gottlob rissen die Wolken auf, ein strahlender Morgen. Neill spürte den Druck, dass allein in Newcastle Tausende auf ihn warteten. Er fuhr sofort zum Stadtpark, um dort Teleskop und Kamera aufzubauen, doch dort gab es keine 3G-Internetverbindung für den Upload des Livestreams. Die nächsten zehn Minuten kurvte Neill verzweifelt durch den Ort, das Handy aus dem Autofenster gereckt, auf der Suche nach Empfang. Nichts. Rothbury war wie das Bermudadreieck. In einem verzweifelten letzten Versuch fuhr er aus dem Ort hinaus in die Hügel. Nach ein paar Minuten spürte er sein Telefon vibrieren. Dan vom Observatorium war dran.

*

In Kielder hat die Sonnenfinsternis schon begonnen, doch wir sehen nichts. Schreckliche Enttäuschung hat mich erfasst. Monatelange Vorbereitungen – und jetzt war alles umsonst. Da höre ich draußen einen Tumult. Toll! Was war jetzt noch schiefgegangen?

»Hol Gary«, höre ich Dan rufen. Er läuft mir entgegen und wirft mir das Telefon fast zu.

»Hallo, Kumpel«, meldet sich Neill.

»Wo zur Hölle warst du? Wo steckst du jetzt?«

»Ich bin nach Norden, um den Wolken auszuweichen. Fast alles aufgebaut und bereit für einen Test. Bleibst du in der Nähe des Telefons, Gary?«

Während wir uns Sorgen gemacht hatten, war Neill auf einem Hügel zwei Meilen außerhalb von Rothbury gelandet. Sein Standort sollte sich als perfekt erweisen, mit freiem Blick auf den östlichen Horizont. Auch ein paar Einheimische hatten sich dort eingefunden, um die Sonnenfinsternis zu beobachten. Ein British-Gas-Arbeiter half Neill sogar beim Aufbau seiner Gerätschaften.

Einige Minuten später richtet Neill das Teleskop aus, verbindet die Kamera mit seinem Laptop und sendet seine atemberaubenden Videobilder in die Welt hinaus – den Handy-Arm wegen des besseren Empfangs immer in die Luft gereckt. Später erzählte er, es sei ein surreales Gefühl gewesen, eine so wunderbare Erfahrung vom Straßenrand aus mit Menschen in aller Welt zu teilen.

Große Erleichterung bei uns in Kielder, Freude in Newcastle. Ich telefoniere mit Patti, unserer Verantwortlichen in Newcastle, als ich aus dem Hintergrund lautes Klatschen und Johlen höre: Neills Videostream läuft. Noch eine Minute vorher hatte Patti verzweifelt versucht, ihre Mitarbeiter zu beruhigen, jetzt jubeln sie. Ich blicke auf unseren

Monitor und lade die Bilder hoch. Und da ist er auch: Der Mond, der sich vor unseren Heimatstern schiebt. Ein kalter Schatten fällt auf die Erde, während die Sonne teilweise verschwindet.

Ich laufe aus dem Observatorium und rufe den Gästen zu, sie sollen sich diese ganz besonderen Bilder ansehen. Die Mühe hätte ich mir schenken können. Warum? Murphys Gesetz: Die Wolken haben sich entgegen aller Vorhersagen verzogen, der Himmel strahlt kristallblau, und die Gäste können unmittelbar selbst erleben, wie sich der Himmel über uns verdunkelt und die Temperatur fällt. Kameras laufen, Teleskope mit Sonnenfiltern verfolgen das Ereignis. Leise erklären unsere Leute die Physik dahinter. Die meisten Gäste blicken mit ihren SoFi-Brillen und einem breiten Grinsen nach oben, ich reiche meine Sonnenschutzbrille herum. Ehrfurcht und Freude erfüllen mich. Wie schön, dazustehen und gemeinsam mit anderen ein solches Schauspiel zu erleben, das sich einmal pro Jahrzehnt bietet. Abermillionen Umstände mussten zusammentreffen, damit es dazu kommen konnte. Aber genau darum geht es in der Astronomie – man muss immer auf das Unerwartete gefasst sein.

*

Seit der Sonnenfinsternis ist ein Jahr vergangen, und es brummt nur so in Kielder. Heute arbeiten hier neun Vollzeitangestellte, fantastisch unterstützt von 25 Ehrenamtlichen und acht engagierten Treuhändern. Wir sind eine bunte Truppe aus Hobbyastronomen und Profis, Quantentheoretikern und Astrophysikern, einem ehemaligen Maurer, einem ehemaligen Autoverkäufer und ehemaligen Callcenter-Mitarbeitern. Doch wie eine Allianz aus Comic-Superhelden haben wir uns gefunden und das hier geschaffen. Heute bieten wir an fast 365 Tagen im Jahr astronomische Veranstaltungen an, mit dem Ziel, unsere Gäste zu begeistern, zu bilden und zu inspirieren.

All das wäre ohne die unerschütterliche Treue und die endlose Neugier unserer Gäste nicht möglich gewesen – und ohne die Fortschritte in Wissenschaft und Technik, welche die Fantasie der Öffentlichkeit angeregt und das Interesse am Weltraum wiedererweckt haben. Auch dank der Technik wächst unser Wissen über das Weltall stetig. Allein seit 2008, dem Eröffnungsjahr unserer Sternwarte, ist eine Menge passiert: Wissenschaftler haben das Higgs-Boson entdeckt, das Teilchen am Ende des Universums, das Masse erst ihre Masse verleiht; wir haben Sonden zum fernen Zwergplaneten Pluto geschickt und höchst anschauliche Bilder in nie gekannter Auflösung von der Oberfläche dieser kleinen Welt empfangen; der Mensch hat Gravitationswellen nachgewiesen, die beim Verschmelzen zweier Schwarzer Löcher mehr als eine Milliarde Lichtjahre entfernt entstanden und die das gesamte Gefüge des Raums erschüttert haben; regelmäßig fliegen Männer und Frauen zur Internationalen Raumstation, um dort in einer Erdumlaufbahn Experimente durchzuführen; wir bauen immer größere und empfindlichere Teleskope, die immer weiter in die dunkle und ferne Vergangenheit des Universums blicken. Und jede Erkenntnis, jede Einsicht ist ein weiterer Schritt in unserem noblen Streben, die wahre Natur der Realität zu verstehen.

Astronomen gelten heutzutage sogar als »cool«, als Technikfreaks und Entdecker ferner, überirdischer Welten. Die Abhängigkeit von der Technik birgt aber zweifellos Gefahren für unsere Zunft. Während ich die mächtigen Roboterinstrumente im chilenischen Observatorium bestaunte, musste ich an meine Jugendtage zurückdenken, als ich das kleine Teleskop meines Bruders verwendete. Früher machten unsere Augen die Beobachtungen, heute laden Computer gewaltige Datenberge herunter, die dann oft von noch leistungsstärkeren Computern in fernen Forschungsinstituten analysiert werden. Wissenschaft ist von ihrer Natur her empirisch, doch geht in all dieser Rechnerei nicht der Zauber verloren, der unsere Neugier überhaupt erst erregt hat? In Chile stand ich in Kommandozentralen, die vollgestopft waren mit Geräten, im Hintergrund surrten die Ventilatoren zur Kühlung der Festplatten. Es hingen zwar aufblasbare Planeten von der Decke – eine Erinnerung an den jugendlichen Enthusiasmus der hart arbeitenden Wissenschaftler –, doch die Forscher glotzten allesamt auf Computerbildschirme. Sie wirkten nicht, als hätten sie in den letzten Tagen selbst in den Himmel geschaut. Geht ihr Enthusiasmus, ihre Fähigkeit, sich ins Weltall zu träumen, bei all dem technischen Fortschritt verloren? Ersetzen die immer klüger werdenden Maschinen – künstliche Intelligenz mit unfassbarer Rechenkraft – irgendwann einmal den Wissenschaftler? Geht es heute, anders als in den Tagen von Wilhelm Herschel und Edwin Hubble, als die menschliche Beobachtung zählte, nur noch um elektronische Daten, um Nullen und Einsen?

Solche Bedenken kann ich teilweise nachvollziehen, weshalb ich Astronomieanfängern auch rate, erst einmal zu lernen, sich mit eigenen Augen am Nachthimmel zurechtzufinden und mit einem einfachen Teleskop umzugehen, bevor sie auf Instrumente umsteigen, mit denen man Objekte automatisch ansteuern kann. Vielleicht ermuntert dieses Buch den einen oder anderen dazu, gelegentlich nach oben zu blicken. Andererseits weiß ich, dass Technologie das Universum schöner machen kann. Ein Besucher in Kielder fragte mich einmal, ob mir nicht meine Spiritualität immer mehr abhandenkomme, je mehr ich über das Universum lernte. Ich antwortete mit einem klaren »Nein!«. Die Astronomie hat mich zu einem spirituelleren Menschen gemacht, als ich das je für möglich gehalten hätte. Für mich gibt es nichts Erhebenderes als den Gedanken, Teil eines möglicherweise unendlichen Universums zu sein, in dem vier Grundkräfte – Gravitation, Elektromagnetismus, starke Wechselwirkung und schwache Wechselwirkung – alles bestimmen und in dem ich durch die Zeit zurückreisen kann, indem ich einfach in den Nachthimmel blicke.

Teleskope sind in vielerlei Hinsicht wie Bücher: Sie bringen uns zum Staunen, sie machen uns klüger, sie ermöglichen uns, die Tiefen des Universums zu betrachten und zu analysieren. Schlagen Sie das Mondkapitel auf, um Krater und Täler zu bestaunen, blättern Sie zu Jupiter und stellen Sie sich vor, wie Galileo ihn 1610 beobachtete, schmökern Sie von fernen Galaxien, die über das kosmische Netz verteilt liegen, so weit weg, dass es die Grenzen unserer Vorstellungskraft strapaziert und uns dazu zwingt, über die Evolution unseres Universums nachzudenken. Wir müssen nur bereit sein, unserem Universum zuzuhören – wie einer Geschichte – und die Gedanken fliegen zu lassen.

Nehmen Sie M51, die Whirlpool-Galaxie. Die große Spiralgalaxie besteht aus gewaltigen Staub- und Gaswolken, die sich zu neuen Sternen zusammenballen. Sie ist 20 Millionen Lichtjahre von der Erde entfernt, und das Licht ihrer 300 bis 400 Milliarden Sonnen vereinigt sich mit dem Licht einer nahe gelegenen Begleit-Galaxie zu einem Hochrad am Himmel: ein großes Rad, daneben ein kleines – die Zentren der zwei Galaxien. Doch um die Schönheit wirklich würdigen zu können, brauchen wir zur Unterstützung das modernste Teleskop der Welt. Das Hubble-Weltraumteleskop wurde 1990 vom Spaceshuttle *Discovery* in eine niedrige Erdumlaufbahn gebracht. Seitdem umkreist es uns in einer Höhe von etwa 560 Kilometern und blickt tief ins Universum. Hubble verfügt über einen Spiegel von 2,40 Metern Durchmesser sowie sechs Kameras und Sensoren. Auf den berückend schönen Bildern von der Whirlpool-Galaxie wird auch ultraviolettes und infrarotes Licht sichtbar gemacht. Wenn Besucher in Kielder diese Bilder sehen, glauben sie oft, sie wären nachträglich bearbeitet worden. Sie staunen über das kräftige Rosa jener Region der Spiralgalaxie, in der neue Sterne geschmiedet werden. Ebenso beeindruckt zeigen sie sich von dem blauen Licht der heißen massereichen Sterne, die sich um die Spiralarme bilden. Zwischen diesen Gebieten liegt der sogenannte kosmische Staub: polyzyklische aromatische Kohlenwasserstoffe (PAHs), die Bausteine künftiger Sterne. Blickt man auf M51, sieht man Schöpfung und Regeneration – das Leben selbst. Ohne die Technik in Hubble und in den modernsten Teleskopen auf der Erde würden wir eine derartige Fülle, derartige Farben nie erleben. An diesen Bildern entzündet sich die Fantasie des Menschen.

Manchmal fordere ich Besucher in Kielder auf, sich vorzustellen, wie die Whirlpool-Galaxie vom Nachthimmel eines Planeten aussähe, der eine Sonne in jener Galaxie umkreist. Stellen Sie sich nur einen Augenblick einmal vor, wie diese riesigen hellen Gaswolken, die sich über jene fernen Himmel erstrecken, von Nahem aussähen. Sternfelder würden spektakulär mit den Galaxien am Himmel verschmelzen – ein Anblick, von dem wir nur träumen können. Viele unserer Besucher kommen paarweise, wobei ein Partner Astronomie liebt und der andere aus Höflichkeit oder Liebe mitkommt. Nach einer halben Stunde werden die weniger interessierten Gäste oft zapplig, sie fangen an zu frieren. Doch M51 rettet uns immer – die perfekte Medizin für Astro-Muffel. Ein Blick, »O mein Gott! Was ist denn das?«, und sie sind kuriert.

Die Entwicklung der Sternwarte Kielder über das letzte Jahrzehnt stellt die größte berufliche Leistung meines Lebens dar. Galaxien wie M51 erinnern mich in vielerlei Hinsicht an meinen eigenen Werdegang: Die Gesetze der Physik lassen wunderbare Dinge zu, doch ganz viele Faktoren müssen zusammenpassen, man braucht schon etwas Glück. Ich hoffe, dass Kielder immer ein Publikumsmagnet bleiben wird, ein Ort der Geborgenheit, ein Ort kindlichen Staunens, ein Ort, an dem 80-jährige Damen zum ersten Mal den Jupiter sehen.

In einer perfekten Welt wäre dieser Einblick in das Füllhorn, das sich da oben ergießt, für unsere Besucher genug, um selbst loszuziehen und eigene Entdeckungen zu machen. Briefe von Eltern, deren Kinder nach einem Besuch bei uns ein Interesse an Wissenschaft und Astronomie entwickelt haben, wärmen mir immer wieder das Herz. An dieser Stelle möchte ich Jasmine Evans erwähnen, die uns als 15-Jährige zum ersten Mal besuchte und ein Jahr später als ehrenamtliche Helferin zurückkam. Jas lebt für das Observatorium, in ihrem kleinen Körper brennt eine Leidenschaft für Astronomie, die von ihr ausstrahlt wie das Licht unserer Sonne. Gäste bewundern oft ihren Enthusiasmus und ihr Fachwissen. Inzwischen studiert Jas Physik; sie träumt davon, eines Tages zum Mond und noch weiter zu fliegen. Ich möchte nicht dagegen wetten, dass sie ihre Träume wahr macht. Mein Sohn James wandelt ebenfalls in meinen Fußspuren. Demnächst wird er Mitglied der nationalen Astrobiologie-Gruppe an der Universität Edinburgh, die in Zusammenarbeit mit der NASA nach Zeichen von Leben in Vulkangestein sucht – eine Vorarbeit zur Suche nach Leben auf dem Mars. Wir befinden uns wirklich in einem goldenen Zeitalter, um die endlosen Möglichkeiten unseres Universums zu entdecken.

Wie ich schon gesagt habe: Man braucht keinen Doktor in Astrophysik, um sich am Nachthimmel zu erfreuen. Trotzdem müssen wir die promovierten Forscher unterstützen und würdigen, denn sie widmen ihr Leben dem Versuch, unser Wissen vom Weltall zu vergrößern. In Kielder planen wir für die nächsten Jahre Einrichtungen für junge Leute, die ihr Interesse am Sternegucken auf ein höheres Niveau heben wollen. Ich träume davon, ein Astronomie-Dorf zu bauen, ein weltweit führendes Zentrum zur Förderung des öffentlichen Interesses an Astronomie: ein Planetarium mit 80 Plätzen, ein Teleskop mit einer Apertur von einem Meter, ein Sonnen-Observatorium und eine Beobachtungsscheune für Schulkinder. Wir hoffen auch auf Partnerschaften mit Universitäten bei einer ganzen Reihe von Initiativen in der gesamten Region. So planen wir den Bau eines neuen Besucherzentrums, das vor Ort Wachstumschancen in den Bereichen Wissenschaft und erneuerbare Ressourcen eröffnen soll. Das neue Besucherzentrum soll sich nicht nur der Erforschung des Himmels widmen, sondern auch der Flora und Fauna des Parks um das Observatorium, vom Stausee bis hin zu den Wäldern. Hier sollen Besucher etwas über unsere Natur erfahren können. In einem ebenfalls geplanten zweiten Besucherzentrum soll in Durham Freude am Umgang mit Wissenschaft und Technik, Mathematik und Kunst vermittelt werden. Engagierte Mitarbeiter werden in hochmodern ausgerüsteten Laboratorien Schüler in diese Disziplinen einführen und dafür zu begeistern versuchen – hier soll die nächste Generation von Naturwissenschaftlern inspiriert werden.

Ich persönlich mache weiterhin, was ich immer gemacht habe. Ich bin Maurer von Beruf und Astronom aus freien Stücken. Ich wünsche mir eigentlich nur, dass andere Menschen die gleiche Chance bekommen, zu erleben, was mich so fasziniert hat. Das Motto der Sternwarte lautet jetzt »Infinite Inspiration«, endlose Inspiration. Vielleicht nicht so reißerisch wie »Wer starrt, gewinnt«, aber schon ganz richtig. Und auf unseren Tassen macht es sich gut.

Kürzlich habe ich einen Hundewelpen adoptiert und Lyra genannt, nach dem Sternbild. Sie zerbeißt alles und treibt meine Frau Sarah und mich in den Wahnsinn. Mein Haustier nach einem Sternbild zu benennen, damit treibe ich die Sache schon ziemlich weit – selbst die Sunderland Astronomical Society könnte das übertrieben finden. Aber die Astronomie ist für mich nun einmal kein Job, sondern eine Leidenschaft. Und wenn ich meine vier Kinder oder Freunde und Kollegen, die mich immer nur als »Gaz, den Maurer« kannten, zur Sternwarte mitnehme, erfüllt es mich mit Stolz, dass das Universum, das Schicksal oder wie man es immer nennen mag, die Hand ausstreckte und in mein Leben eingriff. Das Schicksal wies mir den Weg nach Kielder und lehrte mich, Geschichten von fernen Welten und Galaxien zu erzählen. Heute lebe ich meinen Traum.

Ein echter akademischer Wissenschaftler bin ich nie geworden, doch als Fremdenführer ins Universum bin ich dem Beruf nähergekommen, als ich es mir je hätte erhoffen können. Im Jahr 2012 widerfuhr mir eine große Ehre: Sir Arnold Wolfendale, ein ehemaliger Astronomer Royal (»Königlicher Astronom«, der Titel des Direktors des Observatoriums Greenwich), verlieh mir einen Ehren-Master in Naturwissenschaften der Universität Durham. Der Festakt fand in der Kathedrale von Durham statt. Seine freundlichen Worte werde ich nie vergessen: »Gary Fildes hat nie eine Uni besucht, tatsächlich ging er schon mit 17 von der Schule ab. Doch bevor wir jetzt die Nase rümpfen, sollten wir uns daran erinnern, dass der erste Astronomer Royal, John Flamsteed, auch keinerlei formale Ausbildung in Astronomie hatte. Trotzdem leitete er das Royal Greenwich Observatory beispielhaft, und zwar von 1675 bis 1719, als Edmond Halley übernahm. Gary hat als Gründungsdirektor und erster Astronom in Kielder außerordentlich hart dafür gearbeitet, dass der Laden in Schwung kam. Unser Held Flamsteed wäre stolz auf ihn gewesen.«

Ich bereue gar nichts, wünsche mir aber, mein Vater könnte mich sehen. Leider wird er das nie. Aber vielleicht inspiriert dieses Buch ja Sie, nach oben zu blicken und zu würdigen, was Sie im Hier und Jetzt haben, und sei es nur eine Sekunde lang. Wir sind alle Teil dieses Ehrfurcht gebietenden Universums, schauen Sie nur hinauf und lassen Sie es auf sich wirken. Wer weiß, was passiert. Schauen Sie hinauf, bitte.

Der Nachthimmel im November/Dezember

Pegasus – Fische – Widder –
Wassermann – Saturn – Internationale
Raumstation und Iridium-Flackern

PEGASUS

Im Herbst (November) südöstlich von Kielder

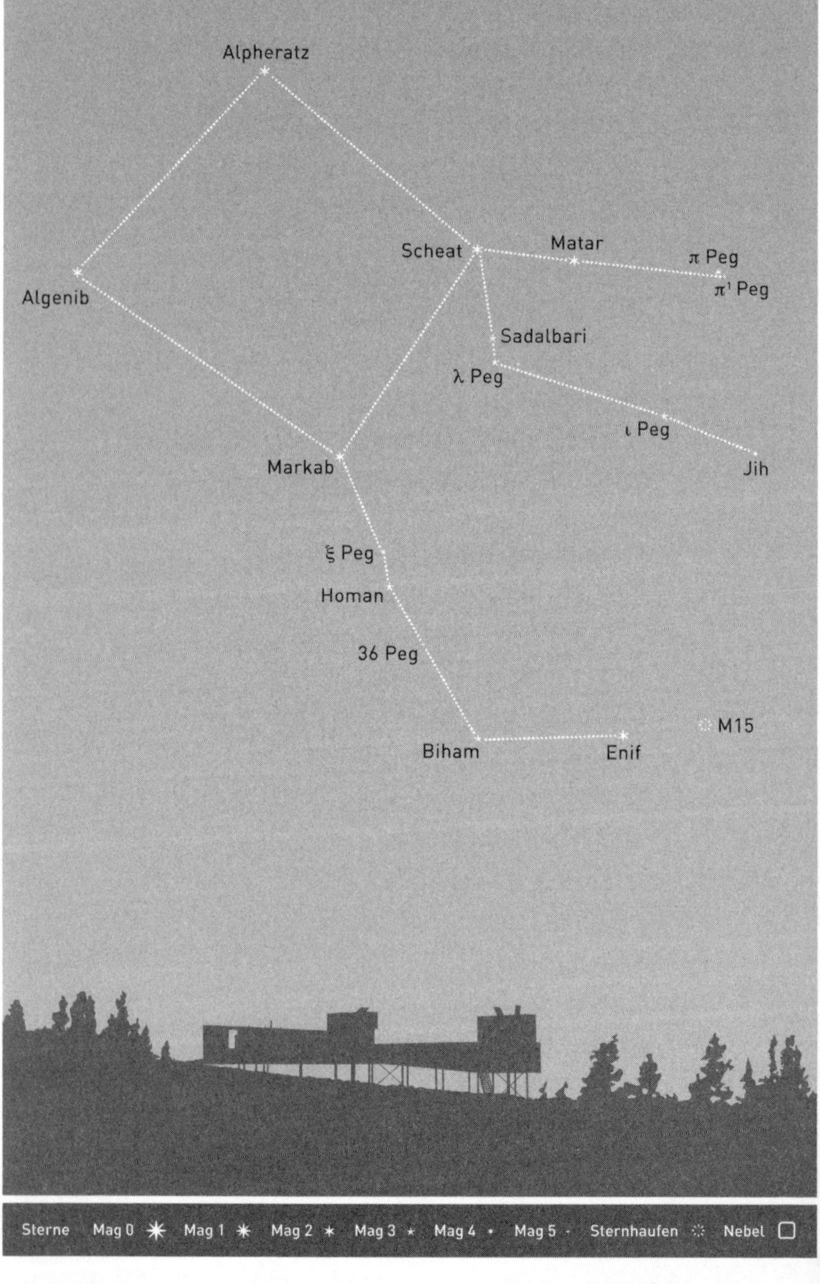

Alpheratz

Scheat

Matar

π Peg

π¹ Peg

Algenib

Sadalbari

λ Peg

ι Peg

Jih

Markab

ξ Peg

Homan

36 Peg

M15

Biham

Enif

Sterne   Mag 0 ✷   Mag 1 ✳   Mag 2 ★   Mag 3 ✦   Mag 4 ·   Mag 5 ·   Sternhaufen ⁙   Nebel ☐

Pegasus, das geflügelte weiße Pferd, gehört zu den bekanntesten Wesen der antiken Mythologie, weshalb man nicht weiter überrascht sein sollte, es am Himmel zu finden. Ende November liegt das Sternbild um 19 Uhr genau südlich. Dabei sei angemerkt, dass das Pferd für die meisten Beobachter auf der Nordhalbkugel auf dem Kopf steht.

Der mit Abstand auffälligste Teil des Sternbilds ist das Pegasusquadrat – vier Sterne, die ein gewaltiges Quadrat am Himmel aufspannen. Allerdings gehören nur drei Sterne des Asterismus zum Sternbild Pegasus, der vierte ist Alpheratz (Sirrah) im Sternbild Andromeda. Gehen Sie von dort aus los Richtung Horizont, bis Sie Algenib (γ Peg) finden. Bewegen Sie sich dann westlich den Pferderücken entlang bis Markab (α Peg genannt, obwohl der Stern nicht der hellste in Pegasus ist). Steigen Sie dann zum Roten Riesen Scheat (β Peg) hinauf und schließen Sie das Quadrat, indem Sie zu Alpheratz zurückkehren.

Bleiben noch Kopf und Beine des Pferdes. Der Hals trifft bei Markab auf den Körper und verläuft über ξ Peg und Homan (ζ Peg) zum Auge: Biham (θ Peg). Von dort geht es die Schnauze hinunter bis zum hellsten Stern in Pegasus, Enif (ε Peg). Die beiden Vorderbeine des Pferdes setzen bei Scheat an. Ein Bein verläuft gerade über Matar (η Peg) bis hinunter zu π Peg. Das zweite Bein ist gebeugt; es setzt ebenfalls bei Scheat an, geht zunächst aber über Sadalbari (μ Peg) und Sadalpheretz (λ Peg) hinunter, erst dann in gerader Linie nach außen, über ι Peg zum Doppelstern κ Peg. Sadalbari heißt auf Arabisch »Glücksstern des Vortrefflichen«.

Zwischen Markab und Sadalbari sowie Sadalpheretz liegt der Stern 51 Pegasi (5,5 mag). Dabei handelt es sich um den ersten (1995) entdeckten sonnenähnlichen Stern, der von einem Planeten umkreist wird.

Das mit Abstand auffälligste Deep-Sky-Objekt im Pegasus ist der Kugelsternhaufen M15. Mit mehr als 100 000 Sternen, die sich auf einem Gebiet von 175 Lichtjahren Durchmesser ballen, gehört er zu den dichtesten Kugelsternhaufen der ganzen Milchstraße – und mit einem Alter von zwölf Milliarden Jahren auch zu den ältesten. Schon ein Feldstecher genügt, um dieses Objekt mit einer scheinbaren Helligkeit von 6,4 mag zu erhaschen. In Teleskopen mit einer Apertur von mehr als sechs Zoll kann man schon einzelne Sterne auflösen. In diesem bemerkenswerten Haufen befinden sich etliche veränderliche Sterne sowie der erste planetarische Nebel, der je in einem Kugelsternhaufen entdeckt wurde. Er liegt vor Enif an der Spitze der Pferdenase.

Außerdem gibt es in diesem Sternbild noch HIP 110873, einen orangefarbenen Stern 6. Magnitude. Er befindet sich etwa auf halber Strecke zwischen Matar und π Peg am durchgestreckten Bein des Pferdes. Wenn Sie dort im rechten Winkel nach unten abbiegen, gelangen Sie zu 38 Peg. In gerader Linie weitergehend, kommt man nahe an Stephans Quintett vorbei. Diese eng gepackte Gruppe von fünf Galaxien, die sich gegenseitig in ihrer Gravitationswirkung beeinflussen, ist nach Édouard Stephan benannt, einem französischen Astronomen des 19. Jahrhunderts.

Ein Grad von Stephans Quintett entfernt findet man NGC 7331 (10,4 mag), auch als Caldwell 30 bekannt. Diese im Jahr 1784 von Wilhelm Herschel entdeckte Spiralgalaxie liegt 40 Millionen Lichtjahre von uns entfernt und wird oft als »Zwilling« der Milchstraße bezeichnet.

FISCHE (PISCES)

Im Winter (Dezember) südlich von Kielder

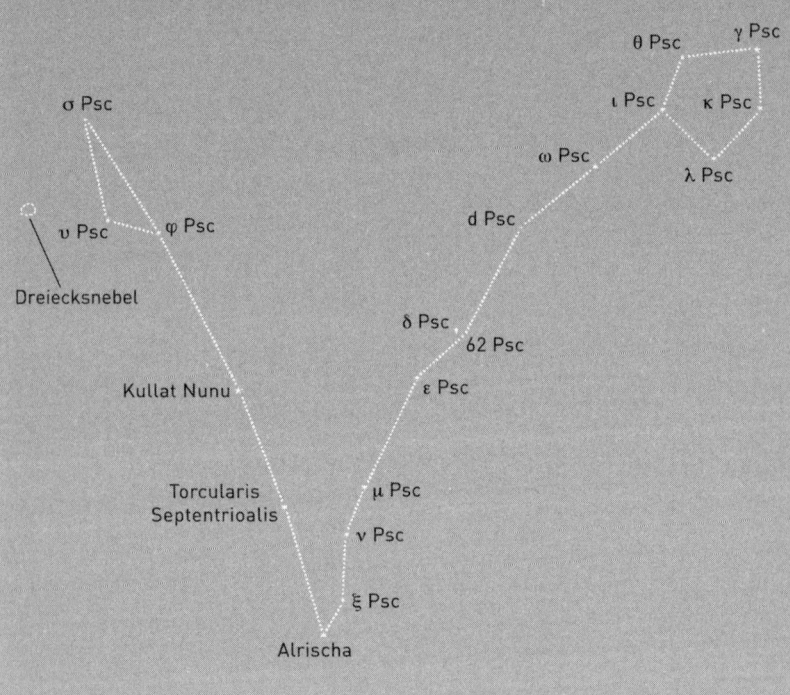

σ Psc

θ Psc
γ Psc

ι Psc
κ Psc

υ Psc
φ Psc

ω Psc
λ Psc

Dreiecksnebel

d Psc

δ Psc
62 Psc

Kullat Nunu

ε Psc

Torcularis
Septentrioalis

μ Psc
ν Psc

ξ Psc

Alrischa

Sterne   Mag 0 ✳   Mag 1 ✷   Mag 2 ✱   Mag 3 ✶   Mag 4 ·   Mag 5 ·   Sternhaufen ⁝   Nebel ☐

Fische (Pisces), eines der zwölf Tierkreiszeichen, ähnelt zwei Fischen, die über eine lange Schnur miteinander verbunden sind. Die Fische strahlen zwar nicht besonders hell, zeichnen sich aber dadurch aus, dass in ihnen der Widderpunkt liegt, jener Punkt, an dem die Sonne zum Frühlingsanfang auf der Nordhalbkugel steht. Aufgrund der Präzession der Erdachse ist dieser Punkt seit seiner Identifizierung aus dem Sternbild Widder (daher der Name) ins Sternbild Fische gewandert.

Das Sternbild beginnt mit dem Kopf eines Fisches direkt unterhalb von Mirrach in Andromeda, zischt dann ab Richtung Walfisch (Cetus), dreht dann um, wandert unter dem Quadrat des Pegasus wieder hinauf und endet weit drüben, fast schon bei Markab (α Peg), mit dem Kopf des zweiten Fisches. Auf dieser langen Reise verläuft das Sternbild durch ein gutes Dutzend heller Sterne.

Beginnen wir mit dem Kopf in der Nähe von Andromeda. Er besteht aus den Sternen σ Psc, υ Psc und φ Psc. Der Körper verläuft dann hinunter Richtung Kullat Nunu (η Psc), bevor er bei Torcularis (o Psc) und Alrischa (α Psc) in die Schnur übergeht. Die Schnur zieht sich dann Richtung Pegasus, durch ξ Psc, ν Psc, μ Psc, Revati (ζ Psc), Kaht (ε Psc), Linteum (δ Psc), d Psc und Vernalis (ω Psc), bis man bei ι Psc am Hinterkopf des zweiten Fisches anlangt.

Bewegt man sich im Uhrzeigersinn um diesen zweiten Kopf, kommt man durch θ Psc, γ Psc, κ Psc und λ Psc. Der einzige weitere erwähnenswerte Stern heißt Samakah (β Psc), der unmittelbar jenseits des Kopfes liegt und manchmal als das Maul des Fischs gezeichnet wird.

Innerhalb des Sternbilds befindet sich M74. Sie finden die Galaxie, indem Sie die Sterne 105 Psc und 101 Psc in der Nähe von Kullat Nunu identifizieren. Mit diesen beiden Sternen bildet M74 ein Dreieck. Die Galaxie liegt 32 Millionen Lichtjahre entfernt und besitzt zwei ausgeprägte Spiralarme. Wie unsere Milchstraße enthält sie mindestens 100 Milliarden Sterne. Wir sehen sie direkt von oben, weshalb sie eigentlich recht auffällig ist. Doch aufgrund ihrer geringen Flächenhelligkeit gilt sie als eines der am schwierigsten zu findenden Objekte im Messier-Katalog. Mit einer kleinen Vergrößerung haben Sie überhaupt keine Chance.

Im Fischkopf nahe Aquarius gibt es ein Paar kollidierender Galaxien, NGC 7714 und NGC 7715. Gehen Sie von λ Psc in gerader Linie Richtung γ Psc, dann erreichen Sie bald 16 Psc. Das galaktische Duo liegt direkt daneben. Mit einer kombinierten scheinbaren Helligkeit von 12,2 mag leuchtet das Ziel nur ziemlich schwach, bietet aber ein prächtiges Beispiel dafür, welche Strukturen entstehen können, wenn die Schwerkraft zweier Galaxien in Wechselwirkung tritt.

Aus diesem Sternbild stammt auch einer der neuesten verzeichneten Meteorschauer, die Pisciden. Er wird mit dem Kometen 46P/Wirtanen in Verbindung gebracht. Die Erde kreuzte im Jahr 2012 erstmals die Bahn der Kometentrümmer, Beobachter in der südlichen Hemisphäre konnten etwa ein Dutzend Meteore aus dem Sternbild Fische fallen sehen.

WIDDER (ARIES)

Im Herbst (November) südlich von Kielder

41 Ari

35 Ari

Hamal

Sheratan

Mesarthim

Sterne   Mag 0 ✴   Mag 1 ✷   Mag 2 ✶   Mag 3 ✦   Mag 4 ·   Mag 5 ·   Sternhaufen ☼   Nebel ▢

Der Widder (Aries) war das Tier, von dem das Goldene Vlies stammte. Das Tierkreiszeichen befindet sich zwischen Stier und Fischen (unter Andromeda und Dreieck), sein mit 2,0 mag hellster Stern ist Hamal (α Ari) am Hals des Tieres. Sheratan (β Ari) und Mesarthim (γ Ari) werden oft als seine Augen dargestellt. Botein (δ Ari) liegt am Hinterlauf des Tiers, so weit unten, dass es fast schon das Gebiet des Stiers berührt. In der Nähe befindet sich der unscheinbare Stern 53 Arietis, der seine ungewöhnliche Natur erst enthüllte, als Forscher seine Geschwindigkeit maßen: Mit 48 Kilometern pro Sekunde rast er im Vergleich zu seinen Nachbarn geradezu durch das All. Offenbar ist er vor etwa fünf Millionen Jahren aus dem Orionnebel – zwei Sternbilder weiter – herausgeschossen und seitdem auf der Flucht. Die Sterne AE Aurigae (Fuhrmann) und μ Columbae (Taube) scheinen einem ähnlichen Weg gefolgt zu sein. Möglicherweise gehörten sie zu Doppelsternsystemen, deren andere Sterne in Supernoven explodierten.

Mesarthim ist ein Doppelsternsystem aus zwei in Farbe und Helligkeit sehr ähnlichen Sternen, die nur knapp acht Bogensekunden auseinanderliegen. Sir Isaac Newtons Rivale Robert Hooke beobachtete diesen Umstand im Jahr 1664 – womit er eines der ersten Doppelsternsysteme überhaupt in einem Teleskop aufgelöst hatte.

Es gibt noch einige weitere Doppelsterne in Aries, die aber alle nicht mit den farbenprächtigeren Doppelsternen anderer Himmelsregionen mithalten können. Sie haben die Wahl zwischen ϵ Ari am Hinterlauf des Tiers (5,15 mag), λ Ari unweit von Hamal und π Ari am Huf des anderen Hinterlaufs.

Die Deep-Sky-Objekte im Widder stellen Astronomen (wie im Sternbild Fische) vor schwierige Aufgaben, Messier-Objekte gibt es keine. Als Erstes könnte man nach NGC 772 Ausschau halten, unweit von Sheratan und etwa zwischen den Sternen HIP 9379 und HIP 9248 gelegen. Die Spiralgalaxie mit einer scheinbaren Helligkeit von 11,1 mag ist doppelt so groß wie unsere Milchstraße, besitzt im Gegensatz zu ihr aber keinen zentralen Arm.

Rechts neben Sheratan liegt die Galaxie NGC 722, auf dem Weg Richtung Mesarthim stößt man auf die Galaxie NGC 719. Auf der NGC 722 entgegengesetzten Seite von Sheratan, nahe beim Doppelstern ι Ari, befindet sich eine Gruppe von sechs schwachen Galaxien (12 bis 14 mag): NGC 695, NGC 697, NGC 694, NGC 691, NGC 680 und NGC 678. Bei den beiden Letztgenannten handelt es sich um eine elliptische und eine Spiralgalaxie, die lediglich 200 000 Lichtjahre voneinander entfernt liegen.

WASSERMANN (AQUARIUS)

Im Herbst (November) südwestlich von Kielder

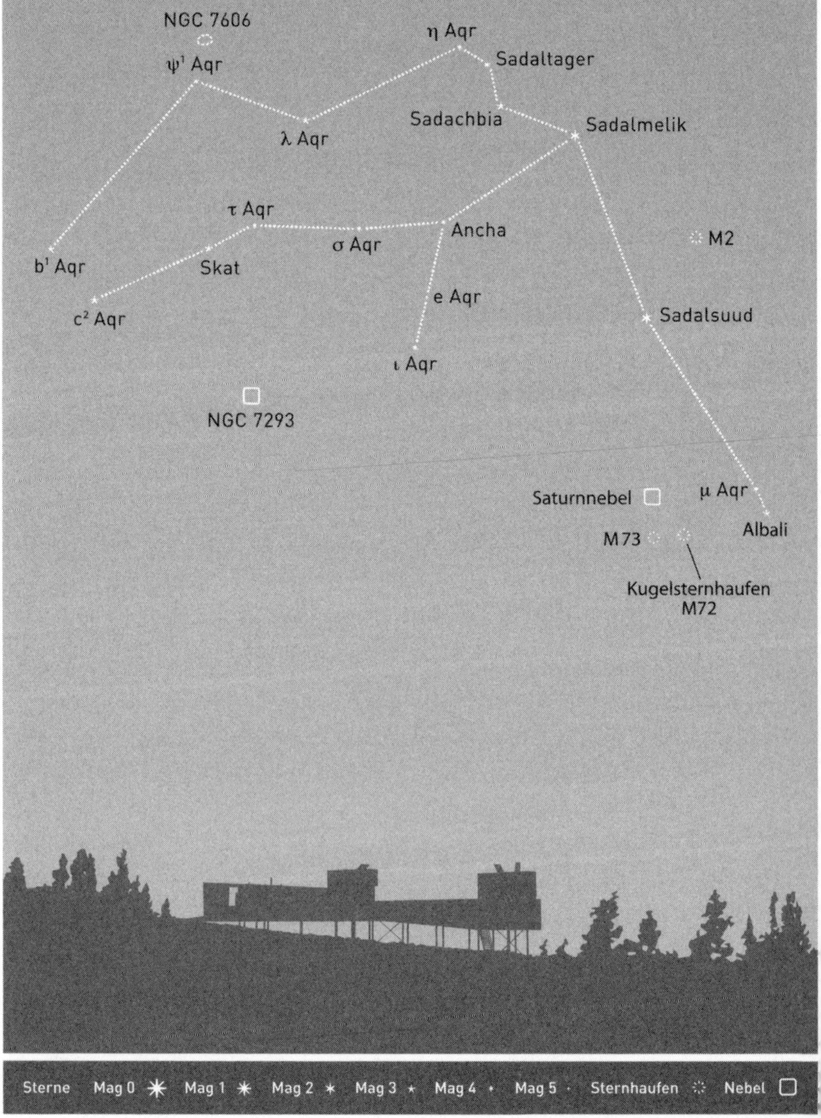

NGC 7606

ψ¹ Aqr

η Aqr

Sadaltager

λ Aqr

Sadachbia

Sadalmelik

τ Aqr

σ Aqr

Ancha

M2

b¹ Aqr

Skat

e Aqr

Sadalsuud

c² Aqr

ι Aqr

NGC 7293

Saturnnebel

μ Aqr

Albali

M73

Kugelsternhaufen
M72

Sterne   Mag 0 ✳   Mag 1 ✱   Mag 2 ★   Mag 3 ⋆   Mag 4 ·   Mag 5 ·   Sternhaufen ⁘   Nebel ☐

Das Sternbild Wassermann (Aquarius) stellt einer Deutung zufolge einen hübschen jungen Mann dar, der zum Olymp gebracht wurde, um den Göttern als Mundschenk zu dienen. Springt man von Aries über Pisces, gelangt man zum Wassermann. Es handelt sich um das zehntgrößte der 88 Sternbilder, folglich kann man hier mit etlichen Sternen ringen.

Beginnen wir mit Sadalmelik (α Aqr) im Kopf des Wasserträgers. Auch hier täuscht die Bayer-Bezeichnung, denn Sadalmelik ist nicht der hellste Stern des Sternbildes. Von hier erstreckt sich seine Brust hinunter bis Ancha (θ Aqr). Der rechte Oberschenkel wird von ι Aqr dargestellt, darunter kommen keine Sterne mehr. Ganz anders im linken Bein, das vom Doppelstern σ Aqr, Skat (δ Aqr) und, am Fuß, durch c^2 Aqr markiert wird.

Zurück zu Sadalmelik, von wo der rechte Arm über den tatsächlich hellsten Stern des Wassermanns, Sadalsuud (β Aqr), verläuft und bei μ Aqr zur Hand wird, die mit Albali (ε Aqr) endet.

Zuletzt verfolgen wir das fließende Wasser, das schließlich zu einem guten Wassermann gehört. Das Trinkgefäß, das er in seiner linken Hand hält, besteht aus Sadachbia (γ Aqr), dem Doppelstern ζ Aqr und schließlich η Aqr. Von hier fließt das Wasser im Zickzackmuster über Hydor (λ Aqr) und die Doppelsterne ψ^1 und b^1 Aqr hinunter zu seinen Füßen.

Versteckt in dieser Fülle von Sternen liegt der Kugelsternhaufen M2, auf halber Strecke zwischen Sadalmelik und Sadalsuud, unweit des Sterns HIP 106758 (6,2 mag). M2, einer der größten Kugelsternhaufen überhaupt, wurde 1746 entdeckt. M72, ein weiterer Kugelsternhaufen, wurde 34 Jahre später unter Albali erspäht, in der Nähe des Sterns HIP 102891. M73, ganz in der Nähe, wurde lange für einen Kugelsternhaufen gehalten, tatsächlich handelt es sich aber um einen Asterismus. Gemeinsam mit den Sternen HIP 103728 und HIP 103640 bildet er eine Linie von Objekten in gleichen Abständen.

Auch ein paar tolle planetarische Nebel gibt es hier. Der Saturnnebel hat seinen Namen von den seitlichen Jets, die den berühmten Ringen am zweitgrößten Planeten des Sonnensystems ähneln. Mit einem kleinen Teleskop kann man vielleicht schon seine gelbgrüne Farbe ausmachen. Springen Sie von M73 zu HIP 103834 und dann zu HIP 103801, bevor Sie Richtung υ Aqr abbiegen. Bevor Sie dort ankommen, erreichen Sie NGC 7009.

Der berühmtere Helixnebel befindet sich zwischen den Beinen des Wasserträgers. Gehen Sie von Skat im linken Bein und durch g Aqr und υ Aqr in Richtung des anderen Beins. In dieser Region liegt einer der erdnächsten planetarischen Nebel, weshalb er am Himmel auch größer erscheint als sonst irgendein Nebel dieser Art. Sein Spitzname lautet »Auge Gottes«, und wenn man sich durch professionelle Teleskope gemachte Fotos von dem Nebel anschaut, versteht man sofort, warum.

Im Sternbild findet man noch die Galaxien NGC 7727 und NGC 7252, beide leuchten aber nur schwach und machen weniger her als andere Galaxien am Nachthimmel.

Saturn

Dieser Planet ist das mit Abstand beliebteste Ziel für Anfänger – niemand lässt sich die Pracht der wunderschönen Ringe entgehen. Das Gute daran: Saturn ist auch freiäugig zu erkennen, was die Ausrichtung des Teleskops erleichtert. Da der Planet jedoch kleiner und weiter entfernt ist als der Jupiter, ist er schwerer auszumachen – seine scheinbare Größe übersteigt nie 22 Bogensekunden, womit er weniger als halb so groß erscheint wie Jupiter. Saturn erreicht eine maximale scheinbare Helligkeit von –0,5 mag, wenn er in Opposition steht und die Ringe günstig liegen, um viel Licht Richtung Erde zu reflektieren. Beides kam zuletzt 2003 zusammen, das nächste Mal wird es im Jahr 2018 der Fall sein. In seinen dunkelsten Momenten fällt seine Magnitude auf 1,5. Man braucht keine starke Vergrößerung, um die Ringe zu erkennen. Beachten Sie aber, dass wir aufgrund der Lage des Saturn die Ringe manchmal von der Seite sehen, was sie vorübergehend unsichtbar macht. Zuletzt geschah das im Jahr 2009. Selbst im Feldstecher erkennt man, dass der Planet nicht rund ist, sondern auf beiden Seiten »Henkel« abstehen – so zumindest drückte es Galilei im frühen 17. Jahrhundert aus. In der Mitte jenes Jahrhunderts, um 1656, erkannte Christiaan Huygens, dass es sich um ein Ringsystem um den Planeten handelt.

Die Ringe sieht man schon ab einer Vergrößerung von 25, was nun wirklich jedes Teleskop schafft. Stehen die Ringe richtig, sieht man sogar den Schatten, den der Planet auf sie wirft. Beachten Sie, dass der Saturn am Äquator deutlich dicker ist als an den Polen.

Geht man auf mindestens 100-fache Vergrößerung, zeichnet sich allmählich ab, dass es nicht nur einen Saturnring gibt – es gibt mindestens eine Trennlinie zwischen mehreren Ringen. Die auffälligste dieser Lücken ist die sogenannte Cassinische Teilung. Sie existiert wohl, weil einer der Saturnmonde an den Partikeln der Ringe zieht.

Apropos Monde: Noch durch das kleinste Teleskop erkennt man den größten Saturnmond, Titan. Dieser Mond ist der zweitgrößte des Sonnensystems (nach Ganymed) und sogar größer als der Planet Merkur. Mindestens 62 Monde umkreisen den Saturn, mit Zehnzöllern kann man ein halbes Dutzend und mehr auflösen. Folgende Monde leuchten alle mit einer scheinbaren Helligkeit zwischen 10 und 12 mag: Mimas, Tethys, Rhea, Hyperion, Enceladus, Dione, Titan und Iapetus.

In Teleskopen mit großer Apertur oder mittels Astrofotografie lassen sich sogar Strukturen auf der Oberfläche des Planeten ausmachen – wobei die Oberfläche des Saturn längst nicht so abwechslungsreich ist wie die des Jupiter. Der Saturn besitzt zwar, wie sein Nachbar, Äquatorstreifen, doch wegen der schwachen Farbkontraste sind sie nur schwer auszumachen. Auch in der Saturnatmosphäre toben gelegentlich Stürme, die sich mit Amateurteleskopen beobachten lassen.

In der Sternwarte bekommen wir viele Fragen zu Saturn gestellt. Am häufigsten hören wir: »Warum hat der Saturn Ringe?« Die ehrliche Antwort darauf lautet: Das weiß niemand mit Gewissheit. Astronomen können nur Vermutungen anstellen. Die Ringe bestehen aus kleinen Eisklumpen, die durchschnittlich etwa hausgroß sind. Zählt man all die Stücke zusammen, erhält man die Masse eines mittelgroßen Saturnmondes (z. B. Mimas). Es scheint also vorstellbar, dass der Ring aus einem ehemaligen Saturnmond besteht, der von der Schwerkraft des Planeten in Stücke gerissen wurde. In diesem Fall wären die Ringe relativ jung, vielleicht nur ein paar Hundert Millionen Jahre alt.

Alternativ könnte ein ehemaliger Saturnmond während des Großen Bombardements vor etwa vier Milliarden Jahren zertrümmert worden sein. (In dieser wilden Phase unserer Galaxie entstanden auch etliche der großen Mondkrater.) Gegen diese These spricht allerdings, dass die Ringe relativ hell leuchten. Wären sie wirklich vier Milliarden Jahre alt, sollten sie mehr kosmischen Staub angesetzt haben.

Was weniger bekannt ist: Die anderen Gasriesen – Jupiter, Uranus und Neptun – besitzen ebenfalls Ringe, nur unscheinbarere. Nach Saturn umgeben seinen Nachbarn Uranus die meisten Ringe: 13 Stück. Der erste wurde 1977 entdeckt, als Astronomen den Planeten beobachteten, während er vor einem fernen Stern vorbeizog (fachsprachlich Okkultation genannt). Der Uranus blockierte auch dann noch das ferne Sternenlicht, als der Planet selbst schon passiert war – woraus die Astronomen zutreffend schlossen, dass der Planet Ringe haben müsse.

Internationale Raumstation und Iridium-Flackern

Sirius ist der hellste Stern am Nachthimmel und Venus der hellste Planet, doch das hellste regelmäßig am Nachthimmel sichtbare Objekt (nach dem Mond) ist künstlicher Natur: die Internationale Raumstation (ISS). Der fußballfeldgroße Satellit, der die Erde mit einer Geschwindigkeit von knapp 28 000 km/h umkreist, leuchtet mit einer maximalen scheinbaren Helligkeit von −5,9 mag, womit er Venus (maximal −4,9 mag) und Sirius (maximal −1,5 mag) locker überstrahlt.

Auf der ISS leben gewöhnlich sechs Menschen. Die Astronauten genießen spektakuläre Ausblicke auf die Erde, die sie alle 92 Minuten umrunden. Sie sehen die Lichter der Großstädte, in Gewittern zuckende Blitze und Polarlichter, die in der Nähe der Pole durch die Atmosphäre tanzen. Seit November 2000 ist die ISS ein ständiger Wohnsitz der Menschheit. An Bord durchgeführte Experimente fördern nicht nur unser Verständnis von den Auswirkungen langer Weltraumfahrten auf den menschlichen Körper (wichtig für eine eventuelle bemannte Marsmission), sondern tragen auch dazu bei, unser Leben auf der Erdoberfläche zu verbessern. Ein für die ISS entwickeltes System zur Wasserfilterung wird jetzt zum Beispiel in Mexiko eingesetzt, um die Bevölkerung mit Trinkwasser zu versorgen. Die Studien über die Auswirkungen der Schwerelosigkeit auf die Knochenstruktur der Astronauten haben auch unser Verständnis der Osteoporose gefördert. Das Design eines Roboterarms an Bord wurde so abgewandelt, dass er auch bei Gehirnoperationen eingesetzt werden kann.

Wegen ihrer Nähe zur Erde und ihrer riesigen glänzenden Solarmodule ist die ISS ganz leicht auszumachen. Doch Sie müssen schnell sein – die ISS zieht innerhalb von Minuten über den kompletten Himmel und verschwindet dann wieder im Erdschatten. Wer vorher nachgeschlagen hat (etwa auf www.heavens-above.com), wann die ISS wieder am örtlichen Himmel zu sehen sein wird, kann einen hübschen Zaubertrick vorführen, indem er seinen Zuhörern ein helles Objekt am Himmel verspricht.

Offenbar bedienen sich immer mehr Eltern einer Variante dieses Tricks: Sie deuten in der Vorweihnachtszeit in den Himmel und machen ihren Kleinen weis, bei dem hellen Flecken handele es sich um den Schlitten des Weihnachtsmanns.

Die ISS bietet einen wundervollen Anblick, doch gelegentlich blitzen andere Satelliten noch heller auf, in einem sogenannten Iridium-Flackern. Unter idealen Bedingungen kann das Aufblitzen eine scheinbare Helligkeit von bemerkenswerten –9,5 mag erreichen. Es entsteht, wenn Sonnenlicht sich in einem erdnahen Satelliten spiegelt – typischerweise in einem der 66 Iridium-Kommunikationssatelliten, die in geringem Abstand um die Erde kreisen. Da die Bahnen der Satelliten genau festgelegt sind, kann man lange im Voraus sagen, wann ein Iridium-Flackern am Himmel erscheinen wird – lassen Sie es sich für Ihren Wohnort einfach im Internet errechnen (z. B. unter www.heavens-above.com). Diese Vorhersagen gelten aber ausdrücklich für einen bestimmten Ort, und man muss sich schon im Umkreis von wenigen Kilometern um diesen Ort aufhalten, damit man das Phänomen tatsächlich sehen kann.

Glossar

Scheinbare Größe

Um die scheinbare Größe eines Objekts anzugeben, verwenden Astronomen die aus der Geometrie bekannte 360-Grad-Skala. Der Vollmond bietet einen guten Referenzpunkt, er bedeckt etwa ein halbes Grad. Für kleinere Objekte, wie z. B. Sterne, lässt sich ein Grad in 60 Untereinheiten, Bogenminuten genannt, unterteilen, die wiederum aus 60 Bogensekunden bestehen (also alles wie bei der Aufteilung einer Stunde in Minuten und Sekunden).

Eng damit verwandt sind ein paar nützliche Faustregeln zum Abschätzen von Entfernungen mit der Hand. Halten Sie zunächst Ihre geballte Faust mit ausgestrecktem Arm nach oben (wobei der Handrücken zu Ihnen sieht). Ihre Faust ist etwa zehn Grad breit. Spreizen Sie nun den kleinen Finger und den Zeigefinger ab – der Abstand zwischen den Fingerspitzen beträgt etwa 15 Grad. Spreizen Sie statt des Zeigefingers den Daumen ab, dann erhalten Sie 25 Grad. Es geht auch kleiner: Die drei mittleren Finger zusammen machen fünf Grad aus, Ihr kleiner Finger allein ist ein Grad breit.

Himmelskoordinaten

Wenn Sie das Gradsystem beherrschen, wird Ihnen der Umgang mit dem Koordinatensystem, das Astronomen zur Kartierung des Himmels verwenden, viel leichter fallen. Auf der Erde brauchen wir zwei Koordinaten, Länge und Breite, um einen Punkt auf der Kugel festzulegen. Kielder beispielsweise liegt auf $55{,}23°$ N und $2{,}62°$ W. Analog beschreiben Astronomen einen Punkt auf der gewaltigen Himmelssphäre über uns anhand von Rektaszension (α oder a) und Deklination (δ). Wie auf der Erdoberfläche markieren wir den Himmelsäquator, indem wir den irdischen Äquator ins All hinaus fortführen. Die Himmelspole entsprechen ebenfalls den irdischen Polen.

Beginnen wir mit der Rektaszension, dem Gegenstück zur geografischen Länge. Kielder hat eine geografische Länge von $2{,}62°$ W, weil wir so weit vom Nullmeridian entfernt liegen, der durch den Hof der königlichen Sternwarte in Greenwich verläuft. Vom Nullmeridian ausgehend, wird die geografische Länge jedes Punktes auf der Erde ermittelt. Das Gegenstück am Himmel ist der Frühlingspunkt (auch Widderpunkt genannt). Bei der Tagundnachtgleiche im Frühjahr überquert die Sonne den Himmelsäquator an diesem Punkt. Die Rektaszension wird von diesem Punkt aus in Stunden, Minuten und Sekunden gemessen, nach Osten ansteigend. Um die Sache etwas komplizierter zu machen, haben sich die Sterne ein wenig verschoben, seit das System erfunden wurde, sodass der Widderpunkt nun im Sternbild Fische liegt.

Magnitude, Abkürzung *mag*

Hierbei handelt es sich um ein Maß für die Helligkeit eines Objekts, wobei man zwischen der absoluten und der scheinbaren Helligkeit unterscheiden muss: Die *absolute Helligkeit* gibt an, wie hell ein Objekt *tatsächlich* leuchtet, wohingegen die *scheinbare Helligkeit* nur aussagt, wie hell uns ein Objekt am Himmel, von der Erde aus betrachtet, *erscheint*.

Für praktische Zwecke verwenden wir fast ausschließlich die scheinbare Helligkeit, schließlich interessiert uns nur, wie hell oder dunkel ein Punkt in unseren Augen, unseren Feldstechern und Teleskopen wirkt. Das Magnitudensystem stammt aus dem antiken Griechenland, wo man die freiäugig sichtbaren Sterne in sechs Größenklassen einteilte. Die hellsten Sterne kamen in die erste Größenklasse, die am wenigsten hellen in die sechste. Im Jahr 1856 wurde dieses System formalisiert, ein Stern der 6. Größenklasse war einer, der 100-mal schwächer leuchtete als ein Stern 1. Größe. Folglich unterscheidet sich die Helligkeit von einer Klasse zur nächsten um den Faktor 2,5. Beispielsweise leuchtet ein Stern 1. Größe 2,5-mal so hell wie ein Stern 2. Größe usw.

Die moderne Version dieses Systems nimmt den Stern Wega in Lyra als Referenz; für ihn wurde eine Helligkeit von 0,0 mag festgelegt. Noch hellere Objekte haben einen negativen Wert für ihre Magnitude. Am gesamten Nachthimmel gibt es nur vier Sterne, die heller sind als Wega: Arktur (–0,05), Alpha Centauri (–0,27), Canopus (–0,74) und Sirius (–1,46). Auch die Sonne (–26,74), der Mond (–12,74) und alle fünf freiäugig erkennbaren Planeten leuchten mit negativer Magnitude. Selbst künstliche Objekte tun das: Dank ihrer riesigen Solarmodule leuchtet die Internationale Raumstation mit einer maximalen scheinbaren Helligkeit von –5,9, womit sie heller wirkt als alle Planeten. Bewegt man sich in die umgekehrte Richtung, bedeuten steigende Zahlen abnehmende Leuchtkraft. Mit großen Amateurteleskopen wird man Objekte oberhalb der 14. Größenklasse kaum mehr ausmachen können, das Hubble-Weltraumteleskop reicht bis zu 32,0 mag.

Ekliptik

Von den 88 Sternbildern sind zwölf mit Abstand die bekanntesten: Widder, Stier, Zwillinge, Krebs, Löwe, Jungfrau, Waage, Skorpion, Schütze, Steinbock, Wassermann und Fische. Dabei handelt es sich um die sogenannten Tierkreiszeichen, die in der Astrologie eine bedeutende Rolle spielen. Sie markieren den ungefähren Weg, den unsere Sonne am Himmel zurückzulegen scheint, während wir sie im Laufe eines Jahres umrunden. Dieser Pfad heißt Ekliptik. Da der Mond die Erde umkreist, weicht er nie weit von dieser Linie ab.

Den Menschen der Antike fiel eine weitere besondere Eigenschaft der Ekliptik auf: Fünf Sterne schienen nicht wie alle anderen zu Sternbildern zu gehören, stattdessen wanderten sie an dieser Linie entlang. Sie nannten sie

»Wandelgestirne«, auf Griechisch *asteres planetai*. Davon leitet sich der Name ab, mit dem wir die »wandernden Sterne« heute bezeichnen: Planeten. Merkur, Venus, Mars, Jupiter und Saturn sind keine Sterne, sondern bewegen sich auf der Ekliptik, weil auch sie die Sonne umkreisen. Uranus und Neptun tun das ebenfalls, nur musste erst das Teleskop erfunden werden, bevor der Mensch das erkennen konnte. Aufgrund ihres »Herumwandelns« erscheinen die Planeten und der Mond nicht immer zur gleichen Jahreszeit. Deswegen kann ich Sie auch nicht auffordern, im März nach dem Mars Ausschau zu halten oder im September nach dem Saturn. Die jeweiligen Abschnitte in den Kapiteln über die Nachthimmel in den verschiedenen Monaten gehören also streng genommen nicht in diese Kapitel, sondern gelten für das ganze Jahr.

Allgemein gebräuchliche und wissenschaftliche Bezeichnungen für Sterne

Der besseren Verständlichkeit halber habe ich in diesem Buch die allgemein gebräuchlichen Bezeichnungen für Sterne und Sternzeichen verwendet und die wissenschaftlichen Namen nur erwähnt. Viele Sternennamen stammen aus dem Arabischen, aufgrund unterschiedlicher Transskriptionen weichen oft mehrere Schreibweisen geringfügig voneinander ab. So heißt der berühmteste Stern in Orion zum Beispiel mal Betelgeuse, mal Beteigeuze. Auch die korrekte Interpretation der Namen ist gelegentlich unklar. Bedeutet der Name des Sterns nun »Hand der Riesin« oder »Achsel des Mittleren«? Geschmackssache. In der Fachsprache verwendet man die Bayer-Bezeichnungen zur Identifikation von Sternen. Das nach dem deutschen Astronomen Johann Bayer benannte System verwendet griechische Buchstaben für die relative Helligkeit eines Sterns in einem Sternbild, gefolgt vom Genitiv des lateinischen Sternbildnamens oder der aus drei Buchstaben bestehenden Abkürzung des Sternbildnamens. α bezeichnet den hellsten Stern eines Sternbilds, β den zweithellsten usw. Sirius, der hellste Stern im Sternbild Canis Major (Großer Hund), heißt folglich Alpha Canis Majoris oder α CMa. Solange es keinen gängigen Namen für einen Stern gibt, verwenden auch Hobbyastronomen diese Bezeichnungen. Gelegentlich werden Sie auch auf schwächer leuchtende Sterne mit anderen Bezeichnungen stoßen, etwa Betelgeuses Nachbarn HIP 28100. Das HIP steht für Hipparcos-Katalog, einen Katalog schwächerer Sterne, der zwischen 1989 und 1993 entstand. Solche Sterne verwende ich in diesem Buch nur als Wegmarken zu Deep-Sky-Objekten wie Nebeln oder Galaxien.

Hier das griechische Alphabet zur besseren Orientierung in den Nachthimmel-Kapiteln:

α	Alpha
β	Beta
γ	Gamma
δ	Delta
ε	Epsilon
ζ	Zeta
η	Eta
θ	Theta

ι	Iota
κ	Kappa
λ	Lambda
μ	My
ν	Ny
ξ	Xi
ο	Omikron
π	Pi
ρ	Rho
σ	Sigma
τ	Tau
υ	Ypsilon
φ	Phi
χ	Chi
ψ	Psi
ω	Omega

Hinweise zur Ausrüstung

Viele Menschen, die sich mit Astronomie beschäftigen wollen, kaufen sich sofort ein Teleskop (vielleicht auch nur, weil ihre sternverrückten Kinder sie lange genug gelöchert haben). Dabei eignet sich für den Anfang ein Feldstecher vielleicht sogar besser. Schließlich sind Ferngläser nichts anderes als Mini-Zwillingsteleskope. Und solange man sich am Himmel noch nicht auskennt, braucht man die zusätzliche Komplikation durch ein unvertrautes kompliziertes Gerät vermutlich nicht auch noch. Besser, Sie fangen mit einem Feldstecher an und steigen erst dann auf ein Teleskop um, wenn Sie sich dort oben einigermaßen zurechtfinden. Beachten Sie allerdings, dass Kinder sich mit Feldstechern oft schwertun.

In meinen Nachthimmel-Kapiteln stelle ich eine ganze Reihe von Deep-Sky-Objekten vor, die Sie mit einem Feldstecher betrachten können. An einem dunklen Himmel lassen sich mit einem gängigen Feldstecher noch Objekte der 10. Größenklasse ausmachen. Die Zahl der für Sie sichtbaren Sterne steigt bei Verwendung eines Fernglases von

3000 (freiäugig) auf mehr als 200 000! Besonders die Milchstraße wird in einem ganz anderen Licht erscheinen …

Feldstecher helfen aber nicht nur, mehr Sterne zu sehen. Der Mond beispielsweise sieht im Fernglas atemberaubend aus, weil das ganze Ding weiterhin in ein Gesichtsfeld passt. In Sachen Gesichtsfeld sind Ferngläser Teleskopen überlegen, eben weil sie weniger stark vergrößern. Viele von mir genannte Ziele sind größer als der Mond: Einer der berühmtesten Sternhaufen am Himmel, die Plejaden im Sternbild Stier, zieht sich über 1,5 Grad und ist damit etwa dreimal so breit wie ein Vollmond. Selbst mit einem kleinen Teleskop hätte man allergrößte Schwierigkeiten, alle Sterne in ein Gesichtsfeld zu bekommen. Und wenn man immer nur einen Ausschnitt betrachtet, wirkt das Ganze viel weniger spektakulär. Ein 10 × 50 Fernglas hingegen bietet ein Gesichtsfeld von sechs bis sieben Grad und ist damit ideal. Die Andromedagalaxie, ein weiteres beliebtes Anfängerziel, hat ebenfalls einen Durchmesser von drei Grad, weshalb man sie besser durch einen Feldstecher oder ein kleines Teleskop betrachtet.

Liste der Sternbilder

Sternbild	deutscher Name (Bedeutung)	Abkürzung	Genitivform
Andromeda	Andromeda (Prinzessin)	And	Andromedae
Antlia	Luftpumpe	Ant	Antliae
Apus	Paradiesvogel	Aps	Apodis
Aquarius	Wassermann	Aqr	Aquarii
Aquila	Adler	Aql	Aquilae
Ara	Altar	Ara	Arae
Aries	Widder	Ari	Arietis
Auriga	Fuhrmann	Aur	Aurigae
Bootes	Bärenhüter	Boo	Boötis
Caelum	Grabstichel	Cae	Caeli
Camelopardalis	Giraffe	Cam	Camelopardalis
Cancer	Krebs	Cnc	Cancri
Canes Venatici	Jagdhunde	CVn	Canum Venaticorum
Canis Major	Großer Hund	CMa	Canis Majoris
Canis Minor	Kleiner Hund	CMi	Canis Minoris
Capricornus	Steinbock	Cap	Capricorni

Sternbild	deutscher Name (Bedeutung)	Abkürzung	Genitivform
Carina	Kiel des Schiffs	Car	Carinae
Cassiopeia	Kassiopeia (Königin)	Cas	Cassiopeiae
Centaurus	Zentaur	Cen	Centauri
Cepheus	Kepheus (König)	Cep	Cephei
Cetus	Walfisch	Cet	Ceti
Chamaeleon	Chamäleon	Cha	Chamaeleontis
Circinus	Zirkel	Cir	Circini
Columba	Taube	Col	Columbae
Coma Berenices	Haar der Berenike	Com	Comae Berenices
Corona Australis	Südliche Krone	CrA	Coronae Australis
Corona Borealis	Nördliche Krone	CrB	Coronae Borealis
Corvus	Rabe	Crv	Corvi
Crater	Becher	Crt	Crateris
Crux	Kreuz des Südens	Cru	Crucis
Cygnus	Schwan	Cyg	Cygni
Delphinus	Delphin	Del	Delphini
Dorado	Schwertfisch	Dor	Doradus
Draco	Drache	Dra	Draconis
Equuleus	Füllen	Equ	Equulei
Eridanus	Eridanus (Fluss)	Eri	Eridani
Fornax	Chemischer Ofen	For	Fornacis
Gemini	Zwillinge	Gem	Geminorum
Grus	Kranich	Gru	Gruis
Hercules	Herkules (Held)	Her	Herculis

Sternbild	deutscher Name (Bedeutung)	Abkürzung	Genitivform
Horologium	Pendeluhr	Hor	Horologii
Hydra	Wasserschlange	Hya	Hydrae
Hydrus	Kleine Wasserschlange	Hyi	Hydri
Indus	Indiander / Inder	Ind	Indi
Lacerta	Eidechse	Lac	Lacertae
Leo	Löwe	Leo	Leonis
Leo Minor	Kleiner Löwe	LMi	Leonis Minoris
Lepus	Hase	Lep	Leporis
Libra	Waage	Lib	Librae
Lupus	Wolf	Lup	Lupi
Lynx	Luchs	Lyn	Lyncis
Lyra	Leier	Lyr	Lyrae
Mensa	Tafelberg	Men	Mensae
Microscopium	Mikroskop	Mic	Microscopii
Mononceros	Einhorn	Mon	Monocerotis
Musca	Fliege	Mus	Muscae
Norma	Winkelmaß	Nor	Normae
Octans	Oktant	Oct	Octantis
Ophiuchus	Schlangenträger	Oph	Ophiuchi
Orion	Orion (Jäger)	Ori	Orionis
Pavo	Pfau	Pav	Pavonis
Pegasus	Pegasus	Peg	Pegasi
Perseus	Perseus (Held)	Per	Persei
Phoenix	Phönix	Phe	Phoenicis
Pictor	Maler	Pic	Pictoris
Pisces	Fische	Psc	Piscium
Piscis Austrinus	Südlicher Fisch	PsA	Piscis Austrini

Sternbild	deutscher Name (Bedeutung)	Abkürzung	Genitivform
Puppis	Achterdeck des Schiffs	Pup	Puppis
Pyxis	Schiffskompass / Kompass	Pyx	Pyxidis
Reticulum	Netz	Ret	Reticuli
Sagitta	Pfeil	Sge	Sagittae
Sagittarius	Schütze	Sgr	Sagittarii
Scorpius	Skorpion	Sco	Scorpii
Sculptor	Bildhauer	Scl	Sculptoris
Scutum	Schild	Sct	Scuti
Serpens	Schlange	Ser	Serpentis
Sextans	Sextant	Sex	Sextantis
Taurus	Stier	Tau	Tauri
Telescopium	Teleskop	Tel	Telescopii
Triangulum	Dreieck	Tri	Trianguli
Triangulum Australe	Südliches Dreieck	TrA	Trianguli Australis
Tucana	Tukan	Tuc	Tucanae
Ursa Major	Großer Bär / Großer Wagen	UMa	Ursae Majoris
Ursa Minor	Kleiner Bär / Kleiner Wagen	UMi	Ursae Minoris
Vela	Segel des Schiffs	Vel	Velorum
Virgo	Jungfrau	Vir	Virginis
Volans	Fliegender Fisch	Vol	Volantis
Vulpecula	Fuchs	Vul	Vulpeculae

Hilfen für Einsteiger
und Fortgeschrittene

Übung ist alles, wenn es um die Navigation am Nachthimmel geht, doch glücklicherweise gibt es auch ein paar nützliche Hilfsmittel.

Wenn Sie einen leicht zu verwendenden Führer für den gesamten Nachthimmel suchen, sind Sie mit einer Planisphäre gut bedient, einer billigen Sternkarte, die aus zwei runden, übereinanderliegenden Scheiben besteht. Am Rand sind die Monate markiert – man muss die Scheibe so drehen, dass sie auf die richtige Jahreszeit eingestellt ist. Dann erscheinen die aktuell sichtbaren Sternbilder im Fenster der Scheibe. Dazu sei gesagt, dass jede Planisphäre nur für eine bestimmte Breite gilt, nimmt man eine Planisphäre für London (51,5° N) mit nach Sevilla in Südspanien (37,4° N), stimmen einige Informationen nicht.

Sie können auch eine Astronomiezeitschrift zur Hand nehmen. Für den deutschen Sprachraum sind das in erster Linie *Sterne und Weltraum*, *Abenteuer Astronomie* und *Space*. In den meisten Fachzeitschriften finden Sie Karten zur Orientierung am aktuellen Nachthimmel, praktische

Beobachtungstipps und Besprechungen von Ferngläsern, Teleskopen und anderen Ausrüstungsgegenständen.

Immer beliebter wird Planetariums- bzw. Astronomiesoftware. Stellarium (www.stellarium.org/de) beispielsweise ist ein fantastisches Gratisprogramm, das den Nachthimmel von jedem beliebigen Punkt der Erde aus zu jedem beliebigen Zeitpunkt der Vergangenheit, Gegenwart oder Zukunft darstellen kann. Das intuitive Interface erlaubt, Sternbilder zu markieren und nach bestimmten Sternen und Deep-Sky-Objekten zu suchen. Klickt man auf ein Objekt, erhält man reichhaltige Informationen, unter anderem zu Magnitude, Entfernung und Himmelskoordinaten (Rektaszension, Deklination).

Auch für Smartphones und Tablets gibt es eine ganze Reihe kostenloser oder ganz billiger Apps, die Ähnliches leisten. Manche Programme nutzen sogar die GPS-Informationen des Geräts, um Sternbilder anzuzeigen, wenn man das Gerät Richtung Himmel hält. Das kann gerade in Kombination mit herkömmlichen Sternkarten enorm hilfreich sein: Zuerst versucht man, ein Sternbild selbst zu finden, und dann überprüft man anhand der App, ob man richtig lag.

Danksagungen

Dieses Buch zu schreiben war eine der größten Herausforderungen meines Lebens, und ich habe eine Menge dabei gelernt.

Ich möchte Jamie Doward vom *Observer* danken, dessen Artikel über Kielder Ben Brusey in die Hände fiel, einem Lektor bei *Century*. Er kontaktierte mich daraufhin und bat mich, meine Lebensgeschichte aufzuschreiben. Ohne Jamies Artikel hätte es dieses Buch nicht gegeben.

Mein besonderer Dank gilt Ben, der mich beim Erstellen des Manuskripts begleitet hat und mir eine Stütze und Inspirationsquelle war. Das ganze Team bei *Century* war fantastisch, eine stetige Quelle von Hilfe und Rat. Vielen Dank Colin Stuart für seine Hilfe bei den wissenschaftlichen Abschnitten und Darren Bennett für die Erstellung der Sternkarten.

Ich möchte auch Peter Sharpe und seinen Leuten danken. Sie haben das Geld gesammelt, mit dem Kielder überhaupt erst möglich wurde, und weitsichtig erkannt, wie sehr die Einrichtung der Gemeinde nutzen könnte.

Dank auch an Lynn und Kevin Baxter, Graham Darke, Malcolm Robinson, Austin Bowman und Paul Lewis, ohne die Kielder kein solcher Erfolg geworden wäre. Weiter gilt mein Dank Jürgen Schmoll, meinem Freund, Vertrauten und Technik-Magier, der mir bei der Konzeption der Anlage geholfen hat. Dank auch all den Jungs und Mädchen der SAS, die ich als astronomische Propagandisten betrachte. Danken möchte ich auch Don Smith und David Sindon, die nicht mehr unter uns weilen.

Weiterhin möchte ich mich bei Professor Sir Arnold Wolfendale und den tollen Leuten von der Universität Durham bedanken, die mich in ihre »Familie« aufgenommen haben. Ihr wart mir eine unerschöpfliche Quelle der Kraft, ihr habt mich ermutigt, mich immer weiter in die Materie einzulesen und stetig dazuzulernen.

Mein besonderer Dank gilt meinen wunderbaren Kollegen in Kielder, die fast jeden Abend mithelfen, unsere Botschaft zu verbreiten. Ich möchte jedem Mann, jeder Frau und jedem Kind einzeln danken, die ehrenamtlich für uns tätig waren. Dank auch den Treuhändern von KOAS, die ihre Zeit und ihr Fachwissen einbringen, um die Zukunft des Observatoriums zu planen.

Zuletzt möchte ich meiner Familie danken: Mam, Dad und meinen drei tollen Söhnen, ohne die mein Leben sinnlos wäre. Mein Dank gilt auch meiner wunderschönen Tochter, die graue Himmel aufklaren lässt. Danke, Maureen, dass du mich und unsere Familie so unermüdlich unterstützt hast! Ich muss auch Lyra danken, meinem neuen Hund, und meiner Partnerin Sarah, die mir in ferner Vergangenheit geholfen hat, das Observatorium zum Laufen zu bringen, und die mir eine stetige Quelle der Inspiration dafür ist, wie man sein Leben zu führen hat. Sarah, deine Unterstützung ist so zeitlos und unendlich wie das Universum selbst.

Dank euch allen. Ihr habt mir geholfen, meine Träume zu verwirklichen.